162 コンクリートライブラリー

2022年制定 コンクリート標準示方書

改訂資料 基本原則編・設計編・維持管理編

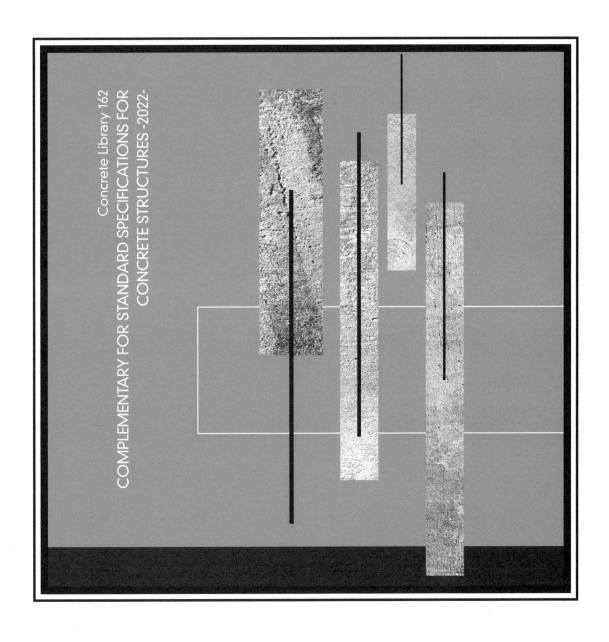

Concrete Library 162
COMPLEMENTARY FOR STANDARD SPECIFICATIONS FOR
CONCRETE STRUCTURES -2022-

土 木 学 会

Concrete Library 162

COMPLEMENTARY
FOR STANDARD SPECIFICATIONS
FOR CONCRETE STRUCTURES-2022-

December, 2022

Japan Society of Civil Engineers

はじめに

　土木学会「コンクリート標準示方書」は，土木分野のコンクリート構造物の設計，施工，維持管理における基本となる考え方や技術の標準を示した文書である．日々進展する学術研究と技術開発，技術の運用実績と経験の蓄積を反映し，また社会情勢や技術の運用形態の変化に適合すべく，定期的に，近年では概ね 5 年ごとに，改訂が重ねられてきた．

　今回出版される 2022 年制定示方書は，性能照査の理念に立脚しつつ実用的な技術の標準を示すというこれまでの示方書のスタイルを踏襲しつつ，近年の技術の進歩が数多く取り入れられている．2023 年 3 月に基本原則編，設計編，維持管理編が先行して出版され，9 月には追って施工編，ダムコンクリート編が出版される予定である．また，数年前から検討されていた示方書の電子化が実現し，今回より書籍版と電子版の 2 媒体でのリリースとなったことが新しい．

　今回の示方書の改訂作業は，コンクリート委員会内に設置された示方書改訂小委員会において約 5 年かけて行われた．改訂原稿はすべてコンクリート常任委員会における審議を経て，承認後出版される．最終的に世に出る示方書は十分な議を経た完成度の高い内容となっている．しかし，そこに至るまでの改訂小委員会およびその中の部会における作業段階では，多くの試案の検討，議論があった．改訂のための調査，バックデータの収集，試計算，多角的な検証も数多く行われている．

　この「改訂資料」は，今回の示方書改訂に直接携わった人たちが執筆した，改訂事項を中心とした解説書である．改訂の背景，根拠，検討の経緯などが詳細に述べられている．検討の結果，採用されなかった事項であっても，将来のために記録に残すことが有効と考えられる情報は収録されている．したがって本書は今回の示方書の内容をよりよく，より深く理解するために大いに役立つものと思う．示方書講習会のテキストとしてのみならず，示方書本体とともに末永く活用いただければ幸いである．

　厳しい日程の中，示方書改訂の膨大な作業に加えて，本改訂資料の作成に尽力された二羽淳一郎委員長をはじめとする示方書改訂小委員会各位，慎重な審議，丁寧な査読を行っていただいたコンクリート委員会各位に心よりお礼申し上げる．

2023 年 3 月

土木学会コンクリート委員会

委員長　　　下村　匠

序

　前回 2017 年版から 5 年を経過したことから，コンクリート標準示方書が改訂されることとなった．従来通り，2 段階で刊行される．先行する 3 編は，基本原則編，設計編，維持管理編であり，その後，半年時期をずらして，施工編とダムコンクリート編が刊行される．

　下村　匠コンクリート委員長の下で，2019 年 7 月に設置された示方書改訂小委員会では，運営部会と，改訂を行う 5 編をそれぞれ担当する 5 つの部会を設置し，改訂作業に着手した．

　前回の改訂で持ち越しになった事項や，その後の技術の発展を考慮することに加えて，今回の改訂では特に，新設されるコンクリート構造物だけでなく，既設構造物の改築をも視野に入れてもらうよう，関係の部会に強く要望した．これは社会の変容にともなって，コンクリート構造物が新設されるだけでなく，適切な維持管理を行いつつ，様々な理由から改築される事例が増加していくことが予想されたためである．示方書本体は，この改築への対応を含め，設計編，維持管理編，施工編の連携が，従来にもまして，進んだ形となっている．

　改訂のための最終年度となった 2022 年度では，それまでに各部会で検討されてきた示方書の改訂素案に対して，運営部会と改訂小委員会の場で読み合わせの機会を複数回設けて，真剣な議論を行った．内容はもちろんのことであるが，本文と解説の書き方について徹底的な修正を行った．これは従来，解説の書き方が十分に検討されておらず，解説なのか本文なのかよくわからない解説が非常に多かったためである．この点については，改善することによって解説らしくなったと考えている．審議の結果，まだ示方書本体に掲載するレベルに達していないと判断された事項，新しく示方書に取り入れられた事項の背景等を中心に，今後の改訂の参考資料となるように，この改訂資料を取りまとめたので，参考にしていただきたい．

　基本原則編とダムコンクリート編は，前回は改訂を見送ったので，10 年ぶりの改訂となる．いずれも前回刊行以降のコンクリート構造物やダムコンクリートを取り巻く状況の変化を考慮して，それに適合するように改訂が行われている．示方書に盛り込むには至らなかった事項や，今回の改訂の背景が改訂資料に掲載されているので，これも参考にしていただきたい．

　さて，今回の示方書における外形的な大きな変化は，その電子化である．コンクリート標準示方書改訂の際に，印刷版と同時に初めて電子版が利用できることとなった．電子版はその利便性が期待されるところであるが，まだまだ改善の余地はあると思われるので，改善に関する意見をお寄せいただきたい．

　2019 年 7 月以降，実質 4 年間にわたり，改訂作業にご尽力いただいた各改訂部会の主査・幹事・委員の皆様，改訂小委員会の顧問や委員の皆様，そして様々な課題解決に献身いただいた改訂小委員会副委員長の丸屋　剛氏，幹事長の石田哲也教授に，深甚の謝意を申し上げ，結びとしたい．

2022 年 12 月

土木学会コンクリート委員会

コンクリート標準示方書改訂小委員会

委員長　二羽　淳一郎

土木学会　コンクリート委員会　委員構成

（令和 3・4 年度）

顧　問　上田　多門　　　河野　広隆　　　武若　耕司　　　前川　宏一　　　宮川　豊章
　　　　横田　弘

委員長　下村　匠（長岡技術科学大学）

幹事長　山本　貴士（京都大学）

委　員

秋山　充良	○綾野　克紀	○石田　哲也	○井上　晋	○岩城　一郎	○岩波　光保
○上田　隆雄	上野　敦	宇治　公隆	○氏家　勲	○内田　裕市	○大内　雅博
△大島　義信	春日　昭夫	加藤　絵万	△加藤　佳孝	○鎌田　敏郎	○河合　研至
○岸　利治	木村　嘉富	國枝　稔	○河野　克哉	○古賀　裕久	○小林　孝一
○齊藤　成彦	○斎藤　豪	○佐伯　竜彦	○坂井　吾郎	佐川　康貴	○佐藤　靖彦
島　弘	○菅俣　匠	○杉山　隆文	髙橋　良輔	△田所　敏弥	谷村　幸裕
○玉井　真一	○津吉　毅	○鶴田　浩章	土橋　浩	長井　宏平	○中村　光
○永元　直樹	半井健一郎	○二羽淳一郎	橋本　親典	○濵田　秀則	濱田　譲
○原田　修輔	○久田　真	日比野　誠	○平田　隆祥	藤山知加子	△細田　暁
○本間　淳史	△前田　敏也	△牧　剛史	○松田　浩	○松村　卓郎	○丸屋　剛
三木　朋広	三島　徹也	皆川　浩	○宮里　心一	○森川　英典	○山口　明伸
○山路　徹	渡辺　忠朋				

（五十音順，敬称略）
○：常任委員会委員
△：常任委員会委員兼幹事

土木学会　コンクリート委員会　委員構成

（令和元・2年度）

顧　問　石橋　忠良　　　魚本　健人　　　梅原　秀哲　　　坂井　悦郎　　　前川　宏一
　　　　丸山　久一　　　宮川　豊章　　　睦好　宏史

委員長　下村　　匠（長岡技術科学大学）

幹事長　加藤　佳孝（東京理科大学）

委　員

○綾野　克紀	○石田　哲也	○井上　　晋	○岩城　一郎	○岩波　光保	○上田　隆雄
○上田　多門	宇治　公隆	○氏家　　勲	○内田　裕市	梅村　靖弘	△大内　雅博
春日　昭夫	金子　雄一	○鎌田　敏郎	○河合　研至	○河野　広隆	○岸　　利治
木村　嘉富	國枝　　稔	○小林　孝一	○齊藤　成彦	斎藤　　豪	○佐伯　竜彦
佐藤　　勉	○佐藤　靖彦	島　　弘	○菅俣　　匠	杉山　隆文	武若　耕司
○田中　敏嗣	○谷村　幸裕	玉井　真一	○津吉　　毅	鶴田　浩章	土橋　　浩
○中村　　光	○二井谷教治	○二羽淳一郎	橋本　親典	服部　篤史	○濵田　秀則
濱田　　譲	○原田　修輔	原田　哲夫	○久田　　真	日比野　誠	○平田　隆祥
△古市　耕輔	○細田　　暁	○本間　淳史	○前田　敏也	△牧　　剛史	○松田　　浩
○松村　卓郎	○丸屋　　剛	三島　徹也	○宮里　心一	○森川　英典	○山口　明伸
△山路　　徹	△山本　貴士	○横田　　弘	渡辺　忠朋	渡邉　弘子	○渡辺　博志

旧委員
　○名倉　健二

（五十音順，敬称略）
○：常任委員会委員
△：常任委員会委員兼幹事

土木学会　コンクリート委員会
コンクリート標準示方書改訂小委員会　委員構成

顧　問　石橋　忠良（JR東日本コンサルタンツ(株)）　　魚本　健人（東京大学）
　　　　丸山　久一（長岡技術科学大学）　　　　　　　　宮川　豊章（京都大学）

委 員 長　二羽淳一郎（(株)高速道路総合技術研究所）

副委員長　丸屋　　剛（大成建設(株)）

幹 事 長　石田　哲也（東京大学）

委　　員

綾野　克紀（岡山大学）　　　　　　　　　　　井上　　晋（大阪工業大学）

岩城　一郎（日本大学）　　　　　　　　　　　岩波　光保（東京工業大学）

宇治　公隆（東京都立大学）　　　　　　　　　大内　雅博（高知工科大学）

加藤　佳孝（東京理科大学）　　　　　　　　　金縄　健一（国土技術政策総合研究所）

上東　　泰（中日本高速道路(株)）　　　　　　河合　研至（広島大学）

河野　広隆（京都大学）　　　　　　　　　　　小林　孝一（岐阜大学）

下村　　匠（長岡技術科学大学）　　　　　　　武若　耕司（(一社)構造物診断技術研究会）

田所　敏弥（(公財)鉄道総合技術研究所）　　　玉井　真一（(独)鉄道建設・運輸施設整備支援機構）

中村　　光（名古屋大学）　　　　　　　　　　名倉　健二（清水建設(株)）

濵田　秀則（九州大学）　　　　　　　　　　　古市　耕輔（西武ポリマ化成(株)）

細田　　暁（横浜国立大学）　　　　　　　　　前川　宏一（横浜国立大学）

皆川　　浩（東北大学）　　　　　　　　　　　山口　明伸（鹿児島大学）

山本　貴士（京都大学）　　　　　　　　　　　渡辺　忠朋（(株)HRC研究所）

オブザーバー

　　高橋　佑弥（東京大学）　　　　　　　　　三浦　泰人（名古屋大学）

旧委員

　　佐藤　弘行（国土技術政策総合研究所）

（五十音順，敬称略）

土木学会　コンクリート委員会
コンクリート標準示方書改訂小委員会
運営部会　委員構成

主　査　　　二羽淳一郎　　（(株)高速道路総合技術研究所）

副主査　　　丸屋　　剛　　（大成建設(株)）

幹事長　　　石田　哲也　　（東京大学）

委　員

綾野　克紀　（岡山大学）　　　　　　　岩城　一郎　　（日本大学）

岩波　光保　（東京工業大学）　　　　　宇治　公隆　　（東京都立大学）

大内　雅博　（高知工科大学）　　　　　金縄　健一　　（国土技術政策総合研究所）

上東　　泰　（中日本高速道路(株)）　　小林　孝一　　（岐阜大学）

田所　敏弥　（(公財)鉄道総合技術研究所）玉井　真一　　（(独)鉄道建設・運輸施設整備支援機構）

中村　　光　（名古屋大学）　　　　　　名倉　健二　　（清水建設(株)）

濱田　秀則　（九州大学）　　　　　　　古市　耕輔　　（西武ポリマ化成(株)）

細田　　暁　（横浜国立大学）

オブザーバー

高橋　佑弥　（東京大学）　　　　　　　三浦　泰人　　（名古屋大学）

旧委員

井上　　晋　（大阪工業大学）　　　　　加藤　佳孝　（東京理科大学）

河合　研至　（広島大学）　　　　　　　河野　広隆　（京都大学）

佐藤　弘行　（国土技術政策総合研究所）下村　　匠　（長岡技術科学大学）

武若　耕司　（(一社)構造物診断技術研究会）前川　宏一　（横浜国立大学）

渡辺　忠朋　（(株)HRC研究所）

旧オブザーバー

佐藤　良一　（広島大学）

（五十音順，敬称略）

土木学会　コンクリート委員会
コンクリート標準示方書改訂小委員会
基本原則編部会　委員構成

主　　査　　濵田　秀則　　（九州大学）
副 主 査　　古市　耕輔　　（西武ポリマ化成(株)）
代表幹事　　田所　敏弥　　（(公財)鉄道総合技術研究所）

幹　　事　　國枝　　稔　　（岐阜大学）
幹　　事　　本間　淳史　　（東日本高速道路(株)）

委　　員

岩城　一郎　　（日本大学）　　　　　　　大内　雅博　　（高知工科大学）
加藤　佳孝　　（東京理科大学）　　　　　河合　研至　　（広島大学）
木野　淳一　　（東日本旅客鉄道(株)）　　齊藤　成彦　　（山梨大学）
杉橋　直行　　（清水建設(株)）　　　　　中村　敏之　　（オリエンタル白石(株)）
畑　　明仁　　（大成建設(株)）　　　　　細田　　暁　　（横浜国立大学）
牧　　剛史　　（埼玉大学）　　　　　　　松村　卓郎　　（(一財)電力中央研究所）
山路　　徹　　（港湾空港技術研究所）　　山本　貴士　　（京都大学）
渡辺　忠朋　　（(株)HRC 研究所）

旧委員
　二井谷教治　　（オリエンタル白石(株)）

（五十音順，敬称略）

土木学会　コンクリート委員会
コンクリート標準示方書改訂小委員会
設計編部会　委員構成

構造設計 WG

WG 主査　　牧　　剛史
WG 副主査　渡辺　健

岩立　次郎	大島　義信	木野　淳一	白鳥　　明
平　　陽兵	髙橋　良輔	千々和伸浩	土屋　智史
長井　宏平	永尾　拓洋	永元　直樹	那須　將弘
林　　克弘	古荘伸一郎	松橋　宏治	松本　浩嗣
村田　裕志			

耐久設計 WG

WG 主査　　岸　利治
WG 副主査　半井健一郎

石田　哲也	川端雄一郎	木野　淳一	酒井　雄也
高橋　佑弥	田中　博一	山本　貴士	
オブザーバー　井口　重信	オブザーバー　杉橋　直行		

偶発作用設計 WG

WG 主査　　秋山　充良
WG 副主査　上田　尚史

栗橋　祐介	佐藤　靖彦	進藤　良則	谷村　幸裕
内藤　英樹	三木　朋広	横田　敏広	

既設 WG

WG 主査　　佐藤　靖彦
WG 副主査　木野　淳一

秋山　充良	石田　哲也	岩立　次郎	上田　尚史
大島　義信	岸　利治	白鳥　　明	谷村　幸裕
牧　　剛史	三木　朋広	山本　貴士	
オブザーバー　金澤　健	オブザーバー　醍醐　宏治	オブザーバー　竹田　京子	オブザーバー　山田　雄太

（五十音順，敬称略）

土木学会　コンクリート委員会
コンクリート標準示方書改訂小委員会
維持管理編部会　委員構成

第1期

標準WG：	○岩城　一郎	◇加藤　絵万	◇佐伯　竜彦
	上田　隆雄	上田　洋	加藤　佳孝
	上東　泰	河合　研至	小林　孝一
	高谷　哲	田中　泰司	藤原　規雄
	山口　明伸		

性能評価WG：	○田中　泰司	新井　崇裕	長田　光司
	加藤　絵万	長井　宏平	藤山知加子
	町　勉		

対策WG：	○加藤　佳孝	網野　貴彦	荒木　昭俊
	北野　勇一	櫻庭　浩樹	野村　倫一
	平塚　慶達	前田　敏也	

水の浸透WG：	○上田　洋	岡崎慎一郎	上東　泰
	蔵重　勲	佐伯　竜彦	高谷　哲
	野村　倫一	皆川　浩	

| 複合劣化WG： | ○上田　隆雄 | 網野　貴彦 | 岩城　一郎 |
| | 遠藤　裕丈 | 黒田　保 | 堀口　賢一 |

○：主査，　◇：副主査

（五十音順，敬称略）

第2期

作用 WG：　　　　　　○加藤　佳孝　　　　　　上田　　洋　　　　　　遠藤　裕丈
　　　　　　　　　　　　岡崎慎一郎　　　　　　　長田　光司　　　　　　加藤　絵万
　　　　　　　　　　　　上東　　泰　　　　　　　蔵重　　勲　　　　　　佐伯　竜彦
　　　　　　　　　　　　櫻庭　浩樹　　　　　　　高谷　　哲　　　　　　野村　倫一
　　　　　　　　　　　　皆川　　浩

中性化および水の浸透 WG：
　　　　　　　　　　　　○上田　　洋　　　　　　岡崎慎一郎　　　　　　上東　　泰
　　　　　　　　　　　　蔵重　　勲　　　　　　　佐伯　竜彦　　　　　　高谷　　哲
　　　　　　　　　　　　野村　倫一　　　　　　　皆川　　浩

塩害 WG：　　　　　　　○網野　貴彦　　　　　　高谷　　哲　　　　　　堀口　賢一

凍害 WG：　　　　　　　○皆川　　浩　　　　　　荒木　昭俊　　　　　　岩城　一郎
　　　　　　　　　　　　遠藤　裕丈

化学的侵食 WG：　　　　○山口　明伸　　　　　　河合　研至　　　　　　堀口　賢一

ASR WG：　　　　　　　○黒田　　保　　　　　　櫻庭　浩樹　　　　　　野村　倫一

疲労 WG：　　　　　　　○藤山知加子　　　　　　岩城　一郎　　　　　　平塚　慶達

すりへり WG：　　　　　○前田　敏也　　　　　　櫻庭　浩樹　　　　　　山口　明伸

複合劣化 WG：　　　　　○上田　隆雄　　　　　　網野　貴彦　　　　　　遠藤　裕丈
　　　　　　　　　　　　加藤　絵万　　　　　　　黒田　　保

性能 WG：　　　　　　　○加藤　佳孝　　　　　　上東　　泰　　　　　　田中　泰司
　　　　　　　　　　　　長井　宏平　　　　　　　町　　　勉

調査 WG：　　　　　　　○藤原　規雄　　　　　　加藤　絵万　　　　　　小林　孝一
　　　　　　　　　　　　町　　　勉

PC WG：　　　　　　　　○長田　光司　　　　　　新井　崇裕　　　　　　北野　勇一
　　　　　　　　　　　　高谷　　哲

床版 WG：　　　　　　　○藤山知加子　　　　　　岩城　一郎　　　　　　平塚　慶達

○：主査

（五十音順，敬称略）

コンクリートライブラリー162

2022年制定　コンクリート標準示方書　改訂資料
基本原則編・設計編・維持管理編

総　目　次

[基本原則編]

[設　計　編]

[維持管理編]

基本原則編

［基本原則編］

目　　次

1．はじめに

　［基本原則編］は，2012年のコンクリート標準示方書の改訂において新たに制定された編である．コンクリート標準示方書が現在のように各編に分冊化されたのは，コンクリート標準示方書に限界状態設計法が取り入れられた1986年（昭和61年）の改訂であり，それ以前の1980年（昭和55年）版までは，すべての内容が一冊におさまり，かつA5判で持ち歩きしやすいものであった．コンクリート標準示方書が持ち歩きしやすい時代には，コンクリート構造物の計画から設計，施工，維持管理までを一貫して俯瞰できる技術者が多数であったと思われる．しかし，コンクリート標準示方書の記述の増加とそれに伴う分冊，並びに業務の専業化および細分化によって，技術者自身も業務に直接関係する箇所しか目を通さない状況が徐々に増えてきたと思われる．

　コンクリート構造物の建設は，使用するコンクリート自体を技術者自身が製造するという，他の工業製品には見られない特殊なものであり，供用中に生じる劣化の過程も複雑であり，劣化の影響が少ない半永久的な構造物となることもあれば，劣化が顕在化する構造物となることもある．また，建設後の構造物の維持管理においては，コンクリート特有の技術が必要となる．このような状況において，技術者にはコンクリート構造物のライフサイクルにわたる技術力が求められ，それを支援するコンクリート標準示方書の役割も自ずと広がってきたと言える．

　現在のコンクリート標準示方書はそのページ数を見てわかるように，コンクリート構造物に関わる膨大な情報を網羅している．しかし，コンクリート標準示方書を利用する技術者が，これらの情報を有効に活用することが難しくなっていることも事実である．また，コンクリート構造物は，計画，設計，施工，維持管理それぞれの段階での作業が有機的に繋がっていくことで，要求性能を満たす構造物となる．このような状況を背景として，コンクリート標準示方書の全体像と基本的な考え方を明確に示す新たな編として，2012年に基本原則編が制定された．その内容は，コンクリート構造物に期待される役割と性能，その実現に向けたコンクリート標準示方書の役割，さらに，コンクリートに携わる技術者の役割と責任等を中心に記述している．また，今後，社会が持続可能な発展を進めていくためには，コンクリート構造物の建設における環境への配慮の考え方や方針を明らかにすることも必要であるとの認識から，［2012年制定　基本原則編］では，コンクリート構造物の性能として「環境性」を新たに定義するに至っている．

　［2012年制定　基本原則編］の制定資料では，今後の課題として以下に示す項目が示されている．
（1）要求性能
　要求性能の定義については，コンクリート標準示方書の性格，技術レベル等を勘案し，実務者にわかりやすい定義を共有すること．
（2）環境性
　環境性に関する具体的な検討方法が記述されていないため，コンクリート標準示方書に記述される考え方を参考に，具体的な検討方法の提案が必要である．また，環境性の適切な設計限界値の考え方についても継続的な議論が必要である．
（3）既設構造物の性能評価とその対処
　求められる機能を達成し続けるよう性能を保持するためには，維持管理に関わるさらなる研究や技術開発，維持管理体制の整備，情報の公開等，多くの課題がある．コンクリート標準示方書の各編が連係してそれら

の解を得るとともに，コンクリート技術者が連携して対応できる仕組みを整備する必要がある．

（4）コンクリート技術者の役割，責任の範囲

　対象工事の種類や規模等，実態に即した技術者の責任と役割を明示する必要がある．

（5）原理・原則と具体的事例

　原理・原則と具体的な事例の記載の双方のバランスを取る必要がある．具体的な事例を記載したコンクリート標準示方書を補完する参考資料等を整備することも重要である．

（6）用語の定義

　土木学会の示方書・指針類で，用語の定義を統一する必要がある．

（7）検索機能

　［基本原則編］は，各編に共通する規定に関する「検索機能」をもつべきであるか検討をする必要がある．

　2017 年のコンクリート標準示方書の改訂では，基本原則編における本質部分は不変であるべきこと，また上記の課題に関する議論の蓄積が十分でないことから改訂は見送られた．本改訂においては，上記の課題を念頭に議論を進めた．これらの課題に対して，十分な対応ができなかった項目もある．残された課題については，次回の改訂における対応を期待したい．

　以下に，本改訂における議論を紹介し，［2022 年制定　基本原則編］について解説する．

２．改訂の全体概要

2.1 ［2012年制定 基本原則編］における基本的な考え方

2012年の［基本原則編］制定における基本的な考え方を以下に示す．

土木構造物共通示方書との関係性

基本原則編においては，コンクリート構造物に特化した原則を記述する．まず，コンクリート標準示方書の基本原則編として必要な内容をまとめ，次の段階で，土木学会 構造工学委員会が 2010 年に制定した「土木構造物共通示方書」との整合について確認を行う．なお，「土木構造物共通示方書」は，2016 年に一度改訂されている．

コンクリート構造物の要求性能，優位性

設計編，施工編，維持管理編で設定される要求性能の指標と水準は基本原則編に記述する．環境については，サスティナブルという概念を主として考え，設計，施工，維持管理の各段階で取り組むべきことを整理する．

コンクリート技術者の役割

技術者個人の資質だけでなく，設計，施工，維持管理を担う組織の体制も考慮して記述する．よりよいコンクリート構造物をつくり，管理するために，技術者は何ができるのかを記述する．

2.2 ［2022年制定 基本原則編］の検討にあたって

改訂作業においては，2012年制定の基本原則編の制定までの経緯を再確認した．その際，「土木構造物共通示方書」に示されている土木構造物の基本，土木構造物に要求される性能とその性能の検討方法，土木技術者の役割と責任，責任技術者の役割と責任についてその記述内容を確認した．また，［2012年制定 基本原則編］の記載内容であるコンクリート構造物およびコンクリート標準示方書の目的と役割，コンクリート標準示方書の体系と各編の関係，コンクリート構造物が有すべき性能を確保するための仕組み，コンクリート技術者が果たすべき役割・責任・権限，持続的発展を可能とする社会構築に向けたコンクリート構造物の建設における「環境」への考え方等は，変更せず維持することを基本とし，社会や人々の暮らしの変化や関連する最新情報を踏まえ，改訂の基本方針を定めた．

2.3 改訂の基本方針

基本原則編部会や幹事会の議論を経て，以下を［2022年制定 基本原則編］の改訂の基本方針とした．

コンクリート構造物の性能確保

- 新設構造物から既設構造物までの性能確保を統一的に扱う示方書であることを明示する．
- 従来の性能照査の枠組みを包含する形で，時間軸を考慮した性能評価のあり方を示す．
- 設計段階では，設計耐用期間について性能照査を行い，維持管理段階では，点検結果を踏まえて性能評価を行う枠組みとする．

各段階における情報伝達

- 設計耐用期間にわたる性能確保のために，設計，施工段階とともに維持管理段階の情報を記録・保存し，確実に情報伝達することの重要性とその方法を示す．

コンクリート構造物に携わる技術者の役割

- コンクリート構造物に携わる技術者について，責任技術者の位置づけと切り離して，あるべき姿を示す．

・技術者の携わる業務としては「設計・施工・診断（点検を含む）」に区分し，プロジェクトの段階としては「計画，建設，管理」として整理する考え方を示す．

上記の基本方針を定め，項目ごとに3つのWGを立ち上げて，改訂内容の審議，執筆を進めた．

・WG1：コンクリート構造物の性能確保（［2022年制定 基本原則編］における1章，2章を担当）

・WG2：性能確保のための情報伝達（［2022年制定 基本原則編］における3章を担当）

・WG3：技術者のあり方，役割（［2022年制定 基本原則編］における4章を担当）

2.4 ［基本原則編］の構成

［2022年制定 基本原則編］の章構成は，2.3に示した基本方針をもとに以下のとおりとした．

　　　　　1章　総則
　　　　　2章　コンクリート構造物の性能確保
　　　　　3章　コンクリート構造物の性能確保のための情報伝達
　　　　　4章　コンクリート構造物に携わる技術者の役割

［2012年制定 基本原則編］と［2022年制定 基本原則編］の目次の比較を**表**2.4.1に示す．

「1章 総則」は，［2012年制定 基本原則編］から変更はない．

［2012年制定 基本原則編］の「2章 コンクリート標準示方書の体系と各編の連係」は，コンクリート標準示方書を構成する［設計編］，［施工編］，［維持管理編］の体系と相互関係，コンクリート構造物の性能確保において必要となる設計，施工，維持管理の各段階の作業の流れとその連係を示している．コンクリート構造物の性能確保においては，各段階の連係が必要となる場合もあるが，構造物の性能確保のための作業を各段階で確実に実施し，次の段階へ必要な情報を適切に伝達することが重要である．このため，［2012年制定 基本原則編］の「2章 コンクリート標準示方書の体系と各編の連係」は，［2022年制定 基本原則編］では，「3章 コンクリート構造物の性能確保のための情報伝達」とし，具体的な情報の内容や事例等を記述し，情報伝達に特化した内容とするとともに，記述の拡充を図った．ただし，［2012年制定 基本原則編］の「2章 コンクリート標準示方書の体系と各編の連係」のうち，情報伝達に直接的に関与しない，2.1 一般，2.2（1）における構造計画の記述，（4）の既設構造物に関する記述については，［2022年制定 基本原則編］では，「2章 コンクリート構造物の性能確保」の2.3 構造計画，2.4 性能評価に移設し，記述を拡充した．構造計画は，コンクリート構造物の性能確保において重要な行為であるため，「2章 コンクリート構造物の性能確保」に記述することとした．また，既設構造物については，［2022年制定 基本原則編］では，新設構造物と既設構造物を統一的に扱うこととしたため，2.4 性能評価において，新設構造物とあわせて記述した．

［2022年制定 基本原則編］の「2章 コンクリート構造物の性能確保」については，［2012年制定 基本原則編］に対して，2.3 構造計画，2.4 性能評価を新たに設けた．2.4 性能評価については，［2012年制定 基本原則編］2.2（4）の既設構造物の記述，3.3 既設構造物の性能確保に対する考え方を含み，新設構造物と既設構造物を対象とした性能評価について記述した．

［2022年制定 基本原則編］の「3章 コンクリート構造物の性能確保のための情報伝達」については，上記の経緯でコンクリート構造物の性能確保の観点から，新規に作成した章である．

［2022年制定 基本原則編］の「4章 コンクリート構造物に携わる技術者の役割」については，［2012年制定 基本原則編］の「4章 技術者の役割」を責任技術者の位置づけと切り離し，コンクリート構造物に携わる技術者としてのあるべき姿を記述した．4章は目次に大きな変更はないが，4.5 性能確保のための技術者の

連携については，［2022年制定 基本原則編］では，「3章 コンクリート構造物の性能確保のための情報伝達」に記述した．

　［2012年制定 基本原則編］の「5章 コンクリート構造物の環境性」については，環境性はコンクリート構造物に求められる性能のひとつと考えられることから，［2022年制定 基本原則編］では，2.2.6 持続可能性を具体化する性能において，社会性，経済性とともに記述することとした．

　このように，［2022年制定 基本原則編］の目次構成は，［2012年制定 基本原則編］の目次構成を大きく変更することなく，コンクリート構造物の性能確保に着目し，「性能確保」，「情報伝達」，「技術者」の章構成とした．また，新設構造物から既設構造物までの性能確保を統一的に扱う示方書という改訂方針を踏まえた構成とした．

表 2.4.1 ［2012 年制定 基本原則編］と［2022 年制定 基本原則編］の目次構成

2012 年制定 基本原則編	2022 年制定 基本原則編
1章 総則 1.1 一般 1.2 適用の範囲 1.3 コンクリート構造物の役割 1.4 用語の定義	**1章 総則** 1.1 一般 1.2 コンクリート標準示方書の適用の範囲 1.3 コンクリート構造物の役割 1.4 用語の定義
2章 コンクリート標準示方書の体系と各編の連係 2.1 一般 2.2 各段階での作業と連係 (1) 計画段階における構造計画 (2) 設計，施工，維持管理の各段階への情報 (3) 性能を確保するための各段階の連係 (4) 既設の構造物	
3章 コンクリート構造物の性能確保 3.1 一般 3.2 要求性能 　3.2.1 要求性能の設定 　3.2.2 設計耐用期間 　3.2.3 性能照査の基本 3.3 既設構造物の性能確保に対する考え方	**2章 コンクリート構造物の性能確保** 2.1 一般 2.2 要求性能 2.3 構造計画 2.4 性能評価
	3章 コンクリート構造物の性能確保のための情報伝達 3.1 一般 3.2 各段階への情報伝達
4章 技術者の役割 4.1 一般 4.2 設計段階における技術者の役割 4.3 施工段階における技術者の役割 4.4 維持管理段階における技術者の役割 4.5 性能確保のための技術者の連携	**4章 コンクリート構造物に携わる技術者の役割** 4.1 一般 4.2 設計に携わる技術者の役割 4.3 施工に携わる技術者の役割 4.4 診断に携わる技術者の役割
5章 コンクリート構造物の環境性 5.1 一般 5.2 環境性の配慮	

3.「1章　総則」の改訂の概要

3.1　改訂の要点

　コンクリート標準示方書の役割について，構造物の目的，機能，性能との関係に言及しながら示しており，［2012年制定　基本原則編］からは新しい用語の追加，情報の更新を含めて，記述を充実させた.

　以下に，1章の各節ごとの改訂における議論および改訂の趣旨を示す.

3.2　一　　般

　本改訂においては，構造物の所有者や管理者が設定する「設計供用期間」において，構造物の「設計耐用期間」を設定する枠組みを明確にした. これは，従来から「供用期間」や「予定供用期間」等が［設計編］や［維持管理編］で用いられてきたものの，その定義がコンクリート標準示方書で必ずしも統一されていなかったことによる. また，構造物の寿命とは別に，一度構築された構造物は，永久的に使い続けられるという実態もあるため，設計段階では設計耐用期間のみの設定でよかったものの，最近では，構造物の重要度や利用状況によっては，供用を停止するという事例もあり，主として構造物の寿命に関わる設計耐用期間とは別に，設計の前提として，構造物が所定の機能を維持することを期待する期間としての設計供用期間が必要になった.

　図3.2.1に示すように，社会から要求される目的に対して，機能および要求性能を設定した上で，設計耐用期間において適切に性能評価を行い，必要に応じて対策を行うことで，構造物を使い続けることが可能となる. その際に，限界値に対して応答値が保有する余裕の程度を定量的に求めることが必要であり，設計耐用期間の各時点において性能が確保されていることを予測する必要がある. 既設構造物においては，この余裕の程度が明らかにされなければ，補修や補強等の対策も適切に行うことができない. 従来までの性能照査においても，余裕の程度を考慮する安全係数を使用した照査式により，要求性能を満足しているか否かだけでなく余裕の程度を設計者が判断してきた. 本改訂では，性能評価は，新設，既設によらず全ての構造物に対して，任意の時点での余裕の程度を明らかにできる枠組みを構築していくことが重要であることを示したものである.

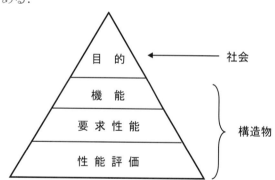

図3.2.1　コンクリート構造物の性能確保に関する
　　　　　基本概念（基本原則編　解説　図1.1.1）

図3.2.2　コンクリート構造物の性能評価と性能照査の
　　　　　位置づけ（基本原則編　解説　図1.1.2）

　図3.2.3に，設計，施工，維持管理の各段階において性能確保に向けたフローを示している．全体の流れは，従来と大きな違いはないように見えるが，各段階の行為が「性能」によって有機的に結びつくことが重要であることを示すとともに，維持管理段階において性能が確保されておらず，補修，補強等の対策を行う場合には，設計段階に戻ることを明示した．すなわち，補修，補強等を含む対策の設計において，必ず性能評価を実施するプロセスを経ることが重要であり，新設，既設によらず同じ枠組みで評価すべきであることを意味している．コンクリート標準示方書［設計編］は，従来は新設構造物のみが対象であったが，本改訂では既設構造物の設計も包含する示方書となった．また，施工段階においては，施工後の検査によって構造物の性能が確保されていることを確認するため，適切な施工計画が立案される必要がある．現時点では，構造物の性能を直接評価する技術が成熟しておらず，使用する材料の品質の確認ならびに出来形の確認をもって性能を確保していることにしているが，将来的には構造物の性能を直接検査できる技術の開発が必要であり，これは維持管理段階においても同様のことがいえる．なお，既設構造物の補修，補強における施工段階のコンクリート標準示方書［施工編］の適用性については，補修，補強では使用する材料や工法が多種多様にわたるため，現時点ではそれらを包含することが難しい状況にある．しかし，［施工編］に記載された内容や基本的な考え方を踏襲し，土木学会や他機関の各種基準類を参考にしながら，性能評価に基づき，補修，補強を行うことが肝要である．なお，施工段階において設計段階の前提条件が現状と大きく異なることが明らかとなり，施工ができない状況により設計変更を行う場合も生じている．今後はそのような状況が生じないことを目指すことが肝要であり，そのためにも構造計画において施工計画や維持管理計画の基本方針をできるだけ具体的に設定することが必要となる．

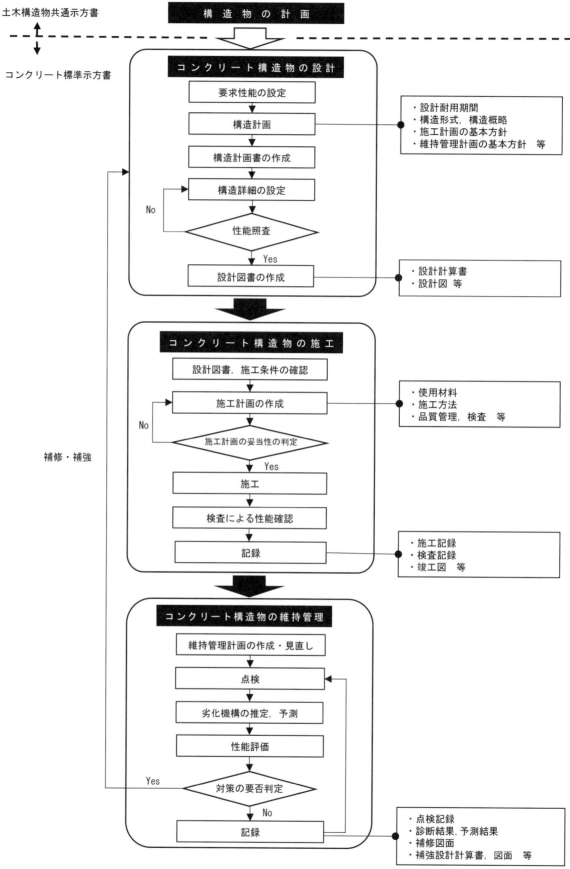

図 3.2.3　コンクリート構造物の性能確保の流れ

（基本原則編　解説　図 1.1.3）

3.3　コンクリート標準示方書の適用の範囲

コンクリート標準示方書の適用の範囲に大きな変更はないが，前述のとおり［設計編］が既設構造物の設計に対応できることとなった．また，性能評価にあたって必要となる各種試験方法や規格値を規定した［規準編］に関する記述が追記された．

3.4　コンクリート構造物の役割

コンクリート構造物の役割を記載した従来の記述については，最近の動向を踏まえて軽微な修正を行った．コンクリート構造物を取り巻く環境の変化およびコンクリート構造物自身が抱えてきた課題に対してコンクリート標準示方書は改訂を行ってきた経緯があり，今後もそのように対応していく責任がある．そのためにも，構造物の目的に対して，必要な機能を設定し，さらに要求性能を適切に設定することが重要である．従来は，安全性，使用性，復旧性等が主体であったが，持続可能性に関する性能を規定し，必要に応じて社会的側面，環境的側面，経済的側面において社会の要求を満足させる枠組みが重要である．要求性能が設定できたとしても，現時点で定量的に評価あるいは照査するための指標等が十分に整備されていない項目もあるが，社会からの要求事項として適切に対応していく必要がある．

3.5　用語の定義

本改訂において，技術者に関する用語，および技術者の区分のイメージの図が削除された．その理由については『6.「4章　コンクリート構造物に携わる技術者の役割」について』に示す．一方，新たに修復性，社会性，診断，補修，補強，改築の用語が性能確保に向けた枠組みの中で必要な用語として追加された．社会性は要求性能のうち持続可能性を具体化する性能のひとつとして整理されたものであり，それ以外の用語については，［設計編］，［維持管理編］と定義を共有している．

４．「２章　コンクリート構造物の性能確保」の改訂の概要

4.1　改訂の要点

　設計耐用期間においてコンクリート構造物の性能確保するためには，構造計画を含む設計段階において適切に設計され，施工あるいは維持管理段階で適切に施工と維持管理が実施される必要がある．［2012 年制定基本原則編］においても，「3 章 コンクリート構造物の性能確保」として，性能確保のための基本原則が示されており，本改訂では，さらにその内容を充実させた．

　以下に，2 章の各節ごとの改訂における議論および改訂の趣旨を示す．

4.2　設計供用期間と設計耐用期間

　今回，新たに「設計供用期間」という用語が定義された．コンクリート標準示方書では，［設計編］や［維持管理編］において「供用期間」や「予定供用期間」等の用語も使用されてきたが，本改訂において構造物の管理者や所有者が設定する供用期間として明確に定義されたものである．一般に，設計供用期間よりも設計耐用期間を長く設定し，構造物を設計することが合理的な場合が多いが，設計耐用期間に達した時点での利用状況や周辺環境等によっては，供用を中止するという判断にも対応できることが必要である．

4.3　要求性能

　社会からのコンクリート構造物への期待も含め，要求性能を適切に設定することが求められている．前述のとおり，従来までは安全性，使用性，復旧性等が主体であったが，持続可能性に関する性能を規定し，必要に応じて社会的側面，環境的側面，経済的側面において社会の要求を満足させることとした．すなわち，経済性はもちろんのこと，その対応が重要となっている環境性，従来までの安全性や使用性，復旧性を含む社会性等である．

　環境性は，構造物が設置され，使用される地点における環境への適合性に関する性能であり，一般に法令等で定められている項目や事業者から要求される項目等に対する基準値や目標値を限界値として設定して行う場合があるが，一方で現段階では十分な知見や情報が不足しており具体の照査ができない項目等も存在している．［2012 年制定 基本原則編］においても，「5 章 コンクリート構造物の環境性」として章立てられている．その後，ここに記載された環境性は，持続可能性としてより幅広い概念として捉えられ，設計段階において性能照査を行う体系を持つコンクリート標準示方書において，照査を行うための情報が不足していることは自明であったため，要求性能として規定はされていたものの，配慮事項として対応することになっていた．本改訂においては，持続可能性に関する性能である社会性，環境性，経済性も要求性能の重要な柱として位置付け，建設から維持管理段階において環境性が確保されるべきであることを明確にした．

　社会性は，構造物が設置されて，使用される地点における社会環境への適合性に関する性能である．したがって，構造物が設置された地点における過去の被災状況等から安全性や復旧性の水準を設定したり，交通規制により発生する社会的コストを削減するために，維持管理しやすい構造形式を選定する，設計耐用期間の長い構造物を構築する，維持管理を容易に行うための付帯設備等を予め設置することも社会性に包含されるものである．

4.4 構造計画

コンクリート標準示方書における構造計画は，対象がコンクリート構造物に選定されて以降を範囲とすることで，土木構造物共通示方書の構造計画との整合性を図っている．その上で，設計耐用期間，性能評価で想定する事象，要求性能の水準，構造物の使用材料，構造種別，構造形式，施工方法，維持管理方法等の設計の条件，および性能評価や性能照査の方法を設定することになる．コンクリートの施工においては，材料の選定や施工方法の選定，品質管理や検査の方法がコンクリート構造物の性能に及ぼす影響が大きい．また，維持管理の方法（点検の頻度や箇所）も考慮した構造計画が立案できれば合理的な維持管理も可能となることから，構造計画および設計の段階で施工計画および維持管理計画の概略や基本方針を立案することが肝要である．また，そのための調査についても適切に行う必要がある．

4.5 性能評価

性能評価にあたっては，計画した評価に用いる情報を調査によって適切に入手した上で行う必要があり，事前に計画しておく必要があることは言うまでもない．その際，基本的には工学的な指標によって行うことを原則とした．設計耐用期間にわたって性能を確保するということは，時間軸を考慮した材料や構造の力学機構に基づく数理モデルを用いたり，実験等により実証したりすることが原則となる．また，このことは新設，既設によらずコンクリート構造物全体を対象としており，性能評価に用いる材料特性や結果としての耐力等は，すべて時間の関数で表現されることを意味する．これにより，任意の時点での性能評価が可能となり，その結果として設計耐用期間にわたっての性能確保が可能となる．ただし，現時点で十分な知見がない場合もあることから，過去に豊富な実績等がある場合においては，それらの知見を用いてもよいこととしている．

コンクリート標準示方書では，構造物の性能評価を原則としているが，現時点では構造物を直接評価することは難しく，実際には部材・部位ごとに性能評価を行っているため，部材・部位による結果が構造物全体の性能に与える影響を適切に考慮することとした．

性能評価にあたっては，新設構造物の場合には，設計限界値と設計応答値との比較により，既設構造物の場合には，管理限界に対して保有する性能を求めることにより性能評価が行われる．特に，既設構造物の場合には，その際に算定された余裕の程度によって対策の要否の判断や，具体的な工法の選定が行われることになる．新設構造物の性能評価においては，設計限界値や設計応答値の中に，すでに安全係数として余裕の程度が考慮されており，それらも含めて時間軸を考慮した劣化予測を含む性能評価が行われる必要がある．このように，余裕の程度を求めるために必要な具体的な評価式については，対象とする性能項目や評価指標によって異なることが考えられるため，設計段階や維持管理段階において適切に設定することとした．

5. 「3章　コンクリート構造物の性能確保のための情報伝達」の改訂の概要

5.1　改訂の要点

　コンクリート構造物の性能を確保しながら供用するためには，設計段階，施工段階だけでなく維持管理段階においても必要な情報を取得し，これらの情報を供用期間にわたって適切に伝達することが重要である．［2012年制定　基本原則編］では，情報伝達として設計段階と施工段階を対象とした記述であったが，［2022年制定　基本原則編］では，維持管理段階を対象とした記述を追加した．これは，設計，施工，維持管理段階の一連の情報伝達をシームレスに行い，供用時に有益な情報として活用することや新設構造物から既設構造物までの性能確保を統一的な手法により行うことを意識したためである．また，設計，施工，維持管理段階の情報の流れについては，BIM/CIM（Building/ Construction Information Modeling）等の情報伝達ツールの活用が効率化に有効であることから，［2012年制定　基本原則編］における情報の流れの図については，設計，施工，維持管理の各段階における BIM/CIM 等のデータベース・台帳の利用，記録・保存の情報の流れを示すとともに，新設構造物の建設時や他の既設構造物の供用時への情報のフィードバックを明示した図（**解説 図3.2.1**）に更新した．**図 5.1.1** は，［2012年制定　基本原則編］から変更されたものであるが，基本的な考え方に変更はない．さらに，情報伝達の手法である情報技術について，現状では施工の省力化が主たる目的であるが，性能確保を目的とした情報技術について新たに記述し，新しい情報技術の導入を促すとともに適用にあっての留意事項を示した．

　本改訂資料では，実務の参考として，設計や施工および維持管理段階において記録すべきコンクリート構造物に関する資料の具体例と，新しい情報技術の活用例を示した．

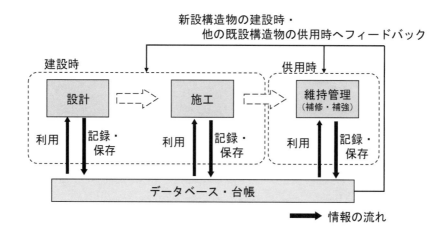

図 5.1.1　構造形式選定後の設計，施工，維持管理段階の情報の流れ

（基本原則編　解説 図 3.2.1）

5.2 設計や施工および維持管理段階において記録すべき資料の例

(1) はじめに

設計供用期間にわたってコンクリート構造物の性能を確保するためには，適切な点検，評価，対策が必要であり，設計や施工の情報や継続的な維持管理に関する情報が必要となる．これらの情報を竣工図書等の膨大な量の情報から抽出する場合，多大な労力や時間を要する可能性があるが，情報がない場合は検討自体が困難となる可能性がある．

これらのことから，維持管理において有益となる設計や施工に関する情報やその記録の方法は，予め関係者で協議，決定の上，維持管理側へ引き継ぐことが重要となる．加えて，供用期間中においても，その後の維持管理を想定した上で，変状履歴や補修・補強履歴等の維持管理情報を記録することが重要となる．ここでは，維持管理のために，設計と施工，および維持管理に関する資料から記録することが望ましい有益な情報の例と，これらを記録する目的について記述する．

(2) 供用時において有益な設計の情報

設計の成果物である設計図書には，設計計算書や設計図のほかに，構造形式に関する検討や要求性能の設定理由等が記載されている設計概要書等がある．また，概略設計段階の資料が含まれている場合には，線形計画の内容や環境影響評価，地元説明会で地域住民から上がった意見，要望等も確認できることがある．

近年，竣工図書は紙ファイルで提出されるとともに，電子納品されることが一般的である．そのため，電子データの保存および引継ぎが適切に行われていれば，維持管理の対象となっている構造物や部材に関する設計計算や図面データの抽出は容易である．ただし，一定期間が経過すると廃棄されることが一般的な紙ファイルと同様に，電子データの保存も永年であるとは限らないため，維持管理段階における作業の省力化も兼ねて表5.2.1に示すような項目を必要に応じて別途，記録するのがよい．また，設計概要書や概略設計の資料からも特記すべき事項がある場合には別途，記録することが望ましい．なお，設計図から記録する項目については，実際に現場で使用される材料は設計値に製造過程におけるばらつきが加味されていること，寸法やかぶりは施工誤差を含んだ値となること等に留意する必要がある．さらに，配筋や継手の種類，位置や打継目の位置は施工時に変更されることがあるため，施工時の記録との対応を想定して整理しておくことが望ましい．

表5.2.1 供用時において有益な設計の情報の例と記録の目的

対象	記録する項目	目的
概略設計段階の資料	騒音・振動レベルの規制や作業時間等の取り決め事項	維持管理における現場作業を円滑に進めるために，環境影響評価や地元説明会で取り決められた騒音・振動の規制レベルや作業日・作業時間等を維持管理計画の立案時の参考にする．
設計概要書	要求性能の設定理由構造形式選定の検討	特別な理由により要求性能の水準を高く設定している場合や，桁下空間利用や河積阻害率等の現地の状況を考慮して構造形式を設定している場合，補修・補強方法の選定時の参考にする．
設計計算書	設計総括表断面力図	各部材の設計余裕度の比較や断面力分布から，先行して損傷を受ける部材や破壊形態，および損傷状態の予測の参考にする．
	電算の入力ファイルデータ※	変状が発生した場合の構造物の性能照査や補修・補強の検討において既存の解析モデルを活用する．
設計図	設計条件表	適用した技術基準を確認する．要求性能や荷重の特性値，使用材料（コンクリートや鋼材等）の規格，寸法や設計かぶりを把握する．
	鉄筋継手の種類・位置打継目の位置	施工および品質管理が不十分な鉄筋継手やコンクリートの打継目は構造物の弱点となりやすいため，設計時に想定した位置を把握する．

※ 電算の入出力結果とともに入力ファイルデータ自体を設計者から入手しておくことが望ましい．維持管理段階で使用できる電算プログラムのバージョンが設計時と大きく変わっている場合，互換性の問題で設計時の古いバージョンのファイルが開けないことがある．そのため，電算プログラムのバージョンを記録しておくことが望ましい．

（3）供用時において有益な施工の情報

　施工の成果物としては，新設構造物または改築・取替を行った構造物とその施工に関する記録があげられる．竣工図書として施工者から事業者に提出される施工に関する記録には，施工計画書や材料試験結果，施工段階における各種検査記録，竣工図等の完成物に関する資料等がある．

　一般に，コンクリート構造物の設計は，配筋作業や締固め作業の容易さ等，コンクリート構造物に特有な施工条件も考慮した上で行われる．その後の施工計画において，設計段階と異なる施工条件となる場合には設計段階に戻り，再度，構造物の性能を照査し[1]，施工の成果物である構造物や竣工図が，設計で設定している内容を満足することを確認する．そのため，記録すべき情報としては，**表 5.2.2** に示すように設計図と完成物の相違点や材料の試験値，および鋼材のかぶり等が許容値付近で，変状が発生しやすいと予想される箇所の情報等がある．なお，施工に関する竣工図書は設計と同じく電子納品されることが一般的であるが，施工に要する期間は設計に比べて長く，書類も多くなるため，施工の各段階において記録を随時行うことが重要となる．

　各種検査記録のうち，鋼材のかぶりは，型枠検査時に設計許容値を満足していても，コンクリートの打込みによって許容値を外れる可能性のある項目である．これは，コンクリート打込み中にバイブレータでスペーサーを誤って叩いてしまうこと，型枠や支保工の変形等が主な原因である．鋼材のかぶり不足は，鋼材腐食に伴うコンクリートの剥落や構造物の性能低下を引き起こす大きな要因であり，規定される検査箇所や数量によらず，電磁誘導法等の非破壊検査によりできるだけ多くの箇所の情報を把握することが望ましい．かぶりの測定にあたっては，作業に要する時間や費用等の観点から，維持管理段階ではなく施工時に足場が解体される前に測定する計画を立てるとよい．また，施工時に発生した変状は施工中に補修されることも多く，その箇所および補修の方法を記録し，維持管理の点検時に着眼点として選定できるように配慮しておくことが望ましい．

表 5.2.2　維持管理において有益な施工の情報の例と記録の目的

対象	記録する項目	目的
施工計画書 施工図	コンクリートの 打込み計画	コンクリートの打継目は構造物の弱点となりやすいため，打込み順序，打継目の位置を把握する．また，コンクリートの打込みに特別な配慮が必要な暑中コンクリートや寒中コンクリート等の使用の有無を把握する．
材料試験 成績表	骨材の産地，岩種等	骨材の品質はコンクリートの強度や収縮挙動に大きく影響するため，コンクリートの配合ごとに使用されている骨材を把握する．また，周辺の構造物において同じ産地・岩種の骨材の使用実績，変状事例（アルカリシリカ反応等）の有無を確認しておく．
各種検査記録 品質管理記録	レディーミクスト コンクリート 受入れ試験結果	水セメント比や空気量は，コンクリートの乾燥収縮や耐凍害性に影響するため，それらが許容値の上下限近くになっているような場合は，構造物の供用条件に応じて記録の必要性を判断する．また，打込み日から数日間の天候はコンクリートの強度発現に影響を及ぼしやすいので，平年と比較して外気温が大きく異なる場合等は記録しておくのがよい．
	鋼材のかぶり	かぶりはコンクリート構造物の耐久性において重要な要因であり，設計かぶりとともに，実際のかぶりを記録する．かぶりの小さい箇所は点検の着眼点とする．
	変状の発生箇所 および対策方法	施工時に発生した変状の箇所や対策方法を記録し，点検時の着眼点とする．
竣工図 施工承諾願 設計変更指示書	設計図からの 変更点	構造，配筋，鉄筋継手の種類・位置，鉄筋定着の方法・位置等が設計図から変更になっている場合に記録する．設計図からの変更点は工事発注時の図面に反映されることは少ないため，左記の資料を確認の上，記録することが望ましい．

(4) 供用時において有益な維持管理の情報

　供用時において設計や施工の情報が必要となることは言うまでもないが，供用期間の長期にわたって適切な維持管理を行っていくためには，供用後の維持管理における有益な情報を取得することが重要といえる．点検は構造物の性能評価を行うために実施するものであり，構造物の特徴等を踏まえて関係者で取得する情報を決定した上で，点検方法や点検結果の情報を記録することは，その後の維持管理に有効である．例えば，支承のずれ量や長大橋の変形量は桁の季節や昼夜の温度変化による影響を受けるため，点検年月日や天候や気温を記録することは点検時期や条件の相違による影響の把握につながる．また，コンクリート構造物の場合，水掛かりがあるひび割れ箇所やかぶりの小さい箇所は，鋼材腐食やコンクリートのはく落に繋がる可能性が高いことから，点検時に同一の視点で撮影し記録することは点検の着眼点となるだけでなく変状の直接的な比較を可能とする．これらはあくまで一例であるが，維持管理情報を取得した前提条件を把握した上で，変状の進行性等の観点から，構造物の状態や性能の評価につながる情報を適切に記録することが有益である．

　性能評価は，設計供用期間を通じて構造物が設定した性能を満足するかどうかを確認するために行うものであり，評価手法は，信頼性や有効性を踏まえてその時点の技術的な判断に基づき選定したものである．そのため，グレーディング等の半定量的な手法や有限要素解析等を用いた定量的な手法の違いに関わらず，評価結果の根拠となる情報の記録は有益である．特に，変状予測や有限要素解析等による性能予測に用いた，コンクリートや鉄筋の諸元，かぶり等のデータや作用のデータ，およびモデル化の考え方をまとめた資料はそれ自体が有益な情報となる．

　対策は，点検や性能評価の結果をもとに構造物の重要度等を考慮して実施するものであり，対策の目的や選定理由を記録することは，その後の維持管理の方針を設定する際の参考資料となり有益である．補修や補強は，構造物の個々の事情に応じて実施するものであり，これらに関する設計や施工に関する情報は，その後の維持管理において重要な情報となる．例えば，補修や補強においては，コンクリート材料は施工の影響を受けやすいことから，天候や気温等を含む施工時や施工後の状況の記録は，その後の点検や，再劣化が発生した際の原因究明に有益である．

表 5.2.3　供用時において有益な維持管理の情報の例と記録の目的

対象	記録する項目	目的
点検記録簿	点検方法 点検結果	点検により，構造物の特徴等を踏まえて関係者で取得する情報を決定した上で点検方法や点検結果の情報を記録することは，その後の詳細な点検や，供用期間中の再評価や時間軸を踏まえた性能推定に活用できる．
	点検年月日 天候や気温	点検における変動要因（例えば，桁の季節や昼夜の温度変化に伴う伸縮の影響を受ける支承のずれや長大橋の変形量等）が点検結果に及ぼす影響を把握できる．
	変状の発生や進行が想定される箇所の情報	変状の発生が想定される箇所（例えば，水掛かりのあるひび割れやかぶりの小さい箇所等）を定期的に撮影することで変状の発生やその進行性の有無を確認することができ，点検の着眼点とするだけでなく，経時変化に伴う変状の直接的な比較が可能となる．
性能評価報告書	評価方法 評価結果	データの信頼性や有効性を踏まえて技術的な判断より実施した評価結果や評価手法は有効であり，変状予測や有限要素解析等の定量的評価に関する情報はそれ自体が有益である．
対策報告書	目的，選定理由	これらの情報は，その後の維持管理方針を設定する際の参考資料となる．
	設計情報 施工情報 施工後の状況	構造物の個々の事情に応じて実施することから，これらの情報有効である．コンクリート材料は施工条件の影響を受けることから，天候や気温等を含む施工時および施工後の状況の記録は，その後の性能評価や再劣化が発生した際の原因究明のための資料になる．

これらのように点検，評価，および補修，補強等の対策に関する情報は，その後の維持管理において重要な情報であることから，**表**5.2.3 に示す項目を必要に応じて記録するとよい．なお，これらの情報は，類似構造物や周囲の構造物に有益な情報となるだけでなく，当該構造物よりも供用年数が短く供用環境の厳しい構造物等に対しても有益な情報となり得る．

（5）効率的な維持管理のための情報伝達

生産年齢人口が減少する社会においては，構造物の維持管理を効率的かつ合理的に行うことが求められており，近年，様々な技術開発が行われている．情報技術に関しても，構造物の建設や維持管理に三次元情報を用いた業務の効率化や高精度化を目指す BIM/CIM の取組み[2]が行われている．一元管理したプラットフォームを用いて，設計や施工の有益な情報を維持管理段階に引き継ぎ，点検の情報も加えたデータベースの構築により，維持管理の効率化や高精度化を目指す検討[3]も行われている．

5.3　情報技術を活用した効率的な施工情報の共有と情報伝達の例

（1）はじめに

コンクリート構造物の性能確保のためには設計，施工，維持管理の各段階において，次の段階へ適切に情報が伝達されることが重要である．一方で，供用期間にわたって記録・保存すべき情報量は膨大なものとなり，効率的な情報の管理技術が求められる．コンクリート構造物の設計図書や竣工図書等の情報は，かつては紙媒体により記録・保存されることが一般的であったが，急速な技術革新が進む情報技術を有効に活用することにより効率化されることが期待される．ここでは，最新の情報技術を活用した効率的な情報共有と伝達の例として，生コンクリートの情報電子化事例について紹介する．

（2）コンクリート施工情報の電子化事例の概要

国土交通省のコンクリート生産性向上検討協議会[4]においては，建設現場の生産性向上に資する施策の一つとして，生コンクリート情報，帳票類の電子化に取り組んでいる．これは，従来，個別に取り扱われていた生コンクリートの出荷・納品情報，施工場所における品質管理情報，コンクリートの施工管理情報を，**図**5.3.1 に示すように電子情報技術を活用して一元的に管理しようとするものである．従来のコンクリート施工においては，これらの情報は一般に紙媒体を通じて管理されるとともに，生コンクリート製造者とコンクリート施工者が異なるため，それぞれの情報を個別に記録，集計していたが，本事例では，全ての情報について，モバイルデバイスを経由して共通サーバーに登録し一元的に取り扱うものである．

表5.3.1 は，本事例で共有された主な情報である．コンクリートの配合や品質管理試験結果に加え，従来は出荷伝票に記載されていた出荷時刻や受入時刻等の情報が，打設開始時刻や荷卸し終了時刻と同様に共有される．このため，製造後の可使時間が限定される生コンクリートの品質確保の観点から有益であるとともに，これらの情報がコンクリートの打設箇所と関連付けて記録されることになり，施工後の品質管理段階においても有益な情報となる．技術革新の進む情報技術を有効に活用することにより，生コンクリート製造者，品質管理者，コンクリート施工者のそれぞれから登録された情報を発注者も含む関係者全員で共有することができるため，リアルタイムの品質確認ができるとともに，作業の効率化，生産性向上にも資するものである．

（3）おわりに

情報技術の革新にともない今後，情報伝達の方法が変化することが予想されるが，効率的な情報伝達を推進するためには，情報の品質，管理方法等に関する規格・基準類の整備を行うことが必要と考えられる．

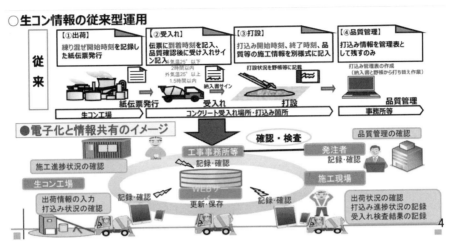

図 5.3.1　生コンクリートの情報電子化の事例[4]

表 5.3.1　生コン情報電子化で共有される主な情報

作業の段階	共有される情報
生コンクリート製造・出荷	配合・数量 練混ぜ開始時刻 出荷時刻 車体識別番号
生コンクリート運搬	運搬車位置
生コンクリート受入・試験	到着時刻 品質管理試験結果 　（スランプ，空気量等）
打設	打込み箇所 打込み開始時刻 荷卸し終了時刻

【参考文献】

1)　公益財団法人鉄道総合技術研究所：鉄道構造物等設計標準・同解説（コンクリート構造物），2004

2)　国土交通省 CIM 導入推進委員会：CIM 導入ガイドライン（案），2020

3)　仁平達也，土橋亮太，金島篤希，大滝航，坂口淳一，渡邊忠朋：3 次元情報を活用した鉄道 RC 構造物性能照査システムの開発，橋梁と基礎，Vol.55，pp.75-80，2021.8

4)　国土交通省:コンクリート生産性向上検討協議会：https://www.mlit.go.jp/tec/i-con-concrete.html

6．「4章　コンクリート構造物に携わる技術者の役割」の改訂の概要

6.1　改訂の要点

　［2012年制定 基本原則編］では，信頼性のあるコンクリート構造物を実現するために，2010年に制定された［土木構造物共通示方書］において示された責任技術者の考え方を踏襲する形で，コンクリート構造物の設計，施工および維持管理において適切な技術能力を有する技術者を配置することを規定した．一方で，土木技術者のうちコンクリート構造物に関する基礎知識を有し，実務に携わる技術者をコンクリート技術者とし，その中でも広範で高度な知識と豊富な実務経験を有し適切な技術判断ができる技術者をコンクリート専門技術者として位置づけた．これより，コンクリート構造物に関する設計，施工，維持管理では，前述の責任技術者を補佐する目的（責任技術者が兼ねることも含めて）でコンクリート専門技術者を配置することとしている．

　2010年制定［土木構造物共通示方書］は，その後，2016年に改訂が行われ，責任技術者に関しては記述の見直しと充実が図られているが，本質的な内容は変わっていない．ここで，［土木構造物共通示方書］における責任技術者の規定は，契約上の責任者とは別に，技術的判断を行う責任者として整理したものであり，業務を遂行するための権限を有するとともに責任を負う技術者として，契約書等で明確にすることとしている．また，この責任技術者は，契約当事者それぞれに配置する必要があり，これに伴い［土木構造物共通示方書］では，契約上の位置づけやそれぞれの立場の責任技術者が果たすべき役割等，契約上の取り扱い等について詳細に規定が設けられている．

　［2022年制定 基本原則編］の改訂にあたっては，このように契約と密接に関連する責任技術者については，「土木構造物共通示方書」に委ねることとし，コンクリート構造物に携わる技術者について求められる能力と役割について規定の見直しを行った．これに伴い，条文で使用しない「土木技術者」，「上級技術者」，「責任技術者」，「コンクリート技術者」および「コンクリート専門技術者」の用語は削除するとともに，［2012年制定 基本原則編］の**解説 図4.2.1**，**解説 図4.3.1**，**解説 図4.4.1**に示す組織関係と配置技術者の連携の図を削除した．

　また，［2012年制定 基本原則編］4章の4.5 性能確保のための技術者の連携に関して，設計，施工，維持管理の各段階において，課題に対応するために必要なのは技術者の連携ではなく情報伝達が重要であると判断し，［2022年制定 基本原則編］では，「3章 コンクリート構造物の性能確保のための情報伝達」にて取り扱うこととした．

6.2　コンクリート構造物に携わる技術者の役割

　コンクリート構造物の計画，建設および管理の各段階において，必要な素養を有する者として，技術者（Engineer）に加えて，専門家（Specialist）および技能者（Technician）を設定した（**図6.2.1**）．

　技術者は各専門家と各技能者の中心に位置し，計画の決定と実施を総括する責任者である．計画段階では，各専門家がそれぞれ有している専門知識を提供し，技術者がそれらを統合して計画を決定する．一方，決定した計画を実施するのは作業を行う専門職人である各技能者の役割であり，計画実施能力のある多種類の技能者を束ね，計画を完遂するのが技術者の役割となる．

　コンクリート標準示方書は，［基本原則編］のほか，［設計編］，［施工編］および［維持管理編］に区分されているが，技術者の役割としては維持管理においても設計と施工があることから，前述のとおりプロジェクトの段階は計画，建設および管理と整理し，それぞれの段階で技術者が携わる業務は設計，施工およ

び診断（点検を含む）に区分した．

　設計は，設計条件等の条件が設定された上での，性能評価を行う作業を指す場合（狭義の設計）と，構造物が設計供用期間にわたり要求性能を満たす目的を達成するための，構造計画，維持管理計画，設計条件や照査方法の設定等，構造物の計画，建設，管理の各段階をマネジメントに関する作業を含めて指す場合（広義の設計）がある．「4.2 設計に携わる技術者」では，後者の設計を対象として，構造物の計画，建設，管理の各段階をマネジメントする行為と位置付け，これに携わる技術者は，施工と維持管理に関する知識と能力が必要であるとした．

　施工は，設計供用期間にわたり要求性能を満たす構造物を実現するために，設計図書を具現化する行為である．施工に携わる技術者は，設計で想定されている施工に関して，品質や経済性，工程，工期，安全性，法令遵守，ならびに環境負荷等を総合的に考慮した上で，コンクリート工事の施工計画を具体化する必要がある．また，施工にあたり，必要な能力を有する技能者を，工程等も考慮して適切に配置するとともに，設計図書で要求されている事項を技能者に適切に伝達し，主導する必要がある．

　維持管理に関する業務のうち，設計および施工はそれぞれの技術者に必要な役割と能力について規定を設けているため，維持管理では，それ以外の診断（点検を含む）に携わる技術者の役割について規定することとした．構造物の診断に携わる技術者は，設計で想定した維持管理計画に基づき，コンクリート構造物の性能を診断し，その結果を適切に記録するとともに，必要に応じて対策を立案し，維持管理計画を見直す能力が求められる．

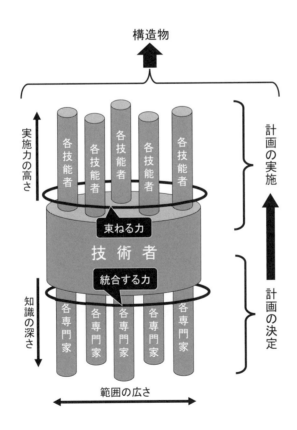

図 6.2.1　コンクリート構造物の計画，建設，管理のために必要な技術者，各専門家および各技能者の
位置づけ，素養と役割（基本原則編　解説 図 4.1.1）

6.3　十分な知識と経験を有する技術者が技術的判断を行う場合の取り扱い

　コンクリート標準示方書は，土木構造物の設計，施工または維持管理の計画決定に際しての標準的な規定を［設計編］，［施工編］および［維持管理編］のそれぞれの［標準］において記載したものであるが，多様な用途や自然条件への立地が想定される土木構造物においては，標準的な条件を想定して定められている規定を絶対視することは，経済性等の観点から適切でない場合がある．したがって，そのような場合を想定して，本改訂では，十分な知識と経験を有する技術者が，［基本原則編］やその他の編の［本編］の趣旨を理解した上で技術的判断を行う場合には，コンクリート標準示方書の規定によらなくてもよいことを［基本原則編］として明記した．

　また，コンクリート標準示方書の記述は設計，施工および維持管理の実施に必要な全ての情報を網羅したものではないため，示方書の適用範囲外の事象に対応するためには，十分な知識と経験を有する責任者としての技術者が，当該分野の専門家の知識を踏まえ，技術的検討を行った上で計画を決定する必要があるとした．

7．おわりに

　［2012年制定　基本原則編］の制定において残された課題のうち，「要求性能」，「環境性」，「既設構造物の性能評価とその対処」および「コンクリート技術者の役割，責任の範囲」については，本改訂における議論において一定の成果を得たと考えている．一方，「原理・原則と具体的事例」と「検索機能」については，本改訂において十分に議論することができなかった．これらの対応については，次回以降の改訂に期待する．

　本改訂における議論において，コンクリート構造物の設計，施工，維持管理における性能確保に対する基本的な考え方を各段階に携わる技術者が共有するため，設計編，施工編，維持管理編の「本編」を基本原則編に集約するという意見があった．これは，改訂時点の技術レベルに応じた「標準」と異なり，「本編」は，改訂の度に大きく変わるべきものではないことから，各編の「本編」を各編に記述するとともに，基本原則編に集約することによって，設計，施工，維持管理の各段階の役割や目的が体系的に理解でき，よりよいコンクリート構造物が実現するのではないかというものである．基本原則編部会の議論において，このアイデアを支持する声が多くあったことから，示方書改訂小委員会および運営部会に提案したが，合意を得るには至らなかった．ボリュームが増加し続けているコンクリート標準示方書全体を集約した方がよいとの意見があること，2022年制定のコンクリート標準示方書から大部分が電子書籍として刊行されることを考えると，このアイデアを今後，議論する必要があると考えられる．次回の改訂において再度，この議論がなされることを強く希望する．

CL162

設計編

［設 計 編］

目　　次

1．改訂の概要

　今回の設計編の改訂においては，設計編部会内に，構造設計 WG，耐久設計 WG，偶発作用設計 WG，既設 WG を設けて検討作業を進めた．以下に，各 WG ごとの改訂の概要を示す。

① 構造設計 WG

　全般を通して，JIS 規格「鉄筋コンクリート用鋼棒」の改正に伴い，示方書での記載方法を適宜変更した．

　本編 10 章では，応力度制限の規定について，ヤング係数とクリープ特性の設定と連動すべきものであるとの原則がより明確になるように記述を修正した．

　標準 1 編では，部材接合部での塑性化あるいは先行破壊を許容する場合には，非線形の $M\text{-}\phi$ 関係や非線形回転バネを組み合わせた非線形骨組解析や非線形有限要素解析等を用いる必要があるとした．

　標準 3 編では，杭を想定した RC 棒部材の取扱いについて，等価せん断スパン法の適用を示した．移動荷重等の影響に配慮して，せん断補強鉄筋のない部材の設計疲労耐力の記載を改訂した．

　標準 7 編では，面部材でのスターラップおよびせん断補強鋼材の配置例として，壁やカルバートの頂版，底版における，配力鉄筋を拘束するようにせん断補強鉄筋を配置する例やスターラップの配置例を示した．ラーメン構造の接合部に関するこれまでの規定に加え，接合部の破壊の照査に関する記述を追加した．機械式定着に関する改訂では，鉄筋定着・継手指針［2020 年版］を参考に，定着体が標準フックと同等以上の特性を有することを確認することで標準フックの代替として扱い，定着部を含む構造物の性能照査を行う方法を適用した．

　標準 9 編では，プレキャストコンクリートの製造，貯蔵，運搬過程における留意点を精査し，項目の追加を行った．各種の接合方法の整理を行うとともに，可とう性接合のような場合にも対応できるように拡充を行った．一方で，従来の版において「かぶりに掲載されていたプレキャストコンクリートの最小かぶりの表」を削除した．

　付属資料 4 編では，設計と施工・維持管理の連携の観点から，設計段階で配慮すべき事項や施工への情報伝達に関する記述の充実に努め，スランプおよび海洋コンクリートに関する記載を施工編から移設した．

② 耐久設計 WG

　耐久性に関しては，2017 年版の基本的な体系を維持したままで，各事項の再整理や新しい知見の反映を行った．

　まず，耐久設計および耐久性に関する照査で用いる安全係数について，標準 2 編 2 章にて，構造物係数γ_i，設計応答値の不確実性を考慮した安全係数（γ_w，γ_{cb} あるいはγ_{cl}），コンクリートの材料係数γ_c，特性値の設定に関する安全係数γ_k，材料物性の予測値の精度を考慮する安全係数γ_pの位置付けを明確にするとともに，標準 2 編 3 章の耐久性に関する照査にて事象ごとの安全係数の扱いが統一的になるように整理した．また，耐久性に関する照査のうち，3.1.3 の中性化と水の浸透に伴う鋼材腐食に対する照査では，維持管理編との連係の強化，鋼材腐食深さの限界値におけるかぶりの施工誤差の考慮，コンクリートの水分浸透速度係数の予測式における係数の有効数字の見直しなどの改訂を行った．3.1.4 の塩害環境下における鋼材腐食に対する照査においては，設計耐用年数に応じた見掛けの拡散係数を算出する式を新たに提案し，より合理的な設計が可能となるように改訂した．また，実構造物測定と暴露試験を用いた場合と電気泳動法を用いた場合の間で，示方書改訂時に参照したデータの中央値に差異があったため，その違いを材料修正係数ρ_mによって考慮した．なお，今回の改訂で，特性値の設定に関する安全係数γ_kを導入し，耐久設計を包含する形で特性値の概念を明確化する必要が生じたこともあり，本編 5 章に「材料物性の特性値」の節を新設した．

　本編 12 章や標準 6 編の初期ひび割れに関しては，本編 12 章 12.2.1 のセメントの水和に起因するひび割れの照

査に既往の実績に基づく方法に関する内容を追記，標準 6 編 2.1 のひび割れ発生確率を再定義したうえで正規分布に基づく式を提案し，変動係数を考慮できるように修正，標準 6 編 5.1.1 の構造物中のコンクリートの引張強度の推定式を理論的な根拠が明確なものに修正するなどの改訂を行った．

③ 偶発作用設計 WG

　2017 年版の［設計編］における標準 5 編「耐震設計および耐震性に関する照査」を「偶発作用に対する計画，設計および照査」に改訂した．これは，2011 年東北地方太平洋沖地震や令和 2 年 7 月豪雨による被害などに鑑み，これまでの耐震設計および耐震性に関する照査の枠組みを拡張し，レベル 2 地震動に加え，津波や洪水，および衝突を偶発作用と定義し，それらに対する性能照査を可能にする体系としたことによる．また，断層変位についても，作用のモデル化や応答値の算定の考え方を付属資料で紹介している．ただし，これらの作用に対しては，従来と同様に，構造物の配置計画や構造計画での対処が基本であることとし，繰り返し標準 5 編の解説で述べている．

　津波などの極めて大きな偶発作用を受ける構造物では，部分的な損壊を防ぐことは難しく，一方で，早期の復興が可能なように損壊する部位・部材を特定できるようにするため，構造物の損傷状態を構造物の各構成部材や要素の損傷レベルの組合せで表現する体系とした．その上で，構造物の損傷状態 4 を「構造物全体系が一時的に崩壊するが，構造物全体系の早期の復旧が可能な状態」と定義し，部材の損傷レベル 4「荷重を支持する能力を失った状態」を設け，一部の部材に損傷レベル 4 を意図的に誘導し，その他の部材の損傷レベルを小さいものに留めることにより，津波や洪水の作用を受ける場合でも，構造物全体系の早期の復旧が可能となる構造物の損傷状態 4 の確保を目指すことにした．例えば，上部工を流出させることにより，下部工が健全な状態に留まることで，早期の緊急仮設橋の構築を可能にするなどである．構造物の損傷状態 4 の照査では，部材間の耐力の階層化を適切に図ることにより，特定の部材のみに損傷レベル 4 が生じることを確認することになる．

　なお，今回の改訂に併せて，従来使用してきた耐震性能や耐震性の用語は用いないこととした．

④ 既設 WG

　これまで新設構造物を対象としていた設計編の中に，既設構造物の性能評価や補修，補強設計に関する標準として，標準 12 編「既設構造物の性能評価と補修，補強，改築設計の基本」（以下，既設標準という）を追加した．

　既設標準の内容は，既設構造物の性能評価や補修，補強，改築設計を行う場合の考え方を主に示しており，具体的な照査方法の記載はしていない．これは，補修，補強には様々な工法が提案・開発されており，個別に性能照査式が設定されていたり，仕様が定められていたりするものが多いこと，既設構造物の設計・施工時期が幅広く，適用された構造細目もまちまちであるため照査式の適用条件を満たす場合とそうでない場合，多種多様のケースがあることから，個別具体的な手法を全て網羅することが難しかったためである．

　既設標準で特筆すべきは，時間の経過により変化する構造物の性能を連続的に評価する指標として余裕率を導入し，力学作用に対する余裕率と環境作用に対する余裕率を用いて性能を視覚的に把握する方法を採用したことである．

　既設標準の構成は，本編と同様とし，本編と異なる扱い，すなわち新設設計と異なる扱いに着目した記述を基本としている．性能評価，照査の方法としては，照査式を活用する手法が最も一般的で簡便であることから，既設標準においても，照査式を活用した性能評価，照査を用いることを可能とした．しかし，構造物の挙動を正確に評価するためには実験や数値解析による評価方法を用いる必要があるため，これらの手法によることも併記している．

２．構造一般に関する改訂事項

2.1 標準3編「安全性に関する照査」に関する主な改訂事項

　表2.1.1に示す2017年版の申送り事項の3点について検討を行った．いずれの検討課題も，2017年版では，標準10編「非線形有限要素解析による性能照査」で対応される項目である．今回の改訂では，今後，非線形有限要素解析による照査の機会が増えることが想定される中で，骨組解析－マクロ式による照査の整備による効果，実務上の課題や緊急性の有無，照査式としての不変性などを考慮して改訂作業を行った．その結果，本文や解説を改訂するには至らなかった課題もあるが，議論について以下にまとめる．

表2.1.1　標準3編「安全性に関する照査」に関する検討

①	検討課題	せん断力に対する棒部材の照査（せん断補強鉄筋量の影響）
	検討方針	RCラーメン高架橋の柱・梁，　RC杭など，単純支持とみなせないRC棒部材のせん断耐力に対するせん断補強鉄筋の貢献度の見直し
	改訂内容	杭部材：RCカルバートの「等価せん断スパン法」の適用を解説に記載
②	検討課題	せん断力に対する棒部材の照査（軸力の影響）
	課題	軸力が作用するRC部材の評価式が本文において整備されていない
	改訂内容	改訂なし
③	検討課題	移動荷重に対する床版の疲労の照査
	課題	床版の照査法が示方書では未整備
	改訂内容	標準3編 3.4.4 せん断補強鉄筋のない部材の設計疲労耐力（1）を追記

2.1.1　杭を想定したRC棒部材の取扱い

（1）改訂概要

　棒部材の設計せん断耐力 V_{yd} は，集中荷重を受ける単純支持下の矩形RCはりの実験結果に基づいて導出されている．一方，杭部材においては，地盤反力（分布荷重）を受けることから，棒部材の設計せん断耐力 V_{yd} よりも大きいせん断耐力を有することが報告されていた[1]．橋りょう等に用いられるRC杭の建設事例が多いことを考慮して，マクロ式による照査法の整備を検討した．そして，地中ボックスカルバートの頂版や底版，側壁の耐力算定に用いられている，等価せん断スパン法を活用した同様の算定法が，杭頭部のせん断耐力の算定に適用できることを確認し，以下の下線部を追記した．

　［設計編：標準3編］2.4.3せん断力に対する照査　【解説】（2）（b）

　　なお，ボックスカルバートの頂版や底版，側壁，および杭部材のように，複数の分布荷重が同時に作用してせん断スパンを明確に定めることができない部材では，作用の組合せ毎の曲げモーメント分布より照査断面に対する等価せん断スパンを設定してよい．

（2）非線形有限要素解析による杭部材の耐力評価[2]

　図2.1.1.1に，杭の解析概要および得られた耐力を示す．図2.1.1.1(a)に示す通り，非線形有限要素解析を用いて，RC杭およびフーチングを三次元でモデル化した．杭に生じる断面力分布を再現するために，頂部のスタブおよび杭部材周辺に強制荷重を与えている．解析パラメータは，橋脚やラーメン高架橋の事例を踏まえて，a/D を

0.5，1.0，2.0，せん断補強鉄筋比 p_w を 0.20，0.46，0.81，1.27（%），軸方向応力を 0，7（圧縮），-3（引張）（N/mm²）とした．

　図 2.1.1.1(b) に示すとおり，得られた耐力には，a/D および p_w の影響が確認された．これらの増加に伴う耐力の増加は鈍化した．なお，実線は V_{yd} を示しているが，算定値に対して十分に高い耐力が得られることを確認した．

　図 2.1.1.2 に，最小主応力分布の例を示す．a/D が小さい場合において，杭頭から反曲点位置を結ぶように，圧縮ストラットが形成された．これは，杭頭部の圧縮縁と反曲点位置をせん断スパンとみなした場合の，単純支持条件下の RC 梁の圧縮卓越型破壊（V_{dd}）と近い耐荷機構であると推察される．

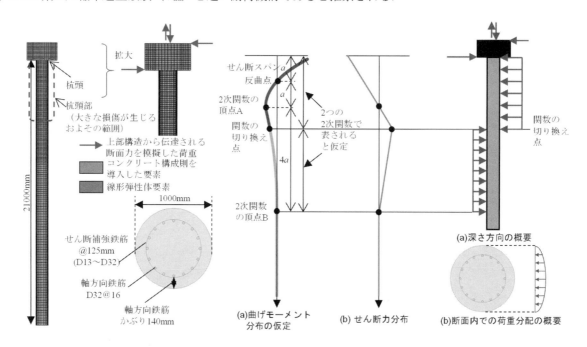

（a）解析概要 2)

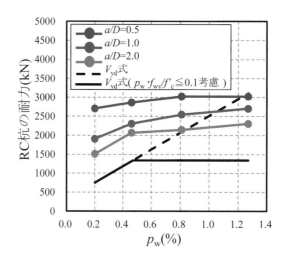

（b）p_w，a/D とせん断耐力の関係

図 2.1.1.1　RC 杭に対する解析概要および得られた耐力

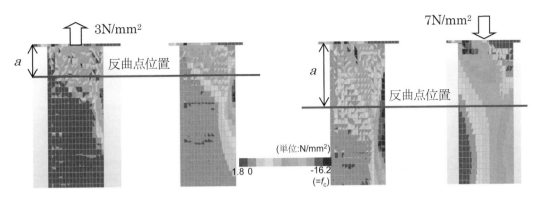

(a) a/D=0.5, 軸引張 　(b) a/D=0.5, 軸力無 　(c) a/D=1.0, 軸力無 　(d) a/D=1.0, 軸圧縮

図 2.1.1.2 最小主応力分布の例 (p_w = 0.46%)

(3) 等価せん断スパン法によるせん断耐力の算定

図 2.1.1.3 に, 等価せん断スパンの設定例 (頂版) を示す. ここで, 隅角部付近の a_1, a_4 の領域では, V_{yd} また は設計せん断耐力 V_{dd} によりせん断耐力を算定する. a_2, a_3 の領域では, V_{yd} を適用する. (2)で示した通り, 最小 主ひずみの形成状況から, V_{dd} で想定される破壊形態であると考え, 等価せん断スパン法を適用することとした.

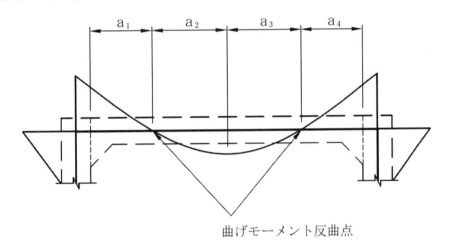

曲げモーメント反曲点

図2.1.1.3 等価せん断スパンの設定例 (頂版)

図 2.1.1.4 に, それぞれのせん断耐力算定式による算定値 (V_{yd} または等価せん断スパン法 (V_{dd})) と解析結果 V_{ana} を比較する. 等価せん断スパン法を適用することで, 耐力の算定精度が向上する.

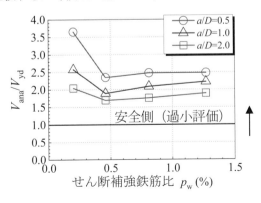

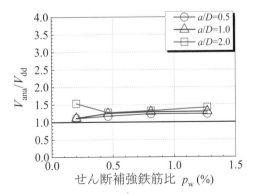

(a) $p_w \cdot f_{wyd}/f'_{cd}$=0.1 の上限を考慮した V_{yd} 　　(b) 等価せん断スパン法 (V_{dd})

図2.1.1.4 せん断耐力の算定精度 (軸方向力無し)

(4) 照査への影響

図2.1.1.5に，一般構造物に用いられている杭部材の諸元を用いた，せん断力に関する照査の試算例を示す．$p_w \cdot f_{wyd}/f'_{cd}=0.1$の上限を考慮した$V_{yd}$を適用した場合，照査値が1.0より大きくなる場合があったが，等価せん断スパン法の適用により照査を満足することを確認した．

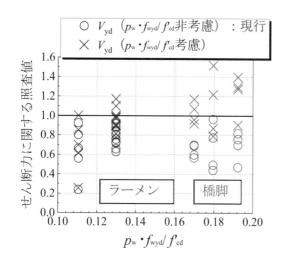

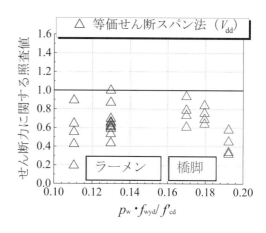

(a) 設計せん断力V_{yd}による照査　　　　(b) 等価せん断スパン法（V_{dd}）による照査

図2.1.1.5　せん断力に関する照査の試算例

参考文献

1) 斉藤聡彦，坂口淳一，渡辺忠朋：曲げモーメントとせん断力の相互作用に基づく部材耐力の評価，土木学会第72回年次学術講演会講演概要集，V-311，pp.621-622，2017.

2) 北川晴之，中田裕喜，渡辺健，田所敏弥：分布荷重を考慮したRC杭頭部における耐力の解析的評価，コンクリート工学年次論文集，Vol.43，No.2，pp.409-414，2021.

2.1.2　軸力を受けるRC棒部材のせん断耐力設計式に関する検討

2.1.2.1　現行の示方書式

現行の示方書式では，デコンプレッションモーメントM_0により設計軸力N'_dの影響を考慮する方法がRC棒部材のせん断耐力設計式として示されている．一方，PC部材に関しては，2012年の改訂で，修正圧縮場理論に基づく式に変更された．圧縮軸力を受けるケースについて，RCとPCの統一性の無さが課題となっている．また，引張軸力を受けるケースに関しては，かなり安全側の評価になることが指摘されている．

2.1.2.2　引張軸力の影響について

文献1)，2)のデータを再整理した．主鉄筋が降伏していないケースのみを対象として，式(2.1.2.1)を用いて軸力の影響を表す係数β_nを算出し，実験結果と比較した（**図2.1.2.1**）．なお，この計算では，せん断破壊時に部材に作用していた最大曲げモーメントをM_dとしている．

$$\beta_n = \begin{cases} 1 + M_0/M_d \leq 2 & (N'_d \geq 0) \\ 1 + 2M_0/M_d \geq 0 & (N'_d < 0) \end{cases} \tag{2.1.2.1}$$

- β_nを考慮しないケースでも，全体的には安全側に評価されている．ただし，せん断補強鉄筋がないケースに対しては危険側の評価も含まれている．

- β_nを考慮することでせん断補強鉄筋がないケースに対しても安全側の評価となるが，全体的に安全側となる．
- 軸引張力が大きいケースや，せん断補強鉄筋量が多いケースは，主鉄筋の降伏が先行する傾向がある．その場合，曲げ耐力と大差ないと思われる．

　本検討の範囲内では，引張軸力に対してβ_nの算出方法を改善する意義は，さほど見出せなかった．

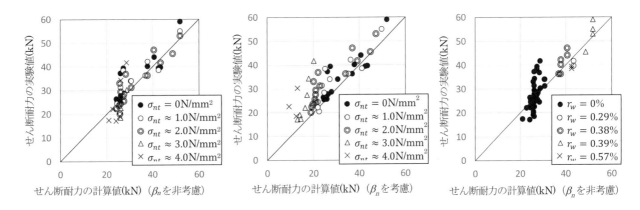

図 2.1.2.1　引張軸力を受ける RC 棒部材に対するデコンプレッションモーメントを用いた方法の算定傾向
（σ_{nt}：軸方向引張応力，r_w：せん断補強筋比）

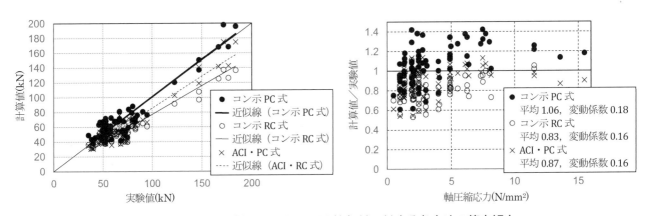

図 2.1.2.2　圧縮軸力を受ける RC 棒部材に対する各方法の算定傾向

2.1.2.3　圧縮軸力の影響について

　2012 年の改訂では，圧縮軸力を受ける RC 棒部材に対する修正圧縮場理論に基づく式の適用性も検討されている．しかし，検討に用いられた実験データが文献3)のみであり，数が少ないことから採用が見送りとなっている．そこで，文献4)〜8)の実験データを追加し，計 72 体に対して，デコンプレッションモーメントに基づく現行の RC 棒部材に対する式（コン示 RC 式），修正圧縮場理論に基づく現行の PC 部材に対する式（コン示 PC 式），ACI 式の適用性を検討した（**図 2.1.2.2**）．ここでは，せん断スパン比が 2.0 以上で矩形断面のデータのみを採用し，両端固定や支承がはり中腹に位置するものは除外した．偏心軸力を受けるケースは含まれていない．

1)　各式に関して，変動係数に大きな差はない．

2)　平均値でみると，コン示 PC 式が最も精度がよい．

3)　多少大きな寸法の試験体（文献 6)）に対しても，精度はおおむね良好である．

　コン示 PC 式を RC 棒部材に適用する場合の部材係数を検討するため，部材係数$\gamma_b = 1.3$または1.4で除した結果と実験データを比較した（**図 2.1.2.3**）．

4)　コン示 PC 式の部材係数$\gamma_b = 1.4$のとき，過大評価する割合が 3%以下となる．$\gamma_b = 1.3$では 11%強である．

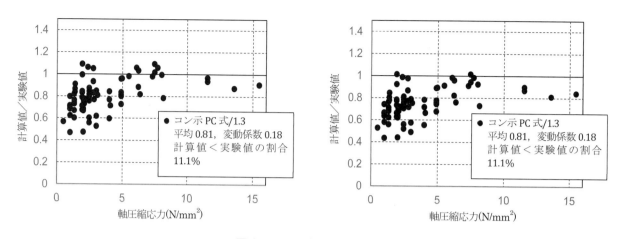

図 2.1.2.3　部材係数の検討

2.1.2.4　偏心軸力について

　本検討範囲では，偏心軸力が作用する実験データ（せん断破壊したもの）は見つけられなかった．実構造物では，L形橋脚等で，せん断力の作用方向に対して平行に軸力による応力勾配が生じるケース（**図 2.1.2.4(a)**）と，せん断力の作用方向に対して垂直に軸力による応力勾配が生じるケース（**図 2.1.2.4(b)**）が考えられる．いずれにしても，修正圧縮場理論に基づく式を RC 棒部材に適用するためには，偏心軸力の影響についての検討が必要と思われる．

(a) 軸力による応力勾配が作用せん断力に対して平行　　　(b) 軸力による応力勾配が作用せん断力に対して垂直

図 2.1.2.4　偏心軸力を受ける L 形橋脚

2.1.2.5　今後の課題

- 引張軸力の影響に関しては，算定方法改善の必要性を含めて，今後も検討を継続する必要がある．

- 圧縮軸力の影響に関しては，偏心軸力の影響を明らかにする必要がある．偏心軸力により応力勾配が作用せん断力に対して平行に生じるケースと垂直に生じるケースの両方を検討する必要がある可能性がある．実験データに基づくことが望ましいが，PC と同様の傾向がある（β_n を同じ式で表すことができる）ことを示すのみであれば，パラメトリック解析のみでも有用な情報となる．

参考文献

1)　田村隆広，重松恒美，原隆，中野修治：軸方向引張り力を受ける RC 梁のせん断耐力に関する実験的研究，コンクリート工学論文集，Vol.2，No.2，pp.153-160, 1991.

2)　高澤英樹，飯塚信太郎，関博：軸引張力と曲げモーメントを受ける RC 部材のせん断耐力に関する研究，コン

クリート工学年次論文集，Vol.24，No.2，pp.895-900，2002.

3)　山谷敦，檜貝勇，中村光：軸方向圧縮力を受ける RC 梁のせん断挙動に関する実験的研究，土木学会論文集，No. 697/V-54，pp.143-160，2002.

4)　鄭慶王，深尾篤，森田嘉満，松井繁之：軸力を導入した鉄筋コンクリート梁のせん断耐力向上についての実験と解析，コンクリート工学年次論文集，Vol.22，No.3，pp.853-858，2000.

5)　Roger Diaz De Cossio and Chester P. Siess: Behavior and Strength in Shear of Beams and Frames Without Web Reinforcement, ACI Journal, Vol.56, Issue 2, pp.695-735, 1960.

6)　Alan H. Mattock and Zuhua Wang: Shear Strength of Reinforced Concrete Members Subjected to High Axial Compressive Stress, ACI Journal, Vol.81, No.3, pp.287-298, 1984.

7)　Alan H. Mattock: Diagonal Tension Cracking in Concrete Beams with Axial Forces, Journal of Structural Engineering, ASCE, Vol.95, No.9, pp.1887-1900, 1969.

8)　M. B. Madsen, S. Hansen, L. C. Hoang and J. Maagard: N-V Interaction in Reinforced Concrete Elements without Stirrups, Procedia Engineering, Vol.14, pp.2511-2518, 2011.

2.1.3　「3.4.4 せん断補強鉄筋のない部材の設計疲労耐力」の改訂について

2.1.3.1　改訂概要

　道路橋床版など，移動荷重等の影響等を受けやすい部材における影響要因を考慮して，部材の形状寸法，部材の支持条件，作用荷重の大きさ，作用頻度，作用順序，作用位置等の荷重条件のほか，凍害や水作用といった環境条件等が複合して影響を及ぼすことを踏まえ，条文（1）を追加した．そのうえで，2017 年版より記載されていた設計疲労耐力算定式の適用範囲に，元となった実験条件を考慮して「定点荷重を受ける場合」を追記した．

2.1.3.2　疲労耐力式の部材係数

　せん断補強鉄筋を用いない部材の設計せん断疲労耐力については，1986（昭和 61）年のコンクリート標準示方書の改訂で，式（3.4.6）および式（3.4.7）が制定されている．これらの式は，棒部材および面部材の定点載荷に対する設計せん断疲労耐力として整理され，その根拠は改訂資料[1]に記載されている．棒部材の設計せん断疲労耐力（式（3.4.6））は，Farghaly，Chang-Kesler，Taylor，Stelson，上田らの研究結果[2]から，面部材の定点載荷による設計せん断疲労耐力（式（3.4.7））は角田らの研究結果[3]から，生存確率が 95% 以上になるように求められたものである（図 2.1.3.1）．したがって，今回の改訂においては，部材係数 γ_b は一般に 1.0 とした。

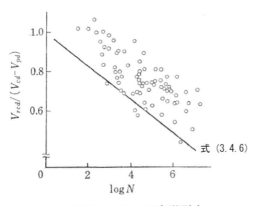
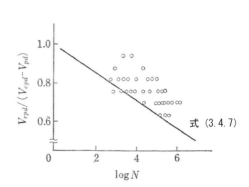

(a)　棒部材のせん断疲労耐力　　　　　　(b)　面部材のせん断疲労耐力

図 2.1.3.1　棒部材および面部材の設計せん断疲労耐力[1]

2.1.3.3　移動する荷重を受ける面部材のせん断疲労耐力

（1）これまでの経緯

　定点載荷を対象とした疲労耐力が整理された一方，道路橋床版のように移動する荷重を受ける部材の疲労耐力の評価は，実験や解析による研究が進められてきたが一般化するまでには至らず，2012 年版のコンクリート標準示方書では，当時の疲労設計法では面部材が移動荷重を受ける場合の疲労寿命を予測できないことを解説に記載し，2017 年版では，実験的評価，実験に基づいた評価，数値解析のいずれかの方法に基づいて行うことを解説に記載した．その後も，移動荷重を受ける面部材が繰返し載荷を受けることでせん断破壊に至る過程については，実験および実験に基づく疲労耐力の定式化，解析的検討等の様々な研究が行われており，一定の精度での評価が可能となってきている．

　今回の改訂作業にあたっても，移動する荷重を受ける面部材を対象とした疲労耐力の評価式の標準への記載についての検討を行ったが，根拠となった実験の条件が道路橋床版を対象としたものであり，その適用の条件や使用の方法に注意が必要であることから，一般式として示方書で取り扱うことは避け，本改訂資料に評価式の事例と計算例を掲載することとした．

（2）道路橋鉄筋コンクリート床版の劣化メカニズム

　道路橋の鉄筋コンクリート床版の劣化メカニズムは，移動する輪荷重による押抜きせん断力の繰返しによる疲労（図2.1.3.2）と床版上面の劣化（土砂化）の複合と想定されている．

　移動する荷重を受ける面部材の押抜きせん断による疲労については，定点の繰返し載荷に対し，ひび割れの進展や材料の劣化の過程で応力の再配分が生じ，合わせて荷重の移動による応力の方向が刻々と変わる状況等から，鉄筋やコンクリートの個々の材料的な強度の低下だけでは評価できない複雑な劣化機構となっていると想定される．これらのことは，移動荷重による多数の実験結果から，破壊までの過程と実床版の劣化現象が関連付けされ，乾燥状態と湿潤状態において疲労の評価式が提案されている[4]．

　水を上面に張った湿潤状態での移動荷重による実験においては，床版内に浸入した水の水圧により床版上面の劣化（土砂化）が促進され抵抗断面の減少によるせん断耐力の低下が再現されているものと推測される（図2.1.3.3）．

　一方，土砂化については，図2.1.3.3 に示す水圧の影響に加え，塩化物イオンの侵入による鋼材の腐食膨張，凍害，アルカリシリカ反応等の作用が時間の経過とともに複合的に生じていると考えられ，その劣化過程はさらに複雑となり，現在のところ定量的な評価にまでは至っていない．

   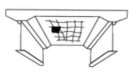

①一方向ひび割れ　　②二方向ひび割れ　　③亀甲状ひび割れ　　④抜け落ち

図2.1.3.2　床版の疲労劣化のメカニズム

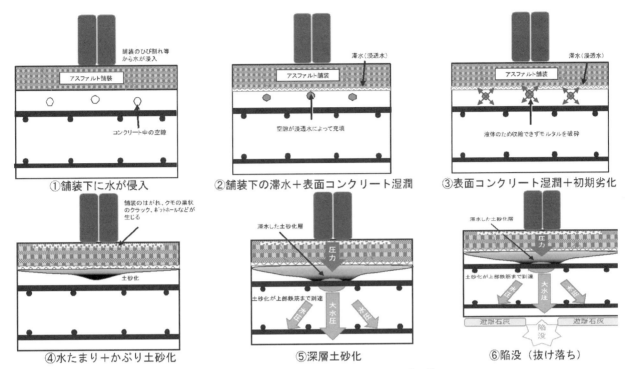

図2.1.3.3　床版上面の土砂化のメカニズム[5]

(3) 評価式の事例

　移動する荷重を受ける面部材の設計疲労耐力の例として，ここでは，道路橋の鉄筋コンクリート床版の疲労耐力を評価するために実施されてきた実験結果を基に導き出された評価式を示す[6].

　二辺支持もしくは四辺支持された鉄筋コンクリートの床版において，支持点の中央に移動する一定荷重を受ける場合の設計疲労耐力 $V_{rpd'}$ が以下の式で求められる.

$$V_{rpd'} = 2V_{bc} (1 - K \log N) / \gamma_b \tag{2.1.3.1}$$

ここに，K：乾燥状態では 0.057，湿潤状態では 0.061

　　　N：繰返し回数（回）

　　　γ_b：一般に 1.0 としてよい.

　　　V_{bc}：移動する一定荷重を受ける鉄筋コンクリート床版のせん断耐力

$$V_{bc} = \alpha_e \cdot \alpha_B \cdot \beta_{p1} \cdot \beta_{p2} \cdot \beta_d \cdot f_{vmcd} \cdot b_{w\_e} \cdot d / \gamma_b \tag{2.1.3.2}$$

　　　α_e：環境条件を表す係数で，乾燥状態では 1.0，湿潤状態で 0.69

　　　α_B：支持条件を表す係数

　　　　　二辺単純・二辺弾性支持の場合は 1.0

　　　　　二辺単純・二辺自由として扱える場合は 0.64

　　　　　四辺単純支持として扱える場合は 1.5

　　　β_{p1}：主鉄筋の影響を表す項

$$\beta_{p1} = (100 p_1)^{\left\{\frac{1}{3}+0.5(100 p_2)\right\}}$$

　　　β_{p2}：配力鉄筋の影響を表す項

$$\beta_{p2} = 1 + 0.125 \frac{p_2}{p_1}$$

p_1：主鉄筋比

p_2：配力鉄筋比

$\beta_d = \sqrt[4]{1000/d}$　ただし，$\beta_d > 1.5$ となる場合は 1.5 とする．

$$f_{vmcd} = 0.32\sqrt[3]{f_{cd}'} \tag{2.1.3.3}$$

f_{cd}'：コンクリートの設計圧縮強度 (N/mm²)

b_{w_e}：腹部の幅 (mm)

$b_{w\_e} = b + 2d_d$

b：載荷版の橋軸方向の辺長 (mm)

d_d：主鉄筋の有効高さと配力鉄筋方向の有効高さの平均 (mm)

d：主鉄筋の有効高さ (mm)

γ_b：一般に 1.3 としてよい．

　床版の上面が湿潤状態の場合は，乾燥状態の場合に比べ疲労耐力が著しく低下することが実験により確認されており，式 (2.1.3.1) では環境条件の係数 α_e として設定している．式 (2.1.3.3) に用いる f_{cd}' は，コンクリートの設計基準強度 f_{ck}' を材料係数 γ_c で除した値である．また，部材係数 γ_b は V_{rpd} に対しては 1.0 を，V_{bc} に対しては 1.3 を用いてよい．

　なお，実際の道路橋床版においては押抜きせん断による疲労に加え，塩害，凍害，アルカリシリカ反応によるコンクリートの劣化や鋼材の腐食も同時に進行しており，床版の耐力の評価においては，それらを複合的に考慮する必要がある[5]．式 (2.1.3.1) は，移動荷重による押抜きせん断の疲労と，水の影響を実験的に確認し考慮したものであり，塩害，凍害，アルカリシリカ反応によるコンクリートの劣化や鋼材の腐食は考慮されていない．

　一般に，道路橋床版の設計においては，防水層の設置により内部に浸入する水を抑制することを前提としており，塩害，凍害，アルカリシリカ反応によるコンクリートの劣化等に対しては，床版厚や配筋を変更するのではなく，別の方法による抑制を検討する必要がある．

　なお，式 (2.1.3.1) は，道路橋床版を対象とした評価式であることから，評価対象とする床版は少なくとも以下の 1)から 7)を満足する必要がある[7]．

1) 辺長比が 1：2 以上の 1 方向版としてモデル化できる床版

2) 設計基準強度 24 N/mm² 以上の鉄筋コンクリート床版

3) 鉄筋は，異形鉄筋 13，16，19，22 mm を，中心間隔 100 mm 以上かつ 200 mm 以下で配置

4) 床版支間方向の引張主鉄筋の中心間隔は床版厚さを超えない

5) 作用荷重に対して鉄筋の応力度が 120 N/mm² を超えない

6) 鉄筋のかぶり 30 mm 以上で最小床版厚は 160 mm

7) 圧縮側には引張側の 1/2 以上の鉄筋を配置

　また，式 (2.1.3.1) の根拠となる実験に用いられた床版は，床版厚さが 70～220 mm，主鉄筋比 p_1 が 0.74～1.74%，配力鉄筋比 p_2 が 0.26～1.4%，コンクリートの実圧縮強度が 13.6～54.0 N/mm² のものであり，式 (2.1.3.1) を用いる対象の部材が，この範囲を超える場合は注意が必要である．なお，床版厚が 70 mm の実験は，床版支間や載荷荷重も小さい縮小モデルの実験であり，70 mm の床版厚の評価を式 (2.1.3.1) で行ってよいということではない．

　式 (2.1.3.1) は，二辺もしくは四辺で支持された床版において支持点の中央部に移動する荷重を載荷した多数の実験の結果に基づき推定される疲労耐力を示したものであり，実験結果と S-N 曲線式の関係が**図 2.1.3.4** のように整理されている[6]．

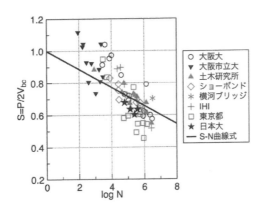

図 2.1.3.4　実験と推定式の比較 [6)]

　式(2.1.3.1)の精度を確認するため，文献 6)では S-N 曲線式に実験結果を代入することにより逆算して得られる荷重比 S_{cal} と，S-N 曲線式により得られるせん断耐力と実験荷重の比 S_{test} の比を整理したものが**図 2.1.3.5** のように示されている [6)]．

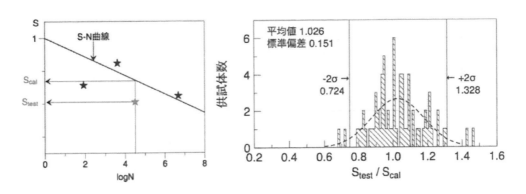

図 2.1.3.5　推定式の精度分析 [6)]

　文献 6)で用いられているデータから非公開のデータを除いたもの 66 体（**図 2.1.3.6 左**），さらに供試体のプロポーションが縮小モデルのデータを除いたもの 53 体（**図 2.1.3.6 右**）で式（2.1.3.1）の精度確認を行ったが，いずれも大きな差は認められない。

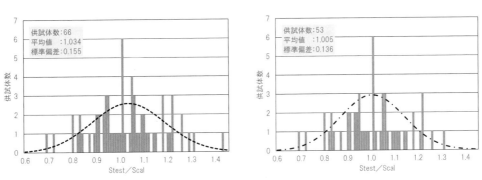

図 2.1.3.6　データ選別後の推定式の精度分析

　式（2.1.3.2）における f_{vmcd} と f'_{ck} の関係を**図 2.1.3.7** に示す．式（2.1.3.3）に用いる f_{cd} は，コンクリートの設計基準強度 f'_{ck} を材料係数 γ_c で除した値である．また，部材係数 γ_b は $V_{rpd'}$ に対しては1.0を，V_{bc}に対しては 1.3 を用いることで非超過確率 5% を担保できる（**図 2.1.3.8**）．

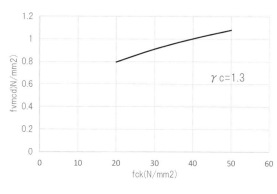

図 2.1.3.7 f_{vmcd} と f_{ck}' の関係

図 2.1.3.8   部材係数の検討

(4) 解析的評価手法の適用性

道路橋床版の変状の過程の解析的評価手法については，様々な研究が行われており，数値解析による道路橋床版の構造検討小委員会の報告書（土木学会構造工学委員会）[8]，道路橋床版の維持管理マニュアル 2020（土木学会鋼構造委員会）[9]等で整理されている．ここでは解析的評価手法の概要について抜粋して紹介する．

(a) 解析的評価手法

1) 疲労モデルが材料構成則に組み込まれた 3 次元の FEM 解析（例えば．前川らによる DuCOM-COM3）によって，実験結果の再現性を検証し，道路橋床版の疲労による耐力低下の評価を一定の精度で可能としている．

2) FEM 解析では，ひび割れの影響（ひび割れが発生している既設床版の余寿命評価），水の影響（ひび割れに水が出入りすることによる耐力低下の促進を評価），材料劣化・性状の変化の影響（アルカリシリカ反応による体積膨張，凍害によるスケーリングや膨張ひずみ，塩害による鋼材の腐食，クリープ・乾燥収縮の影響）をそれぞれ材料構成則等に考慮して，道路橋床版の経時的な変状（ひずみ，変位）を評価できる．

3) 評価式（式 (2.1.3.1)）と解析（DuCOM-COM3）の感度分析を参考文献 6)で行っている（**図 2.1.3.10**）．この結果によると，評価式は FEM 解析に比べ鉄筋量の疲労寿命に対する感度が高くなっている．

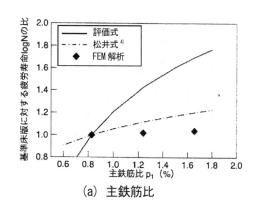

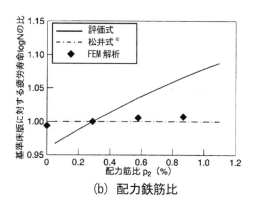

図 2.1.3.10   鉄筋量をパラメータとした疲労寿命の感度分析[6]

(b) 解析的評価方法の活用

① 新しい技術を使った床版の開発

新しい構造，材料，工法を採用する場合の性能評価に解析を用いることで，パラメトリックに検討ができ，最適な解を得ることが可能となる．

ただし，実設計に落とし込むためには，作用や限界状態の設定の整理が必要である．

② 床版の維持管理

　ひび割れや材料の劣化が進行した床版において，現況を解析に入力し，荷重や環境の条件を想定して今後の劣化過程（余寿命）を推定し，補修・補強等の対策方法の選定や実施時期を計画できる．

　劣化した床版の補修や補強の工法，材料の選定にあたっては，補修・補強の効果を比較検討することで，最適な部材寸法や材料強度の設定が可能となる．

(5) 評価式を用いた計算例

(a) 既設床版の疲労耐力評価

　鋼道路橋の鉄筋コンクリート床版の設計基準は，その時々の設計基準で建設された橋梁の床版が現場の条件によって変状する状況を踏まえ，床版厚や鉄筋応力の制限値が見直され変遷してきた．ここでは過去の基準で設計された床版と現在の基準で設計された床版の疲労耐力について，式 (2.1.3.1) を用いて比較を行った．なお，以下の試算では，道路橋を対象としているため荷重や断面力の算出は道路橋示方書（以下，道示）を参考にした．

① 床版の諸元

　試算に用いる床版は，昭和39年（S39），昭和47年（S47），平成8年（H8）のそれぞれの道示[11]〜[13]に従い設計されたものとし，表2.1.3.1のとおりの諸元とした．

表 2.1.3.1　試算に用いる床版の諸元

	ケース A	ケース B	ケース C
適用示方書	S39 鋼道路橋設計示方書	S47 道路橋示方書	H8 道路橋示方書
床版厚 (mm)	190	200	250
設計基準強度 (N/mm²)	24	24	24
主鉄筋 （　）は圧縮側	D16@150 mm (D16@300 mm)	D19@125 mm (D19@250 mm)	D19@150 mm (D19@300 mm)
配力鉄筋 （　）は圧縮側	D13@300 mm (D10@300 mm)	D16@125 mm (D16@250 mm)	D16@125 mm (D16@250 mm)
床版支間 (mm)	3000	3000	3000

※参考文献 10)で提示されている諸元を適用

② 使用する実交通荷重の頻度

　疲労耐力の算定にあたって使用する実交通荷重の頻度については，実際の路線において軸重を調査した高速道路における 1 つのデータ，一般国道における 3 つのデータの計 4 つのデータとした（表 2.1.3.2, 図 2.1.3.11）．

表 2.1.3.2　軸重データ

軸重 P (kN)	軸重計測回数 （軸/年）				軸重 P (kN)	軸重計測回数 （軸/年）			
	高速道路	国道①	国道②	国道③		高速道路	国道①	国道②	国道③
5	1,388	27,983	913,473	20,379	295	99	365	0	730
15	98,642	75,312	1,340,280	544,519	305	43	487	243	304
25	678,318	237,007	1,496,257	708,891	315	40	608	0	243
35	1,696,121	345,168	1,506,598	888,958	325	28	122	0	304
45	1,972,765	373,030	1,013,848	908,485	335	30	487	0	61
55	1,660,592	332,028	683,402	669,593	345	14	243	0	243
65	1,109,351	269,613	467,322	492,020	355	6	487	0	183
75	776,252	244,793	381,668	360,438	365	6	243	0	243
85	553,067	178,972	344,195	306,722	375	6	243	122	61
95	416,249	139,673	231,045	259,698	385	3	122	0	183
105	247,317	105,242	133,468	174,774	395	3	243	0	61
115	125,956	61,685	63,145	113,880	405	1	122	0	122
125	53,879	41,610	34,797	59,313	415	1	0	0	61
135	24,910	27,740	19,345	36,013	425	2	122	0	0
145	14,224	21,900	11,802	23,238	435	1	0	0	61
155	8,129	15,938	7,543	16,182	445	0	0	0	0
165	5,377	12,410	6,692	10,889	455	1	0	0	0
175	4,658	10,342	4,137	9,490	465	2	0	0	0
185	3,054	5,597	1,947	6,996	475	0	0	0	0
195	2,424	4,380	1,338	3,650	485	0	0	0	0
205	1,946	4,137	1,095	2,981	495	1	0	0	0
215	1,548	2,677	1,217	2,312	505	1	0	0	0
225	1,139	2,068	852	2,129	515	0	0	0	61
235	900	2,433	730	1,278	525	0	0	0	0
245	618	1,703	243	1,703	535	2	0	0	0
255	381	1,095	122	973	545	0	0	0	0
265	251	2,068	122	548	555	0	0	0	0
275	158	1,338	0	1,095	合計軸数	9,460,010	2,552,932	8,667,412	5,630,612
285	105	1,095	365	548					

※軸重は範囲の平均値を示している.

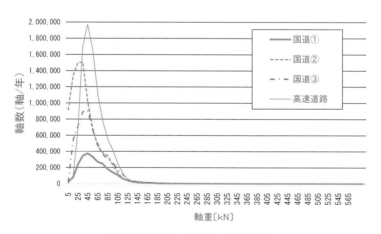

図 2.1.3.11　軸重の頻度分布

③ 等価断面力への変換

式（2.1.3.1）から強度比を $\dfrac{V_{rpd\prime}}{2V_{bc}} = S_i$ とすると S-N 曲線は

$$S_i = 1 - K \log N_i$$

となり（ただし，乾燥の場合 $K = 0.057$，湿潤の場合 $K = 0.061$），

$$\log N_i = \frac{1 - S_i}{K}$$

となることから，以下のように変形できる．

$$N_i = 10^{\frac{1-S_i}{K}}$$

よって，100 年間（＝設計耐用期間）において強度比 S_i の荷重が n_i 回繰り返されたことによる累積損傷度 D_I は，次のようになる．

$$D_I = \Sigma \left(\frac{n_i}{N_i} \right) = \Sigma \left(\frac{n_i}{10^{\frac{1-S_i}{K}}} \right)$$

一方，T 荷重（T＝100 kN）を繰返し回数 n_T 回載荷した場合の累積損傷度 D_T は，強度 V_{bc} に対する比率 $S_T = 100/2V_{bc}$ として，次のようになる．

$$D_T = \frac{n_T}{N_T} = \frac{n_T}{10^{\frac{1-S_T}{K}}}$$

よって，100 年間の荷重履歴（S_i, n_i）と同等の累積損傷度を与える T 荷重による繰返し回数 n_T は，

$$D_T = D_I$$

として，

$$n_T = N_T D_I = 10^{\frac{1-S_T}{K}} D_I$$

で与えられる．また，n_T 回の繰返し載荷によって破壊する強度比 S_{n_T} は，次のようになる．

$$S_{n_T} = 1 - K \log n_T$$

100 年間の荷重履歴による作用，すなわち T 荷重による n_T 回の繰返し作用により疲労破壊が生じないためには，T 荷重による強度比 S_T が，n_T 回繰返し載荷すると破壊する強度比 S_{n_T} よりも小さければよい．すなわち，以下を照査すればよい．

$$S_T \leq S_{n_T}$$

④ 余裕度の試算

ここでは，断面力ベースでの疲労照査を行う．上述のとおり，ある軸重分布から算出された繰返し回数 n_T で破壊に至る強度比を S_{n_T} とし，以下では余裕度を S_T/S_{n_T} と定義した．試算結果を表 2.1.3.3 に示すが，S39 道示による床版は全ての軸重データで耐力不足となり，S47 道示および H8 道示は，強度比として 1.0〜1.7 倍程度の疲労耐力を有することになった．H8 道示の場合，余裕度は想定する荷重履歴によって異なるが，過積載が最も過酷な軸重データにおいても 1.1 程度の余裕度が確保されていた．

表 2.1.3.3　余裕度の試算結果

	軸重データ	ケース A		ケース B		ケース C	
		乾燥	湿潤	乾燥	湿潤	乾燥	湿潤
余裕度 S_T/S_{n_T}	高速道路	0.12	0.10	1.22	1.19	1.33	1.29
	国道①	0.45	0.42	1.40	1.33	1.48	1.41
	国道②	0.72	0.68	1.70	1.64	1.79	1.73
	国道③	0.05	0.02	1.06	1.01	1.15	1.10
適用示方書		S39 道示		S47 道示		H8 道示	
V_{bc} (kN)		103.7		168.2		174.1	

(b)　補強効果の比較

　S39 道示による床版（**表 2.1.3.1** のケース A）を，上面増厚工法を適用して補強する場合，増厚の厚さの違いによる補強の効果について，式（2.1.3.1）を用いて疲労耐力を試算し比較した.

　補強方法として，既設の床版を 10 mm 切削し，鉄筋は追加設置せず鋼繊維補強コンクリートを 60 mm 敷設した上面増厚工法の例の断面図を**図 2.1.3.12** に示す. 補強効果の試算における設計疲労耐力の算定にあたっては，既設コンクリートと同等のコンクリートが増厚されたものとし，床版厚を 190 mm から 250 mm まで変化させ，**図 2.1.3.11** の国道②の軸重データを用いて計算を行った.

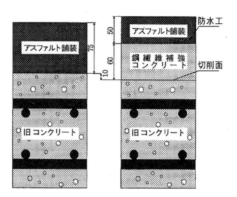

図 2.1.3.12　上面増厚工法の断面図

　表 2.1.3.4 および**図 2.1.3.13** に示すように，床版厚が 220mm 以上あれば設計耐用期間 100 年に対する余裕度 1.0 を超える結果となる. なお，式（2.1.3.1）は今回のような補強された床版の実験データを踏まえた式ではないため，この結果については参考値として扱う必要がある.

表 2.1.3.4　補強を行った場合の余裕度の試算結果

床版厚 (mm)	設計疲労耐力 (kN)	余裕度	
		湿潤	乾燥
190	103.7	0.68	0.72
200	111.6	0.80	0.84
210	119.8	0.92	0.96
220	128.4	1.05	1.09
230	136.9	1.18	1.22
240	144.0	1.28	1.33
250	151.4	1.40	1.45

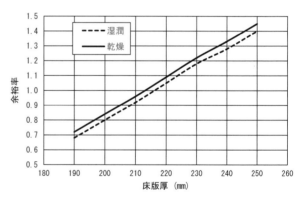

図 2.1.3.13　床版厚と余裕度

(c)　道路橋示方書の基準値を超える荷重が想定される床版の設計例

①　設計の条件

　　工場内の道路において，重機が往来する工場内の道路橋床版等，道示で想定する標準値を超える荷重が繰返し作用する状況下を想定した. この場合，道示による標準設計では疲労耐力が不足する可能性があるため，予想される荷重履歴に基づき，疲労耐力について検討を行った. 荷重条件は，軸重 500 kN の重車両が年間 10,000 軸走行し，設計耐用期間は 100 年とした.

② 設計手順

　以下の手順で照査を行った.

手順1　道示を用いた標準設計を行う（荷重条件は一般的な値 T=100kN を使用. ここでは，ケース C の諸元データを用いる）.

手順2　評価式（式（2.1.3.1））を用いて，疲労照査を行い，設計耐用期間における余裕度を照査し，余裕度が 1.0 を下回る場合，諸元をアップする.

③ 試算結果

　表 2.1.3.1 のケース C の諸元データを用いて算定を行うと，軸重 500 kN が年間 10,000 軸走行した場合に湿潤状態の余裕度が 1.0 以上となるのは，せん断耐力が 198.9 kN 以上の場合であった.

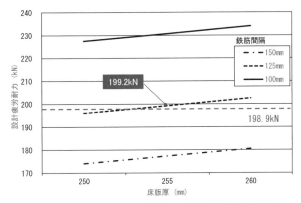

図 2.1.3.14　床版厚・鉄筋間隔と設計疲労耐力

　ケース C の設計疲労耐力は 174.1 kN であるが，床版厚と主鉄筋間隔を変化させると，せん断耐力は図 2.1.3.14 のようになる. 結果，主鉄筋の間隔を 150 mm から 125 mm に，床版厚を 250 mm から 255 mm にすることで設計疲労耐力が 199.2 kN となり，余裕度は 1.0 を上回った.

　一方，道示で示されている床版の曲げモーメント式を使い，P=250 kN とした断面力（軸重 500 kN の輪荷重とし，床版支間 3,000 m を想定）から鉄筋応力度を算出すると図 2.1.3.15 のような値となり，主鉄筋間隔 125 mm，床版厚 255 mm の場合でも道示に規定されている鉄筋応力度の制限値 120 N/mm² を超過していた.

　なお，道示における鉄筋応力度の制限値 120 N/mm² は，P=100 kN を前提とした疲労耐力を確保する方法であり，P=250 kN とした場合の適切な制限値については示されていない.

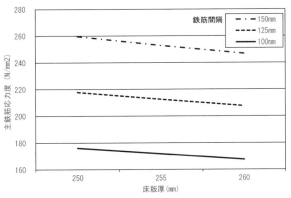

図 2.1.3.15　床版厚・鉄筋間隔と主鉄筋の応力度

参考文献

1) 土木学会コンクリート委員会：コンクリート標準示方書（昭和 61 年制定）改訂資料，コンクリートライブラリー第 61 号，1986.

2) Tamon UEDA and Hajime OKAMURA : Behavior in Shear of Reinforced Concrete Beams under Fatigue Loading, Concrete Library International of JSCE, No.2, 1983.

3) 角田与史雄, 藤田嘉夫：RC スラブの疲労押抜きせん断強度に関する基礎的研究, 土木学会論文報告集, No.317, 1982.

4) 松井繁之：移動荷重を受ける道路橋 RC 床版の疲労強度と水の影響について，コンクリート工学年次論文集，Vol.9, No.2, pp.627-632, 1987.

5) 国土交通省道路局国道・技術課ほか：道路橋コンクリート床版の土砂化対策に関する調査研究，土木研究所資料，第 4398 号，2020.

6) 竹田京子：道路橋コンクリート床版の疲労損傷機構と寿命予測，早稲田大学大学院 創造理工学研究科 建設工学専攻 構造設計研究，2021（https://waseda.repo.nii.ac.jp/?action=pages_view_main&active_action=repository_view_main_item_detail&item_id=65277&item_no=1&page_id=13&block_id=21　閲覧日：2023/1/22）.

7) 日本道路協会：道路橋示方書・同解説，平成 29 年 12 月，2017.

8) 土木学会構造工学委員会：数値解析による道路橋床版の構造検討小委員会報告書，2019.

9) 土木学会鋼構造委員会：道路橋床版の維持管理マニュアル 2020，2020.

10) 中谷昌一，内田賢一，西川和廣，神田昌幸，宮崎和彦，川間重一，松尾伸二：道路橋床版の疲労耐久性に関する試験，国土技術政策総合研究所資料，第 28 号，2002.

11) 日本道路協会：鋼道路橋示方書，昭和 39 年 6 月，1964.

12) 日本道路協会：道路橋示方書・同解説，昭和 47 年 3 月，1972.

13) 日本道路協会：道路橋示方書・同解説，平成 8 年 11 月，1996.

2.2 部材詳細に関する改訂事項（標準7編「鉄筋コンクリートの前提および構造細目」）

　前回の2017年版の改訂においては，施工性の合理化に資する設計で対応する事項として，コンクリートライブラリーNo.148「コンクリート構造物における品質を確保した生産性向上に関する提案」[1]で示されたコンクリート標準示方書［設計編］に関する提案の整理が行われ，その一部について反映がなされている[2]．その後，提案の中で示方書の改訂に向けて研究および体系の整理が必要な提案に対して，「部材詳細の設計と照査に関する研究小委員会」が立ち上げられた．今回の改訂では，部材詳細の設計と照査に関する研究小委員会での検討を経て対応可能となった提案に対して，記載内容への反映を行った．

2.2.1 面部材の構造細目に関する改訂事項

　コンクリートライブラリーNo.148「コンクリート構造物における品質を確保した生産性向上に関する提案」[1]においては，「面部材でのせん断補強筋鉄筋の最大配置間隔を検討，整備する」との提案がなされており，2017年版示方書において対応がなされている．一方，構造細目については，これまで棒部材を主とした内容となっており，面部材に対しては棒部材の構造細目を面部材へ適用する必要や，実験等による照査を行う必要がある．そこで，今回の改訂では，面部材の配筋に関する構造細目の追加を行った．

　面部材の横方向鉄筋の機能としては，せん断補強，乾燥収縮等のひび割れに対する用心鉄筋，正鉄筋および負鉄筋の座屈抑制，内部コンクリートの拘束が考えられる[3]．スターラップによる正鉄筋および負鉄筋を取り囲む配置は，それらの鉄筋の座屈抑制および内部コンクリートの拘束をもたらすが，面部材においてはスターラップの他に配力鉄筋が配置されているため，道路橋示方書[4]のように正鉄筋および負鉄筋の外側に配置された配力鉄筋をせん断補強鉄筋等のせん断補強鋼材で拘束すれば，スターラップと同様の効果をもたらすと考えられる[3]．そこで，「**解説 図2.3.1 面部材でのスターラップおよびせん断補強鋼材の配置例**」として，壁やカルバートの頂版，底版における，配力鉄筋を拘束するようにせん断補強鉄筋を配置する例やスターラップの配置例を示した．

　「**2.6.2 軸方向鉄筋の継手**」において，重ね継手部の帯鉄筋および中間帯鉄筋の間隔は100 mm以下とすることが規定されている．帯鉄筋は柱部材に配置される鉄筋であるため，この規定は壁や床版等の面部材を対象としないが，それらを対象とする規定と混同する可能性が高いことから[3]，解説において壁や床版等の面部材ではこの項を適用しなくてもよいことを明確にした．

2.2.2 ラーメン構造の接合部に関する改訂事項

(1) 改訂の概要

　コンクリートライブラリーNo.148「コンクリート構造物における品質を確保した生産性向上に関する提案」[1]において，「部材接合部の設計方法の規定を検討，整備する」との提案がなされている．ラーメン構造の部材接合部は，これまでの示方書における安全性や使用性の照査が主として部材の断面力と限界値に対するものであることから，部材の性能を発揮させるために接合部が他の部材に対する先行破壊を許容せず，部材が所要の耐力および変形性能を発揮できるように鉄筋その他で十分に補強することとしていた．また，応答値の算定におけるラーメンの構造解析法の標準として，示方書では線材モデルを用い，部材節点部およびハンチ部に剛域を考慮することを原則としており，この原則の前提条件を満たす上でも接合部が他の部材に対して先に破壊に至らないような規定となっている．部材接合部の設計方法の体系化に対しては，接合部を柔構造としても構造全体として安全性や使用性等が確認できればよいなど，構造全体に対する性能照査が前提となる体系である必要がある．そのためには，接合部の破壊に対する照査方法の確立が必要であることから，今回の改訂では，まずはラーメン構造に対して接合部の破壊の照査方法を明確にするため，「**3.6 ラーメンの構造細目**」において，新たに「**3.6.2 部材接合部**」としてラー

メン構造の接合部に関するこれまでの規定に加え，接合部の破壊の照査に関する記述を追加した．なお，接合部の破壊に対する具体的な限界値の算定方法の構築がなされた[3),5)]が，実構造物の諸元に対する検証がさらに必要であると判断し，今回の改訂では示方書への記載を見送り，本資料に事例として記載することとした．

　なお，これまでラーメン構造における部材接合部に対しては，昭和24年の示方書において「接合部」との名称に統一がなされたが，それ以降は「隅角部」や「接合部」が混在して用いられてきた．今後，照査手法が整備されるにあたり，L 形接合部や十字形接合部のような接合形式に対応した名称が使用されるようになると考えられる．そのため，今回の改訂では，ラーメン構造における部材同士の接合部分の名称を「接合部」に統一し，隅角部は構造物や部材中の「コーナー部」を表す名称として区別して用いることとした．

(2)　L 形 RC 部材接合部の耐力算定方法の例[5)]

　建築の分野では，柱－梁の架構構造が多いことから耐震設計において柱梁接合部の照査方法が確立しており，柱梁接合部に対しては，接合部に作用するせん断応力度が一定のレベルを超えると接合部が破壊するという考え方[6)]に基づき，接合部の対角線に沿って生じるコンクリートの圧縮ストラットの破壊に対して照査を行うことが示されている[7)]．また，接合部に配筋される軸方向鉄筋に起因する破壊に対しては，側方割裂破壊，かき出し破壊，局部支圧破壊について照査を行うことが示されている[7)]．

　接合部の破壊が生じた十字形柱梁接合部の試験体では，正負繰返し載荷により作用せん断力は低下するが，その原因は接合部におけるせん断力の低下ではなく，接合部を貫通するはりの主筋の付着劣化が原因である．その結果，はり端部の破壊断面において，モーメントアーム長の減少よりモーメントが減少したという観測的事実から，接合部の破壊はストラットの圧縮破壊によるものではないとして，前述の照査に用いる耐力算定式とは異なる破壊機構に基づいた十字形柱梁接合部の耐力算定式が構築されている[8)]．さらに，L 形接合部の変形機構を**図 2.2.1**のようにモデル化し，開く側（内側引張時）で接合部の破壊が生じるとすることで，十字形柱梁接合部の耐力算定モデルが L 形接合部にも比較的良い精度で適用できることが確認されている[9)~11)]．

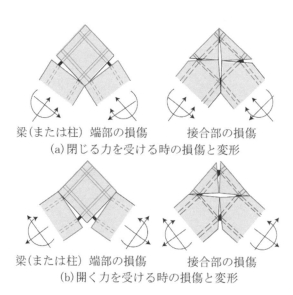

梁（または柱）端部の損傷　　　接合部の損傷
(a) 閉じる力を受ける時の損傷と変形

梁（または柱）端部の損傷　　　接合部の損傷
(b) 開く力を受ける時の損傷と変形

図 2.2.1　L 形柱梁接合部の変形機構[10)]

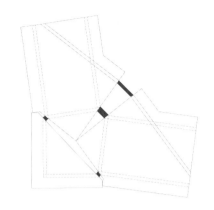

図 2.2.2 接合部破壊の分割モデル [5]

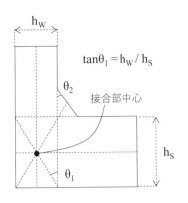

図 2.2.3 記号の定義（寸法および角度）[5]

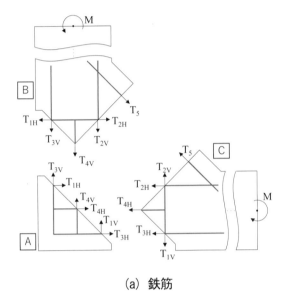

（a）鉄筋

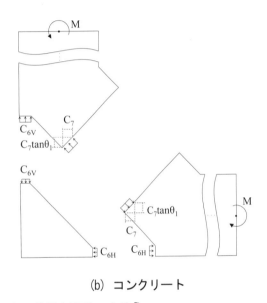

（b）コンクリート

図 2.2.4 分割モデルにおける力の作用位置と記号の定義 [5]

　この十字形柱梁接合部と L 形接合部の耐力算定法は建築分野の架構構造物への適用を前提とすることから，ハンチを有さない接合部を対象としている．一方，土木構造物ではハンチを有する場合が多いが，ハンチを有する L 形部材の実験的，解析的検討の結果 [12],[13] では，内側引張時に発生する斜め方向の割裂ひび割れの発生とその開口が接合部破壊でのじん性に大きく影響すること，a/d が 3 程度以上の一般的な諸元であれば，この割裂ひび割れはせん断力や軸力の影響をあまり受けずに一定の曲げモーメントで発生すること，外側引張の際にはこの割裂ひび割れの影響は少ないこと等が示されている．これを根拠として，割裂ひび割れの発生を伴うハンチを有する場合の破壊メカニズムを考慮し，文献 9)~11)の L 形接合部の接合部破壊耐力算定モデルを，ハンチを有する接合部へ適用できるように拡張した.

　ハンチを有する接合部破壊の分割モデルを図 2.2.2 に示す．また，寸法および角度の記号の定義を図 2.2.3 に，接合部破壊の分割モデルにおける力の作用位置と記号の定義を図 2.2.4 に示す．ハンチを有する場合では，L 形接合部の外側が引張となる場合は接合部の破壊が生じにくいこと，純曲げモーメント作用下においても割裂ひび割れの発生と接合部の破壊が生じ，割裂ひび割れの発生と破壊時の曲げモーメントに軸力とせん断力の影響は軽微であることから，接合部の破壊は曲げモーメントによる内側引張作用下でのみ生じるとして耐力式を構築した.

　図 2.2.4(a) に示される 3 つのフリーボディ A，B，C に関する力の釣合いから，式 (2.2.2.1) ~ (2.2.2.6) が導かれる．なお，フリーボディ C の力の釣合いは，フリーボディ A および B の力の釣合いから導かれる式によって示

すことができるため，実際に釣合いを解くために使用するフリーボディ A および B の釣合い式のみを示す．

$$T_{1H} + T_{3H} + T_{4H} - C_{6H} = 0 \tag{2.2.2.1}$$

$$T_{1V} + T_{3V} + T_{4V} - C_{6V} = 0 \tag{2.2.2.2}$$

$$-l_{T1H}T_{1H} + l_{T3H}T_{3H} + l_{T1V}T_{1V} - l_{T3V}T_{3V} - l_{C6H}C_{6H} + l_{C6V}C_{6V} = 0 \tag{2.2.2.3}$$

$$-T_{1H} + T_{2H} + T_5 \sin\theta_2 - C_7 \tan\theta_1 = 0 \tag{2.2.2.4}$$

$$-T_{3V} - T_{4V} - T_5 \cos\theta_2 - T_{2V} + C_{6V} + C_7 = 0 \tag{2.2.2.5}$$

$$l_{T1H}T_{1H} - l_{T2H}T_{2H} + l_{T3V}T_{3V} - l_{T2V}T_{2V} - l_{T5}T_5 - l_{C6V}C_{6V} + l_{C7}\left(\frac{C_7}{\cos\theta_1}\right) + M = 0 \tag{2.2.2.6}$$

ここで，T：鉄筋の引張力，C：コンクリートの圧縮力，M：外部作用の曲げモーメントである．各添え字と作用位置の関係は図 2.2.4 に示された通りである．また，l は鉄筋およびコンクリートの各力のモーメント釣合い基点（図 2.2.3 中の接合部中心）からのモーメントアーム長である．

なお，釣合い式を解くにあたりいくつかの仮定を設けている．T_{3V} と T_{3H} はその位置の鉄筋に圧縮力が作用しているため 0 とし，また，T_{1H} はその位置の鉄筋は十分に定着が取れているとして 0 とした．C_{6V} と C_{6H} に対しては，圧縮域の幅を芯かぶりの厚さに等しいとした．また，T_{2V}，T_{4H}，T_{4V}，T_5 については，その位置の鉄筋が降伏しているとの仮定を設けた．

過去に実施された L 形試験体の正負交番載荷実験に対して，この耐力式による耐力計算値と，RC 断面計算による曲げ耐力，実験における最大耐力の比較結果を表 2.2.1 に示す．

表 2.2.1　比較対象とした実験および実験結果 [5]

No.	文献	試験体名	ハンチ（サイズ，ハンチ筋）	接合部補強鉄筋	最大荷重（水平力換算）(kN)	接合部中心 アーム長 (m)	接合部中心 $M_{J.exp}$ (kN·m)	部材端モーメント アーム長 (m)	部材端モーメント $M_{B.exp}$ (kN·m)	破壊形式	$M_{J.cal}$ (kN·m)	$M_{B.cal}$ (kN·m)	$\dfrac{M_{J.cal}}{M_{B.cal}}$
1	村田ら [12]	Case1	あり(0.25m, 6-D16)[※4]	あり	178.9	2.880	515.2	2.330	416.8	BJ	549.0	475.8	1.15
2		Case4	あり(0.25m, 6-D16)	なし	162.6	2.880	468.4	2.330	378.9	J	481.2	475.8	1.01
3	草野ら [14]	No.1	なし	あり[※1]	247.0	1.535	379.1	1.285	317.4	J	365.1	438.7	0.83
4		No.2	なし	なし	238.0	1.535	365.3	1.285	305.8	J	326.7	439.3	0.74
5		No.3	なし	なし	215.0	1.535	330.0	1.285	276.3	J	313.9	437.4	0.72
6	玉野ら [15]	N	なし	あり	220.0	1.573	346.0	1.300	286.0	B	333.0	252.6	1.32
7		P	なし	あり	237.0	1.573	372.7	1.300	308.1	B	333.2	253.3	1.32
8	渡辺ら [16] [※2, ※3]	No.4	なし	あり[※1]	50.0	2.330	116.5	2.080	104.0	J	117.0	141.5	0.83
9		No.5	なし	あり	49.2	2.330	114.7	2.080	102.4	BJ	121.2	140.7	0.86
10		No.6	なし	あり	55.3	2.330	128.8	2.080	115.0	BJ	126.7	141.2	0.90
11		No.7	なし	あり	57.6	2.330	134.1	2.080	119.7	BJ	143.4	140.3	1.02
12		No.9	あり (0.30m, 3-D13)	なし	69.8	2.330	162.6	1.780	124.2	BJ	179.6	178.0	1.01
13		No.10	なし (3-D19)	なし	64.3	2.330	149.8	2.080	133.7	J	192.4	225.7	0.85
14		No.11	あり (0.15m, 3-D19)	なし	81.9	2.330	190.8	1.930	158.0	BJ	218.7	219.5	1.00
15		No.12	あり (0.30m, 3-D19)	なし	99.5	2.330	231.8	1.780	177.1	BJ	260.2	224.8	1.16

※1：接合部補強鉄筋の配筋方向が一方向である．

※2：鉄筋の降伏強度の記載がないものについては，降伏強度を 380N/mm² （SD345）と仮定した．

※3：荷重最大値の数値の記載がないため，グラフから読み取った値を使用した．

※4：ここで，0.25m：ハンチ高さ（0.25×0.25m の 45°），6-D16：ハンチ筋の本数と径，を意味する．

　ここで，L 形部材接合部が開く方向の力により破壊する破壊形式は，接合部の破壊を J 型，部材端曲げ降伏後の接合部での破壊を BJ 型，部材端での曲げ破壊を B 型と分類した．実験結果の $M_{J.exp}$ は実験の最大耐力時の接合部中心での作用曲げモーメント，$M_{B.exp}$ は実験の最大耐力時の部材端（ハンチ端）での作用曲げモーメントであり，J 型耐力，B 型耐力の実験値を直接表すのはどちらか一方である．**表 2.2.1** では，実験での破壊形式に応じて太字ゴシックで $M_{J.xxx}$ か $M_{B.xxx}$ で示している．

　図 2.2.5 は，**表 2.2.1** において破壊形式を J 型あるいは BJ 型と判定した 13 体について，J 型耐力の算定値と実験における $M_{J.exp}$ を比較したものである．この場合，$M_{J.exp}$ は J 型耐力の実験値を表すため，提案式はよい精度で実験値を予測できていることが分かる．

　図 2.2.6 は，全試験体の B 型耐力の算定値と実験における $M_{B.exp}$ を比較したものである．破壊形式が B 型の試験体では算定値は $M_{B.exp}$ の実験値に近く，安全側に計算されている．一方，破壊形式が J 型，BJ 型の試験体は，B 型耐力の算定値に至る前に接合部破壊が生じたと考えられるため，ほとんどの算定値が誤差 20%以上で危険側に計算されている．

　図 2.2.7 は，J 型耐力と B 型耐力の計算値の比 $M_{J.cal}/M_{B.cal}$ であるが，実験において J 型および BJ 型の破壊形態となる場合には 1.2 より小さくなる．このことから，$M_{J.cal}/M_{B.cal}$ を 1.2 以上とすれば，接合部の破壊よりも接合部材の曲げ降伏型の破壊を先行させることができると考えられる．

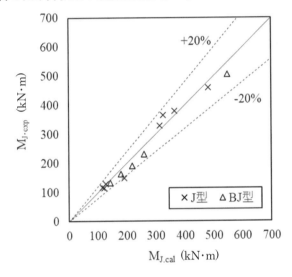

図 2.2.5　J 型耐力の比較

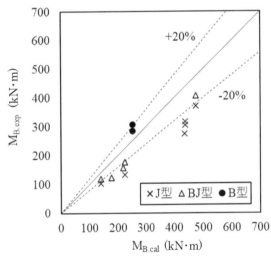

図 2.2.6　B 型耐力の比較

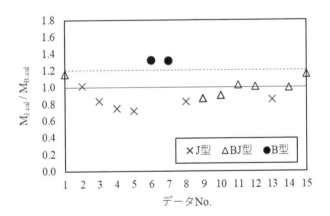

図 2.2.7　J 型耐力と B 型耐力の計算値の比

2.2.3 標準フックに関する改訂事項

　繰返し荷重が作用しない場合やフック周辺のコンクリートが剥落しないような場合には，直角フックは半円フックと同等の性能を有することから帯鉄筋に用いることができる．そこで，直角フックの適用範囲を拡大するため，今回の改訂では帯鉄筋として直角フックが適用できる場合について明示した記述を「**2.5.2 標準フック**」の解説に追加した．

2.2.4 機械式定着に関する改訂事項

　コンクリートライブラリーNo.148「コンクリート構造物における品質を確保した生産性向上に関する提案」[1] において，「軸方向鉄筋の機械式定着を活用するための規定を検討，整備する」との提案がなされている．また，コンクリート構造物の合理的な施工方法への要求の高まりから機械式定着を適用する機会が増加したことや前回の改訂から約10年が経過したことを受けて，コンクリートライブラリーNo.156「鉄筋定着・継手指針［2020 年版］」[17]が発刊され，定着体単体から機械式定着を含む構造物の具体的な性能照査方法が示された．示方書［設計編］においては，これまでに鉄筋定着・継手指針［2007 年版］[18]に記述されていた機械式定着の適用に関する原則や注意事項，定着具の性能評価方法等が反映されている．そこで，前述の提案への対応を念頭に，鉄筋定着・継手指針［2020 年版］において改訂された性能照査方法の具体的な考え方について示方書に反映可能かどうかの検討を行い，機械式定着に関する構造細目の規定を見直した．

　示方書［設計編］2017 年版では，定着方法として付着力による定着，標準フックによる定着，機械式定着の3つが挙げられ，そのうち機械式定着については，標準フックの代替として用いる場合についてのみ記述がなされていた．そのため，標準フックに関する記述に対して追記するような形で機械式定着に関しての記述がなされ，定着に関する規定の中で分散していた．鉄筋定着・継手指針［2020 年版］においては，機械式定着において鉄筋に作用する引張力をコンクリートに伝達するために鉄筋端部に設けられる板等の定着具，鉄筋端部（定着具を含む）とその周囲の定着特性に寄与するコンクリートを含めた定着体，定着体を含む部位である定着部が明確に区分されている．この考え方に基づけば，標準フックも鉄筋の先端に設けた定着具の一種とみなすことができる．示方書［設計編］2017 年版の定着破壊の照査においても，「自由端すべりは，フックや定着具の有無，構造物や部材の種類，載荷の状態，鉄筋の配置，定着位置の応力状態等を考慮して算出しなければならない．」等，フックと定着具が同列に扱われており，この考えに基づくものと言える．したがって，本改訂では機械式定着に関する記述を標準フックと同様に一つの節としてまとめ，「**2.5.2 標準フック**」と並ぶ形で「**2.5.3 機械式定着**」として新たに追加した．

　鉄筋定着・継手指針［2020 年版］における定着の照査は，定着体が標準フックと同等以上の特性を有することを確認することで標準フックの代替として扱い，定着部を含む構造物の性能照査を行う方法（照査方法①）と，定着体および定着具の特性を明確にした上で定着部の影響を考慮した構造物や部材の応答値を算定し，変位や耐力等，構造物に要求される設計限界値と比較することで性能照査を行う方法（照査方法②）の2つの照査方法を選択する体系となっている．定着部の影響を考慮した構造物や部材の応答値を算定する照査方法を示方書に適用する場合，機械式定着だけでなく，標準フックも含めた全ての定着方法を対象とする必要がある．示方書における曲げ耐力やせん断耐力等の設計限界値の算定方法は，「標準7編　鉄筋コンクリートの前提および構造細目」を満たすことが前提であるため，この性能照査方法を適用するためには示方書［設計編］の照査体系に対する大幅な修正が必要となる．したがって，今回の改訂では鉄筋定着・継手指針［2020 年版］のうち，定着体の特性評価による照査方法の考え方を適用することとした．

　前述のように，示方書［設計編］2017 年版では機械式定着については主に標準フックの代替として用いる場合について記述がなされていたが，付着による方法，標準フック，機械式定着を用いない場合についても，「構造物

や部材の種類，載荷の状態，鉄筋の配置，定着位置の応力状態等に応じて，定着としての所要の性能を満足するものでなければならない．」として，定着としての所要の性能を満足できれば適用することができた．このことから今回の改訂では，「**2.5.3 機械式定着**」において，「(1) 機械式定着を用いる場合は，適用する構造物や部材の種類，載荷の状態，鉄筋の配置，定着位置等の応力状態に応じ，強度や抜出し量等，定着として必要な特性を有することを確認しなければならない．」として機械式定着を用いる一般的な場合の原則を定め，その上で，標準フックの代替として用いる場合に対して，その満たすべき条件を記載することとした．なお，機械式定着に関する記述については指針の考え方に従い，これまでの示方書における「性能」を「特性」と改めた．

「**2.5.3 機械式定着**」における「(2) 機械式定着方法の特性評価の内容から，設計対象構造物への適用の可否，あるいは適用可能な定着方法を指定する必要性を判断しなければならない．」との記述は，示方書［設計編］2017年版においては横方向鉄筋に関する規定において記載されていた内容であるが，機械式定着方法を用いる場合には軸方向鉄筋，横方向鉄筋に関わらず満たすべき内容であることから，一般的な原則として記載することとした．

機械式定着を標準フックの代替として用いる場合についても，基本的には示方書［設計編］2017年版の軸方向鉄筋，横方向鉄筋における関連する記述を統合した内容とした．標準フックを機械式定着に置き換えることの可否の判断に用いる手法については，これまで実験のみが記述されていたが，数値解析技術の実用が進み評価例も増えつつあることから，定着部の破壊機構を再現可能とするため精緻に定着部をモデル化した数値解析を用いる方法を追加した．例えば，定着具として鋼円板を鉄筋端部に溶接した機械式定着と曲げフックの引抜き試験の汎用FEM解析コードによる解析[19]では，鉄筋応力と抜け出し変位の関係について実験値と解析値の良好な一致が得られたことが報告されている（**図2.2.8**〜**図2.2.12**）．この例では，鉄筋とコンクリートの付着に対して，節を直接モデル化せずに鉄筋要素とコンクリート要素の間に設けられた接合面要素に付着モデルを適用している．これに対して，節形状を直接モデル化して機械式定着の引抜き試験の解析を行った例[20]もあり，実験における何らかの要因で実験値の変位がやや大きくなり変位については過小評価となったものの，この場合も耐力は実験値に概ね一致する結果が得られている（**表2.2.2**，**図2.2.13**〜**図2.2.16**）．

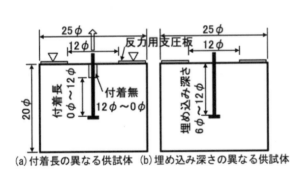
図2.2.8　供試体形状寸法[19]

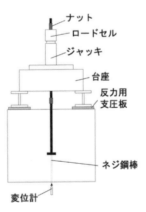
図2.2.9　実験方法[19]

図2.2.10　解析メッシュ[19]

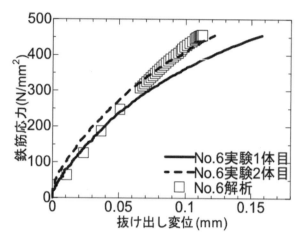

図 2.2.11　鉄筋応力－抜け出し変位関係

（付着無）[19]

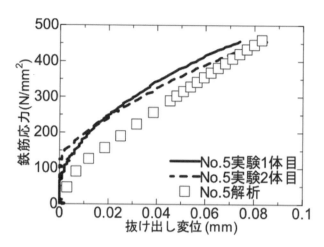

図 2.2.12　鉄筋応力－抜け出し変位関係

（付着有, 付着長ϕ6）[19]

表 2.2.2　実験・解析ケース

ケース No.	試験条件				実験結果		
	鉄筋径	定着板	定着長 [mm]		最大耐力		破壊モード
					荷重 [kN]	変形 [mm]	
1	D32	無	14d	448	461	9.63	付着破壊
2		有			500	35.5	鉄筋破断
3		無	20d	640	498	24.52	付着破壊
4		有			500	13.63	鉄筋破断

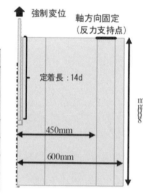

図 2.2.13　解析モデル[20]

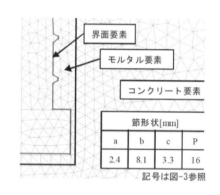

図 2.2.14　定着近傍のメッシュ[20]

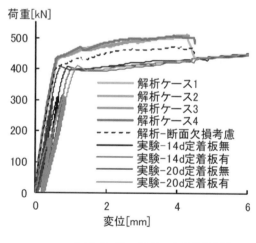

図 2.2.15　荷重-変位関係[20]

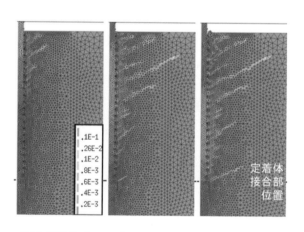

荷重 175kN 時　　変位 1mm 時　　最終ステップ時

図 2.2.16　定着鉄筋近傍の主ひずみ分布（ケース 2）[20]

　また，定着や付着等，ひび割れの進展が影響する部材や構造物の破壊機構に対して再現性の高い剛体ばねモデルを，将来的に有限要素解析以外の選択肢となりうる解析手法として記述に加えている．例えば，剛体ばねモデルにより，かぶりが薄い場合の機械式定着の引抜き実験の解析を行った例[21]では，荷重-抜出し変位関係の解析値は実験値に良好に一致するほか，実験で観測された定着具周辺のひび割れ進展による破壊時のかぶり部の浮き上がり

が再現されている（図2.2.17，図2.2.18）.

　また，第三者機関による特性評価が得られている定着方法を用いる場合に，標準フックを機械式定着に置き換えることの可否の判断を実験や解析によらなくともよいとしている．これは，［設計編］2017年版では横方向鉄筋に用いる場合に対してのみ解説に記述がなされていたが，鉄筋定着・継手指針［2020年版］によれば，軸方向鉄筋の標準フックとして要求される性能を担保し得る実験等の結果を基にした特性評価が得られていれば標準フックの代替として用いることができるため，軸方向鉄筋として用いる場合にも適用できる内容として記述を修正した.

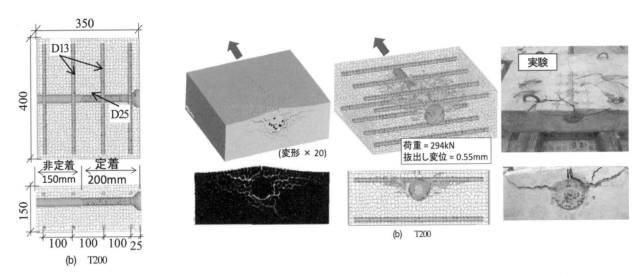

図2.2.17　解析メッシュ[21]　　　　　　図2.2.18　破壊状況の比較（上：俯瞰，下：端部断面）[21]

2.2.5　重ね継手に関する改訂事項

　コンクリート技術シリーズ95「鉄筋コンクリート構造物の設計システム－Back to the Future－」[22]によると，昭和61年版示方書より「鉄筋の定着」の条文が「鉄筋の継手」よりも先になり，鉄筋の基本定着長を求める式として示されるようになった．「限界状態設計法指針案」には，重ね継手を有するはりの曲げ載荷実験結果に基づき構築された既往の定着長算定式[23]を簡略化して用いることにしたことが示されている．継手の割合に応じた重ね継手長の割増しの規定および解説文は，昭和61年版の示方書で規定されてから現在まで変更されていない．設計上必要な鉄筋量や同一断面の継手の割合を条件として，片方の条件を満たさない場合で基本定着長の1.3倍，両方の条件を満たさない場合で1.7倍に継手長を割り増す規定となっている．この割増し係数の1.7倍は，ACI基準が改訂により1.3倍となったのに比較して大きい値となっており，継手長の設定方法が過大となっていないかという議論がある．委員会や改訂作業では，他の基準や指針類との比較，重ね継手長に関する既往の実験等の文献調査などが行われたが，継手は構造物の前提として極めて重要であり，重ね継手の力学機構が十分明らかとなるまでは割増し係数を低減する方へ容易に値を変更すべきではないとの考えから，今回の改訂でも値の変更はなされていない.

　一方，重ね継手においても機械式定着と同様に，コンクリートと鉄筋の付着をモデル化した数値解析により破壊機構を評価できる可能性がある．その際，剛体ばねモデルはひび割れ進展挙動を直接的に評価できることから，部材詳細の検討においては有限要素解析と比較して有効な手法となりうる．近年では，Usman et al.により，2.2.4で紹介したような鉄筋形状の詳細まで考慮した微細構造解析を行わず，鉄筋をはり要素でモデル化し，コンクリートの要素分割をランダム形状でモデル化することで，鉄筋とコンクリートの付着挙動を評価できることが確認されている[24]．図2.2.19は，鉄筋の両引き試験を対象として，はり要素でモデル化した場合と鉄筋を節形状までモデル化した場合の，表面や内部のひび割れを比較したものである．引張力に伴い鉄筋近傍から生じるひび割れを同程

度に評価できていることがわかる. この方法を用いることで, 比較的小さな計算負荷により付着挙動を評価できるといえる. また, この考え方は, 剛体ばねモデルと類似の解析手法である discrete lattice model においてもその適用性が認められている[25]. ここでは, 当該手法を用いて部材詳細の一つである重ね継手の挙動について検討した解析事例[26),27),28)]について紹介する.

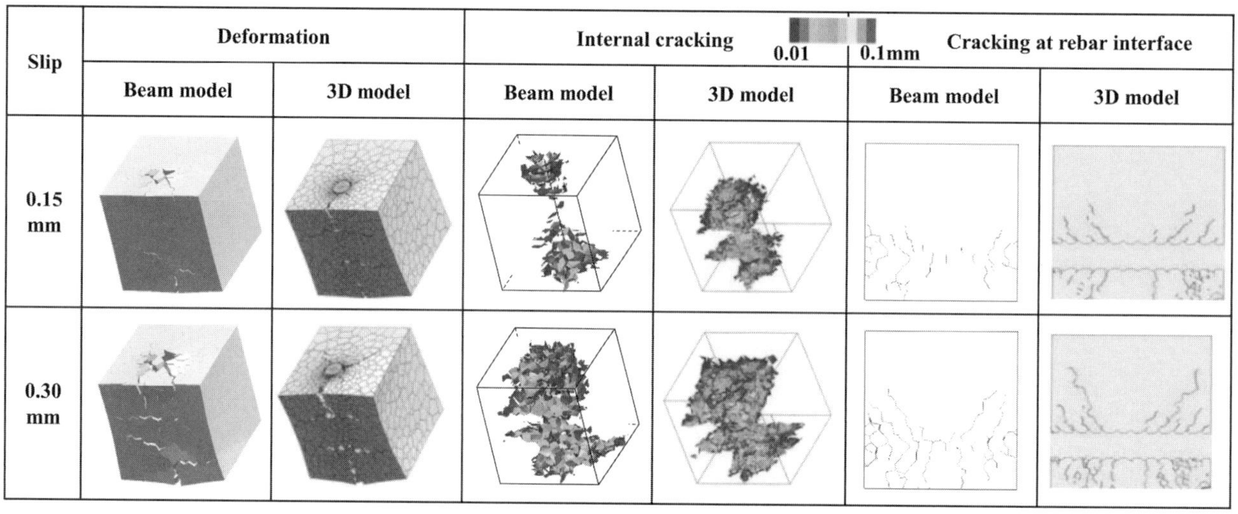

Slip	Deformation		Internal cracking 0.01 0.1mm		Cracking at rebar interface	
	Beam model	3D model	Beam model	3D model	Beam model	3D model
0.15 mm						
0.30 mm						

図 2.2.19　ひび割れ状態の比較[24)]

(1) 重ね継手の特性評価の例

　上田ら[26)]は, 引張力を受ける重ね継手の特性について解析的に検討している. コンクリート強度や, 継手あき間隔の異なる実験[29)]を対象とした解析により付着割裂強度を比較し, 図 2.2.20 に示す結果を得ている. この解析によれば, 継手あき間隔が 1D (図中の HT-50, 53) や 2D (図中の HT-51, 54) に対しては実験結果を過小評価するものの, コンクリート強度に関わらず, 付着割裂強度を概ね妥当に評価できることを示している. また, 継手あき間隔をパラメータとした解析を行うことで, 鉄筋のあきが継手性能に及ぼす影響を検討している. 図 2.2.21 は継手あき間隔の影響を, 鉄筋が負担できる最大の応力により整理したものである. 図に示すように, 継手あき間隔が増加するにつれて, 最大鉄筋応力が低下する傾向となること, その低下の傾向は, 継手あき間隔が増加するほど緩やかになることを示している. 最大荷重時の内部のひび割れ状況 (図 2.2.22) や応力状態 (図 2.2.23) からは, 継手あき間隔が小さい場合には, 継手間に微細なひび割れが生じるとともに圧縮ストラットが形成されて応力が伝達されている様子が確認できるとともに, 継手あき間隔が大きくなると, そのような状況は見られなくなり鉄筋が単独で引き抜ける挙動となる傾向となることが確認されている.

　一方, 森ら[27)]は, 端部にフック形状を有する場合の重ね継手の挙動に対して解析的な検討をしている. 解析の対象は, 図 2.2.24 に示すものであり, 鉄筋には D16 を用い, かぶりを 40mm として配置しており, 重ね合わせ長さを 20φ (320mm) とし, フックの曲げ内半径を 2.0φ (32mm), 余長は 4.0φ (64mm) としたものである. 解析モデルは図 2.2.25 に示すものであり, 重ね継手周辺部の要素寸法は 8mm 程度としている.

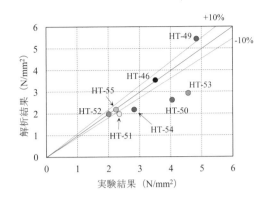

図 2.2.20 付着割裂強度の比較[26]

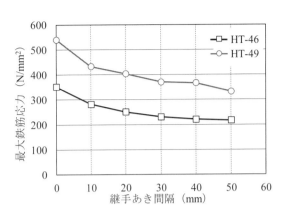

図 2.2.21 実験結果と解析結果の比較[26]

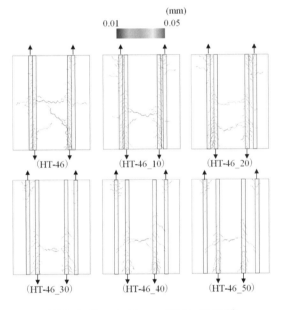

図 2.2.22 内部のひび割れ状況[26]
（下線の後ろの数字は鉄筋あき間隔(mm)）

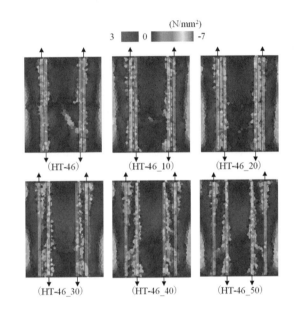

図 2.2.23 内部の応力状態[26]
（下線の後ろの数字は鉄筋あき間隔(mm)）

図 2.2.26 は解析から得られたひび割れ図である．それぞれ，供試体表面と重ね継手高さ断面における荷重増加に伴うひび割れの発生と進展の様子を表している．荷重 90kN において，重ね継手高さ断面では重ね継手間にひび割れが生じているのに対して，供試体表面には確認されていない．その後，荷重の増加に伴い，重ね継手高さ断面のひび割れが進展するとともに，供試体表面にもひび割れが生じる結果となった．荷重 165kN においては，継手高さ断面においてフックに沿ったひび割れが生じるとともに，荷重 200kN においては供試体表面においても重ね継手区間上全体にひび割れが生じている．また，荷重 210kN において確認された斜め方向のひび割れが荷重の増加に伴い進展し，その結果として荷重 220kN において最大荷重に達したとしている．

図 2.2.27 および図 2.2.28 は，それぞれ荷重 165kN 時と 220kN 時（最大荷重時）のひび割れおよび応力図である．図 2.2.27 からは，重ね継手断面において継手部の圧縮ストラットが生じているのに対して，供試体表面も含めて部材軸直交方向の引張応力が生じていることが確認されている．図 2.2.28 から，最大荷重時には重ね継手間の圧縮ストラットの応力が増加しているとともに，フック周辺において軸直交方向の引張応力が増加したことが確認されている．また，フック中央高さ断面では，フック内側に働く支圧応力が増加していることが確認されており，フックによる効果が示されている．

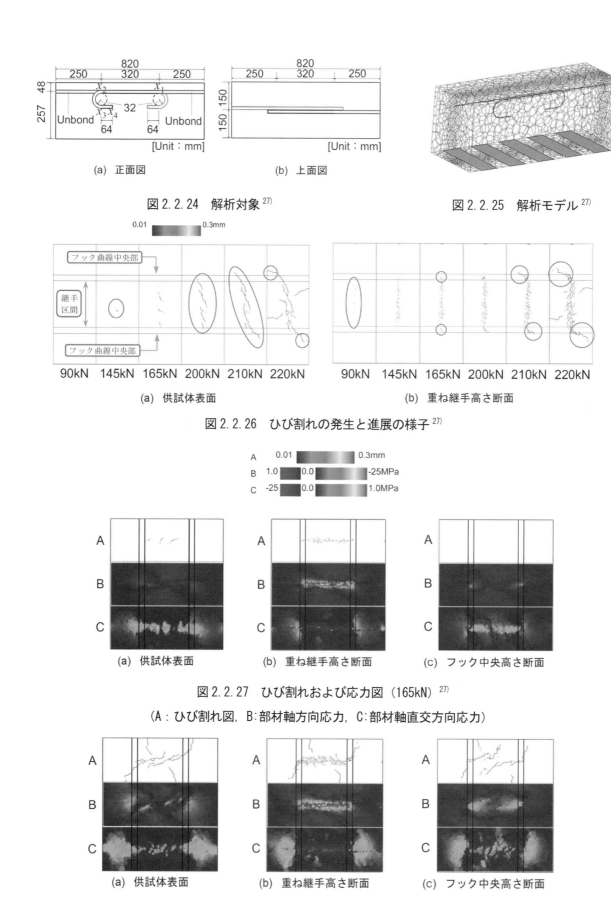

図2.2.24　解析対象 [27)

図2.2.25　解析モデル [27)

（a）正面図　　　　　　　　　（b）上面図

図2.2.26　ひび割れの発生と進展の様子 [27)

（a）供試体表面　　　　　　（b）重ね継手高さ断面

図2.2.27　ひび割れおよび応力図（165kN） [27)

（A：ひび割れ図，B：部材軸方向応力，C：部材軸直交方向応力）

（a）供試体表面　　（b）重ね継手高さ断面　　（c）フック中央高さ断面

図2.2.28　ひび割れおよび応力図（220kN） [27)

（A：ひび割れ図，B：部材軸方向応力，C：部材軸直交方向応力）

(2) 重ね継手を有する RC 部材の性能評価の例

　Usman et al.[28]は，図2.2.29 に示す等曲げ区間内に重ね継手を有する RC はりの4点曲げ試験を対象として，はり部材における重ね継手の力学挙動について解析的に検討している．この解析では，重ね継手部に曲げモーメントが作用した際の，部材のひび割れや鉄筋周辺の内部ひび割れの進展を確認することで，重ね継手における力の抵抗機構や損傷の進展が考察されるとともに，横補強筋の影響についても論じられている．

　図2.2.30 は，軸方向鉄筋高さ断面における内部ひび割れと応力状態の変化を示したものである．曲げひび割れが重ね継手区間の外側に生じるとともに，重ね継手部では圧縮ストラットが形成される挙動を解析的に捉えられていることがわかる．また，重ね継手部においては，圧縮ストラットにおいて微細な斜めのひび割れが生じるとともに，それらのひび割れがはりの側面に向かって進展する様子が示されている．その結果，継手間の圧縮ストラットの応力が低下し，継手としての機能が損なわれるとしている．

　また，重ね継手部に横補強筋を配置することにより，そのようなひび割れの進展を抑制することができ，重ね継手としての機能を保持できることも解析的に示している．図2.2.31 は継手部に配置された横補強筋のひずみ分布であるが，部材下部の横補強筋のひずみが卓越していることがわかる．このことから，下部に配置された横補強筋がコンクリートを拘束することが，重ね継手にとって重要な役割を果たしているとしている．

　以上で示したように，剛体ばねモデルを用いた検討は，実験では把握することが困難なコンクリート内部のひび割れの進展や力の伝達機構を把握することができるため，重ね継手のメカニズムを解明するにあたっての大きな一助となると考えられる．

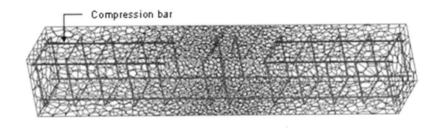

図2.2.29　解析モデル[28]

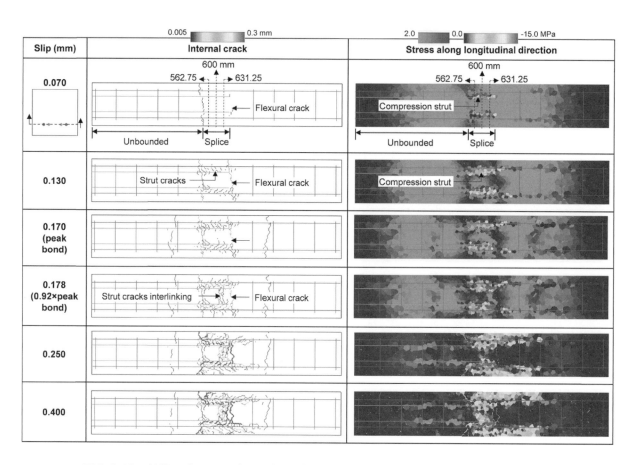

図2.2.30　鉄筋のすべりに伴う内部ひび割れと応力状態の変化（軸方向鉄筋高さ断面）[28]

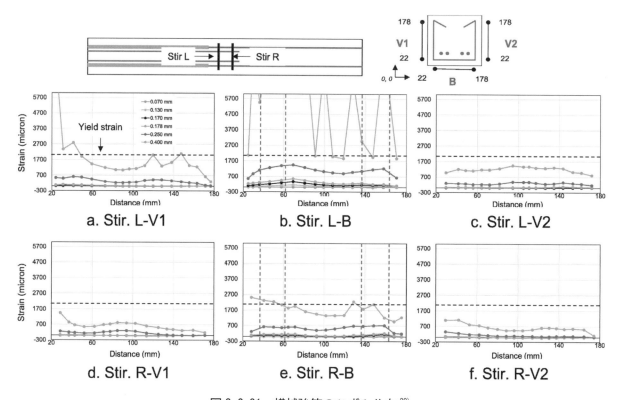

図2.2.31　横補強筋のひずみ分布[28]

2.2.6　今後の課題

　前述の通り，前回の2017年制定コンクリート標準示方書［設計編］の改訂時には，施工の生産性向上の観点か

らコンクリートライブラリー148「コンクリート構造物における品質を確保した生産性向上に関する提案」[1]での提案項目に対して，設計の考え方として反映すべきものについては，構造細目など記載内容の見直しが図られた．その改訂後も，課題として残された提案の実現，すなわち，構造細目で規定された事項を定量的に評価できるようにして設計と施工の自由度を向上させるための検討が，前回の改訂後に研究開発を促すために立ち上げられた「部材詳細の設計と照査に関する研究小委員会」において継続して行われている．ここでは，今回の改訂には反映されなかったが今後の課題として取り組まれている検討項目を紹介する．

(1) 合理的な重ね継手の規定を検討，整備する．

　重ね継手の現象解明のためには実験等が必要であるが，委員会での議論においては実験を実施することは容易ではないというのが大勢であった．そのため，前述のように数値解析による重ね継手部の鉄筋やコンクリートの応力状態の把握，そして重ね継手長の妥当性評価などが期待されている．現状では，定性的な評価にとどまっているものの，今後このような検討が進むことにより，重ね継手の力学機構を定量的に評価することができれば，重ね継手長さやあき重ね継手に対する合理的な規定の設定や照査法の確立につながるものと考えられる．

(2) あき重ね継手の規定を検討，整備する．

　コンクリートライブラリー148「コンクリート構造物における品質を確保した生産性向上に関する提案」では，あき重ね継手の規定の検討整備が提案されている．鉄筋の重ね継手は，鉄筋同士を密着させ結束するものであるとの認識がなされやすいが，重ね継手はあくまでコンクリートを介して応力伝達を行うものであり，日本建築学会やACIでは，鉄筋間に隙間を空けて配置する「あき重ね継手」も通常の重ね継手と同様に有効であると認められている．鉄筋先組工法やプレキャスト工法において，ユニット間の鉄筋継手に重ね継手を用いる場合，鉄筋の配筋精度により，重ねて継ぐ鉄筋全てを密着させるのが困難な場合が多い．そのような場合，あき重ね継手を採用することで継手部の鉄筋の台直しが不要となり，施工の省力化および品質低下のリスク低減となる．しかし，現時点でのコンクリート標準示方書にはあき重ね継手の規定がなく，前述の「重ね継手は鉄筋同士を密着させて繋ぐもの」との認識とあいまって，あき重ね継手が認められにくい状況が生じている．このことから，あき重ね継手の妥当性と定量的な設定方法については「部材詳細の設計と照査に関する研究小委員会」において継続的に既往の実験結果等の文献調査と議論がなされてきたが，提案に対して今回の改訂に反映するには至っていない．今後，あき重ね継手を模擬した実験，そして解析による再現を試み，あき重ね継手の力学機構や妥当性について評価し，土木構造物への適用可否を検討する必要がある．

(3) 面部材の設計・性能照査・構造細目の追加について，対応方法を検討する．

　近年，地震による設計作用力の増加や大深度構造物が構築されるようになったことから，部材厚が1mを超えるような厚い面部材（スラブ，壁，フーチング）を有する大規模構造物が増えている．また昨今の要求性能の高まりで配筋が過密となる場合が多く，良好な施工の実施の観点から，より合理的な構造細目の規定や妥当性の確認方法の検討が望まれている．一方，コンクリート標準示方書［設計編］の構造細目の規定は，面部材の記載が一部あるが，棒部材中心の記載となっているため，面部材に棒部材の構造細目を適用しているが実情である．そのため，横方向鉄筋，継手（重ね継手），配力筋などの面部材特有の記載を増やすことで，面部材での配筋仕様がより合理的になると考えている．今回の改訂において面部材の配筋に対しては一部対応したが，対応できなかった以下のような項目について，土木学会コンクリート委員会部材詳細の設計と照査に関する研究小委員会では次回以降の改訂に向けて検討を継続している．

・面部材における横方向鉄筋の配置，最小鉄筋量規定の必要性

・軸方向鉄筋継手の横方向鉄筋での補強方法

・面部材に与える配力筋量の影響および配力筋の効果

・面部材開口周辺部の効果的な補強方法

・設計者により分かり易い示方書の章立ての考案

（4）基本定着長算定式の高強度鉄筋への対応

　2020 年度の JIS G 3112 改正により高強度鉄筋に関する規定が追加されたのに伴い，JIS 規格に適合した鉄筋の強度範囲が広くなったため，今回の示方書改訂でもそれに対応するように見直しがなされている．「**2.5.4 鉄筋の定着長**」では，「鉄筋の降伏強度の特性値が 390N/mm² を超える場合は，降伏強度の影響を適切に考慮しなければならない．」とされており，同解説には，「SD490 や SD685 等の鉄筋の降伏強度の特性値が 390N/mm² を超える JIS 規格による鉄筋の定着長は，実験等により検討することが望ましい．」とされており，重ね継手や定着を有する配筋への高強度鉄筋の採用はまだ難しいのが現状である．参考として，鉄道構造物等設計標準・同解説（コンクリート構造物）[30]では，鉄筋の定着長の条文で，示方書［設計編］の基本定着長算定式の元にもなっている既往の定着長算定式 [23]を簡略化した式が規定されており，高強度鉄筋については，鉄筋の降伏強度の影響を補正係数として設定することにより定着長を算出する方法が解説に示されている．今回の改訂作業において，この方法を追加することに対しての議論が行われたものの，実験等によるさらなる検証が必要であるとして追加を見送った．今後，高強度鉄筋での定着長に関する研究および知見が深まり，示方書においても定量的な評価ができるような手法が追加されることが望ましい．

参考文献

1)　土木学会コンクリート委員会：コンクリート構造物における品質を確保した生産性向上に関する提案，コンクリートライブラリー 148，2016.

2)　土木学会コンクリート委員会：2017 年制定コンクリート標準示方書改訂資料［設計編・施工編］，コンクリートライブラリー 149，2017.

3)　土木学会コンクリート委員会：部材詳細の設計と照査に関する研究小委員会報告書，コンクリート技術シリーズ 126，2020.

4)　日本道路協会：平成 29 年版道路橋示方書・同解説 III コンクリート橋・コンクリート部材編，2017.

5)　村田裕志，渡部孝彦，渡辺健，中田裕喜：曲げモーメントに着目した L 形 RC 部材接合部の耐力算定方法，構造工学論文集，Vol.69A，2023.

6)　N. W. Hanson and H. W. Connor : Seismic Resistance of Reinforced Concrete Beam-Column Joint, Journal of the Structural Division, ASCE, Vol.93, No.ST5, pp.533-560, 1967.

7)　日本建築学会：鉄筋コンクリート造建物の靱性保証型耐震設計指針・同解説，1999.

8)　岸川聡史，塩原等：鉄筋コンクリート造十字型柱梁接合部の接合部破壊とせん断抵抗機構，コンクリート年次論文報告集，Vol.20，No.3，1998.

9)　辛勇雨，塩原等：鉄筋コンクリート L 字型柱梁接合部のせん断終局強度の解析，構造工学論文集，Vol.50B，2004.

10)　辛勇雨，楠原文雄，塩原等：付着・定着破壊を考慮した鉄筋コンクリート造 L 型柱梁接合部の終局強度解析，コンクリート工学年次論文集，Vol.27，No.2，2005.

11)　辛勇雨，塩原等，楠原文雄：接合部アスペクト比を考慮した RC 造 L 字型柱梁接合部の終局強度と破壊モード

解析, コンクリート工学年次論文集, Vol.28, No.2, 2006.

12) 村田裕志, 武田均：RC ボックスカルバート隅角部の配筋合理化に関する実験的研究, 土木学会第 70 回年次学術講演会講演概要集, V-198, 2015.

13) 村田裕志, 渡辺健, 中田裕喜：純曲げモーメントが作用する RC 隅角部の耐力に関する数値解析的検討, 土木学会第 77 回年次学術講演会講演概要集, V-379, 2022.

14) 草野浩之, 中田裕喜, 田所敏弥, 幸良淳志：L 形柱梁接合部における圧縮ストラットの形成と耐力に関する検討, コンクリート工学年次論文集, Vo.41, No.2, pp.325-330, 2019.

15) 玉野慶吾, 桑野淳, 後藤隆臣, 平陽兵：主鉄筋の定着に機械式定着を用いた RC 隅角部に関する研究, コンクリート工学年次論文集, Vo.38, No.2, pp.613-618, 2016.

16) 渡辺博志, 河野広隆：L 型 RC 隅角部の強度と変形特性に関する検討, 土木学会論文集, No.662/V-49, pp.59-73, 2000.

17) 土木学会コンクリート委員会：鉄筋定着・継手指針［2020 年版］, コンクリートライブラリー 156, 土木学会, 2020.

18) 土木学会コンクリート委員会：鉄筋定着・継手指針［2007 年版］, コンクリートライブラリー 156, 土木学会, 2007.

19) 竹山忠臣, 田中美帆, 田中章, 内田裕市：機械式鉄筋定着の性能評価試験, コンクリート工学年次論文集, Vol.30, No.3, 2008.

20) 山本悠人, 畑明仁, 村田裕志, 杉山智昭：高密度メッシュモデルを用いた有限要素法による機械式鉄筋定着工法の検証解析, コンクリート工学年次論文集, Vol.40, No.2, pp.535-540, 2018.

21) 林大輔, 長井宏平：三次元離散解析手法による多方向配筋時の RC 定着性能の微細構造解析, 土木学会論文集 E2, Vol.69, No.2, pp.241-257, 2013.

22) 土木学会コンクリート委員会：鉄筋コンクリート構造物の設計システム －Back to the Future－, コンクリート技術シリーズ 95, 2011.

23) C.O.ORANGUN, J.O.JIRSA, and J.E.BREEN：A Reevaluation of Test Data on Development Length and Splices, ACI Journal, pp.114-122, 1977.

24) Usman Farooq, Hikaru Nakamura, Taito Miura and Yoshihito Yamamoto: Proposal of bond behavior simulation model by using discretized voronoi mesh for concrete and beam element for reinforcement, Cement and Concrete Research, 110, 2020.

25) Dawei Gu, Shozab Mustafa, Jinlong Pan and Mladena Luković: Reinforcement-concrete bond in discrete modeling of structural concrete. Computer-Aided Civil and Infrastructure Engineering, pp.1-22, 2022.

26) 上田尚史, 山下夢来生：引張力を受ける重ね継手の耐荷機構に関する解析的研究, 構造工学論文集, Vol.69A, 2023.

27) 森大輔, 中島達也, 中村光, 三浦泰人：端部にフックを有する重ね継手部の挙動の数値解析的評価, コンクリート工学年次論文集, Vol.44, No.2, pp.829-843, 2022.

28) Usman Farooq, Hikaru Nakamura and Taito Miura: Evaluation of failure mechanism in lap splices and role of stirrup confinement using 3D RBSM, Engineering Structures, Vol.252, 113570, 2022.

29) 角陸純一：高強度鉄筋コンクリート部材中の重ね継手の力学的性状に関する研究, 神戸大学博士論文, 1994.

30) 鉄道総合技術研究所：鉄道構造物等設計標準・同解説　コンクリート構造物, 2004.

2.3　標準 9 編　プレキャストコンクリート

2.3.1　総　　則

　前回の示方書改訂においてプレキャストコンクリート編が新設され，2021 年 3 月には土木学会から「プレキャストコンクリートを用いた構造物の構造計画・設計・製造・施工・維持管理指針（案）」が発刊された．これらの背景を受けて，今回の示方書改訂では編の内容を充実させることを目指した．プレキャストコンクリートは生産性向上の核となる技術として期待されているが，個々のプレキャスト構成部材について，それらの製造，貯蔵，運搬過程を考慮した設計を行う必要があるなど，現場打ちコンクリートよりも細かな配慮を必要とする．今回の改訂ではこれらの各プロセスにおける留意点を精査し，項目の追加を行った．また接合部が存在することもプレキャストコンクリートの特徴であるが，今回の改訂では各種の接合方法の整理を行うとともに，可とう性接合のような場合にも対応できるように拡充を行った．

　なお今回の改訂においては，この示方書が主な対象とするものが，柱，はり，スラブのような比較的大型の部材から構成される構造物であることも明記するようにした．これは部材厚やかぶりが小さな製品に対して示方書の適用を妨げるものではないが，照査の前提が異なる場合があり，示方書の適用が必ずしも適切ではない場合があることから，そのような対象においては示方書の適用性を確認することが必要になることを示したものである．

2.3.2　材料の特性値

① 新たな材料、蒸気養生への配慮

　工場製作が中心となるプレキャストコンクリートでは，設備の整った環境で製造でき，適用用途を限定することで，この示方書の適用範囲外となる高強度のコンクリート，短繊維により力学特性を改善したコンクリート，環境負荷軽減を実現するコンクリートなど，多種多様な特徴を有したコンクリートを活用しやすい条件となっているといえる．このような新たな材料を使いやすくすることを意図して，使用材料を拡大するように記載した．

　一方で，蒸気養生を行ったコンクリートは，硬化後のセメントペーストが粗になることも指摘されている[1]．一般に，蒸気養生を行ってもコンクリート中には未水和のセメント粒子がまだ多く残っており，続けて湿潤養生を行うことで，これらの水和が進み，強度等，硬化後のコンクリートの品質が向上する．また，工場で製造されるプレキャストコンクリートで特に高い強度が要求されるもの，強い衝撃力を受けるもの，すりへりを受けるもの，水密性を要するもの，耐凍害性が要求されるもの等は，蒸気養生等およびその後の養生がこれらの品質確保に大きな影響を及ぼす場合がある．

　これらのように，プレキャストコンクリートに適用される養生の効果は，標準養生と比較して硬化コンクリートの品質の差異が一般に大きいため，特殊な材料，配合，製造方法等の場合や形状等が特殊なプレキャストコンクリートを製造する場合には，試験や実績等に基づいて，養生方法を定めることも重要である．

　また，プレキャストコンクリートを用いた構造物では，機械式ずれ止めや接合用材料，部材の架設・組立て・接合等に必要となる吊り金具等のほか，部材断面の小さな構造物では，鉄筋ではなく細径の鉄線を補強材として用いるような場合もあり，この示方書に規定のないさまざまなものが併用されることが多いので，JIS 等の規格基準類に示されている材料，あるいは実験や既往の実績等によりその適用性が確認された材料を用いることとしている．

2.3.3　応答値の算定

① 接合部のモデル化

　接合部は，プレキャスト部材に特有のものであり，構造物の性能を評価する上で，この部位のモデル化がキーとなる．今回の改訂ではモデル化手法として，(a)構造物の一般部と接合部のすべてを有限要素でモデル化する方法，

(b)一般部を線材とし接合部を有限要素でモデル化する方法，(c)すべての部材・部位を線材やバネでモデル化する方法の3つを示すこととしたが，実際の構造物の置かれる状況は多様であることから，例示はしていない．ただし読者にイメージを伝達する上では図があった方が望ましい可能性もあることから，本稿にその一例を示す（図2.3.1）．

　(a)および(b)の方法を用いる場合には，設計で想定する荷重の作用下における一般部および接合部の両方の応答値を一度に算定することが可能である．特に，(a)の方法による場合には，構造物の一般部および接合部を，伝達要素までを含めて適切にモデル化することによって，モデルの規模は大きくなるものの，算定される応答値の信頼性が高くなると考えられる．

　(b)や(c)の方法では，一般には構造物の荷重作用下において，接合部としてモデル化する領域が構造解析に及ぼす影響を極力小さくするために，平面保持が確保されていて断面力が大きくならない断面（応力勾配やひずみ勾配がなるべく小さい断面）を，接合部と一般部の境界として接合部モデルの領域を設定するのがよい．ただし，設計作用の組合せによって断面力の発生状況は異なるため，接合部モデルの領域の設定には十分な検討が必要である．また，構造計画上やむを得ず断面力が大きくなる箇所に接合部を設けた場合も，接合部としてモデル化する領域の設定には十分な検討が必要である．

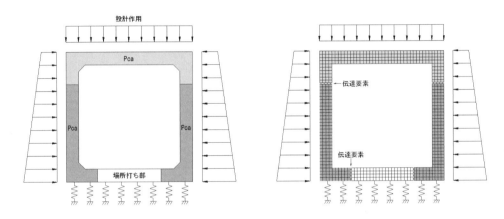

(a) 構造物全体を全て有限要素でモデル化する場合

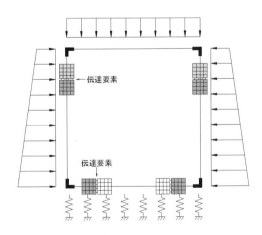

(b) 一般部を線材，接合部を有限要素でモデル化する場合

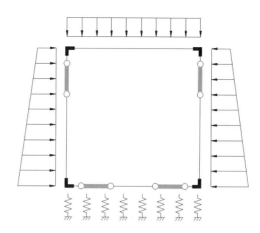

（c）構造物全体を線材でモデル化する場合

図 2.3.1　プレキャストコンクリートを用いた構造物のモデル化の例[2]

　断面力が作用したときの変形量が大きくなるような接合方法を用いる場合には，接合部の変形特性を考慮してモデル化を行わなければならない．剛性が特に小さい接合や，作用する断面力がある値以上大きくなると顕著な非線形性を示すような接合を用いる場合や，地震に対する断面力および変位を算定する場合には，非線形特性を考慮して接合部のモデル化を行うことが望ましい．非線形有限要素解析によるモデル化は，［設計編：標準］10編にその方法が示されており，これに基づいて行うのがよい．

　以上のように，接合部の照査を行う方法はいくつかあるが，照査対象となる構造物およびそれが有する接合部の挙動を考慮して適切な解析モデルを選択することが必要である．

2.3.4　耐久性に関する照査

① 蒸気養生の影響への配慮

　工場で製造されるプレキャストコンクリートには，製造効率の観点から蒸気養生が行われるものもあり，若材齢時に高温を受けることで遅延型エトリンガイト生成（DEF）が疑われる劣化が顕在化した事例も報告されている[3]が，DEF に関しても，適切な材料や配合を選定し，製造中における養生温度等の管理を適切に行うことで防ぐことは可能である．このことから，［設計編：標準2編 耐久設計および耐久性に関する照査］3.1.3.3「コンクリートの水分浸透速度係数の設定」，3.1.4.2「コンクリートの塩化物イオン拡散係数の設定」に，プレキャストコンクリートに蒸気養生を適用した場合の係数の設定方法などが記載された．

② 接着剤の劣化への配慮

　プレキャスト部材同士の接合に現場打ちコンクリートを用いない，接着剤による接合方法を採用されることが多い．また，耐久性の確保や接合部の応力伝達の確保するためには接着剤自体の劣化を考慮して設計耐用期間における接着剤の劣化にも考慮する必要がある．このことから，その品質規格および試験方法，ならびに，接着剤の強度は経年変化の影響を考慮した値とするのがよいことを5.1（2）の解説に記載した．

③ 工場製品のかぶりへの配慮

　工場で製作されるプレキャストコンクリートの製造は，日々管理された製造設備や型枠材等の資材を使用しており型枠の寸法が正確で配筋についても管理が行き届いていることなどから，かぶりの施工誤差は小さいと考えられる．このことから，想定する製作工場においてかぶりの品質管理に対する信頼性を有する実績等が確認できる場合には，かぶりの設計値に考慮する施工誤差等を実績に基づいて適切に設定し，耐久性の照査を行ってもよいと考えられることから．実績に基づいて設定できるよう5.1（5）に規定した．

　なお，工場製品の優位性に関する定量的な値の提示は，2017 年度改訂の積残し課題であったが検討は深められておらず，規定するに至らなかったことから次回改訂への積残し課題となる．

④ 構造材以外の仮設材の鋼材腐食に対する配慮

　プレキャスト部材特有の仮設材である吊り金具等の腐食は直接的に構造物の安全性に影響することはないが，これら金具の腐食が原因となってひび割れを誘発し，そこから水がコンクリート内部に浸透して，鋼材腐食やコンクリートの劣化を引き起こす危険性もある．さらに，所定の位置に設置されるまでの期間は屋外に仮置き（貯蔵）されることが多いため，貯蔵期間が長い場合には，吊り金具等に対して，設計の段階で十分に配慮しておく必要がある．本体の鋼材と吊り金具等の鋼材の材質が異なる場合は異種金属接触で錆が発生する可能性があるので直接接触させないように絶縁材を挟むなどの配慮が必要である．また，仮設材が，かぶり内に入る場合には可能な限り取り外せるような構造とし残置させない配慮を行うことが望ましい．このことから，［設計編］標準 2 編 3.1.1 の解説に留意事項として記載がなされた．

2.3.5　安全性に関する照査

　総則にも示したように，土木学会では生産性向上に関する社会ニーズを受け，プレキャストコンクリートのさらなる活用を図るべく，構造計画，設計，施工，維持管理に至る体系的な指針類として，「プレキャストコンクリートを用いた構造物の構造計画・設計・製造・施工・維持管理指針（案）」を 2021 年 1 月に発刊した．今回の改訂では，この成果を積極的に取り込むこととした．

　安全性に関する照査においても，上記指針（案）では，詳細に記述されているが，この中で，プレキャストコンクリート構造の特徴ともいうべき接合部の破壊が構造物全体の耐荷力に影響するのを避けるべきことが指摘されている．今回の改訂でも，この思想を踏襲した．また，接合部の構造は多種多様であり，それぞれ特徴を有する．このため，この特徴に即した安全性の照査が必要との判断から，実験や解析等で接合部の挙動を評価可能と確認された手法，かつ実構造物の条件を十分に考慮された手法で断面破壊，疲労破壊を照査することの重要性を追記した．

　さらに，プレキャストコンクリート構造は，部材の製作時から輸送，架設，構造物の完成に至るまで，構造系が変化することが多いため，構造物の安定においては各施工段階を考慮した照査が必要である旨も追記した．

2.3.6　使用性に関する照査

　プレキャストコンクリートの特徴としては，取替えの容易性がある．構造物の種類によっては，建設当初から設計耐用期間を通じて耐久性を確保するように設計するよりも，取替えを前提としたライフサイクルシナリオのほうが合理的である場合が考えられる．このようなプレキャストコンクリートの特徴を活かすことを念頭に置いた記述を追加した．

2.3.7　プレキャストコンクリートの前提

① 可とう性への対応

　今回の改訂ではトンネル標準示方書を参考に設計を行うようにすることを明記した．接合部に可とう性を与えることで，プレキャストコンクリートで構成される構造物に変形性を付与することができるが，そのためには継手部を挟む部材間に生じる相対変位に追随し，両部材の連続性を維持できるようにすることが必要になる．具体的には，部材間の変位量を予測し，その予測下で水密性などの所定の性能が維持できるような設計を行う必要があるが，このためには地盤条件や接合されるプレキャスト部材の形状など様々な因子による影響を考慮する必要があ

り，この編だけで内容をカバーすることは困難であることから，トンネル標準示方書を参考にしながら設計を行うものとした．また可とう性接合部には大きな応力振幅が生じ，疲労破壊が生じる可能性が高いことから，特に注意すべき事項として記載している．

② かぶりの表の削除について

今回の改訂では，従来の版における 9.3 に掲載されていたプレキャストコンクリートの最小かぶりの表を削除した．この表は平成 3 年版のコンクリート標準示方書［設計編］13.10.6 に初掲され，以降の版で継承されてきたものである．本改訂によって最小かぶりは，鉄筋の直径以上，かつ，［設計編］標準 2 編を満足する値を求めることになる．このうち耐久性に関する照査は，塩害等のおそれのない一般の環境では，ひび割れ幅に対する照査に加え，中性化と水の浸透に伴う鋼材腐食に対する照査を行えばよい．鋼材腐食深さに対する照査では，［設計編］標準 2 編 3.1.3.3「コンクリートの水分浸透速度係数の設定」に，水結合材比と水分浸透速度係数との関係式が示されている．この式は，水結合材比が 0.4 から 0.6 のコンクリートを用いた実験をベースにしたものであるが，その関係は使用材料の種類，量，品質，打込み，締固め，養生といった様々な条件によって変化する．特にプレキャスト製品の場合は蒸気養生が行われることが多く，その影響について確認する必要がある．すなわち，製品の条件とあわせた供試体を使用し，浸せき法を用いた室内実験によって水分浸透速度係数の予測値を求めることになる．

この表の掲載が懸案となったのは，普通ポルトランドセメントを用いて蒸気養生を行ったプレキャストコンクリート製品の水分浸透速度係数が大きくなるという実験報告があり，この値をそのまま用いて耐久性を評価した場合，表に示した最小かぶりの値では要求性能を満足できなくなる可能性があるためであった．**図 2.3.2** はこの試算結果を示したものであるが，かぶりを示方書に示された最小かぶりの値として，耐久性に関する照査を満足させられるような水分浸透速度係数を得ようとすると，水セメント比をかなり小さなものに抑える必要があることになる．従来製品，特にこれまでの表で示されていたかぶりが 8〜15mm のものについては，一様に耐久性に関する照査を満足しないかのような印象を与えてしまうことになる．水分浸透速度係数は高炉セメントの利用といった配合の工夫によっても改善させることができるものであることから，従来のかぶりの表に加え，水分浸透速度係数と設計耐用年数の例を添えて提示することも検討した（**表 2.3.1**）．しかし，製品の水分浸透速度係数についてのデータは，製品メーカにおいて現時点で整っておらず，これも実務に混乱を招く懸念がある．示方書が主な対象とするのは JIS 製品のうちの大型のものであり，これらのかぶりは 20mm 以上となることから，表をかぶり 20mm 以上だけのものに絞って提示することも検討したが，このことは逆にかぶり 20mm 未満の製品が示方書の対象外であることを強調することとなり，やはり実務を混乱させることにつながりかねない．

耐久性を高める方法は，水セメント比だけではなく他にも様々な方法があり，この示方書で意図しているのは技術者が使用材料や施工法の特性を理解して，要求性能に対して必要で十分な製品を設計・製造することである．この点に立ち返ると，かぶりの表を掲載することは，この意図の正しい伝達を阻害してしまう可能性が高いことから，今回の改訂では表を削除することとし，標準で示された考え方に則った設計式あるいは試験から得られる特性値に基づいて評価を行う形とすることが適切であると判断した．

なお工場製品の場合には，型枠寸法や配筋の管理が現場での施工に比べて容易であるため，現場施工よりも施工誤差を抑えられる可能性があるが，具体的な数値については今回の改訂でも十分に評価するには至らなかった．しかし各社の管理精度によってかぶりを低減して設計できるようになれば，各社の技術開発インセンティブが促される可能性があり，このデータの充実が今後の課題である．

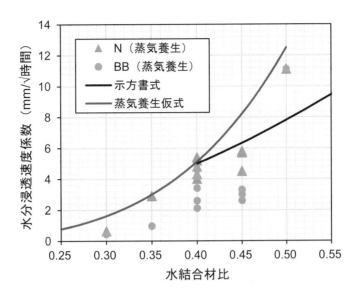

図 2.3.2　水結合材比と水分浸透速度係数（実験値は文献 4）,5））

表 2.3.1　プレキャストコンクリートの最小かぶり（mm）として掲載を検討した表群

(a)　プレキャストコンクリートの最小かぶり（mm）の参考値

分　類		外気に露出される場合，土や水に直接触れる場合，その他耐久性について考慮する必要のある場合	外気に露出されない場合，場所打ちコンクリートに埋込まれる場合，特に耐久性についての考慮を必要としない場合
区　分	締固め方法		
取替えが困難なもの	振動締固め	20	10
	遠心力締固め	15	10
取替えが比較的容易なもの	振動締固め	12	8
	遠心力締固め	9	8

(b)　(a)とセットで提示することを検討した水分浸透速度係数の特性値 q_k と設計耐用年数の組合せ例

最小かぶり (mm)	施工誤差 (mm)	水分浸透速度係数の特性値 (mm/$\sqrt{}$時間)	設計耐用年数 (年)
20	5	3.5	100
15	5	2.0	100
12	3	3.5	25
9	2	2.0	25

2.3.8　前回の積残し課題への対応と次回への課題

　前回の改訂において，20cm 以下の小型プレキャスト部材に対する曲げ強度式の適用性，工場製品のかぶりの精度評価，接合部の可とう性に関する記述の充実などが積残し課題としてあり，今回の改訂でもこれらの点についての検討を行った．議論の進展はあったものの，再度の積残し課題となった部分もあることから，以下にその議論をまとめる．

① 薄肉部材への曲げ強度式の適用性について

　曲げ強度式の適用範囲の拡大については，前回の改訂時においても議論されている．その結果，適用範囲を部材厚 10cm 以上に拡張した場合には安全側の評価，すなわち実強度よりも低い評価値となることが確認されていた．しかし部材厚さが 10cm 程度の鉄筋コンクリート部材を考えた場合，かぶりの確保を優先すると鉄筋位置が断面の

図心まで高くなってしまうような場合が出てきたり，空間的な制約から D10 程度の鉄筋しか使えないようになってしまったりするなどの制約が生じることから，結果的には断面を大きくする側へ向かわざるを得なくなる可能性が高い．また配置できる鉄筋量も少なくなることで，ひび割れの発生と同時に鉄筋破断が生じる可能性もあることから，式の適用範囲を広げるには最小鉄筋比も合わせて検討する必要がある．このような背景議論をうけ，今回の改訂では曲げ強度式の適用範囲を断面高さ 20cm 以上として踏襲することとした．

② 工場製品におけるかぶり誤差精度による最小かぶりの変更

　工場でコンクリート製品を製作する場合，型枠寸法や配筋の管理が現場での施工に比べて容易であることから，現場施工よりも施工誤差が小さくなっている可能性がある．この施工誤差の小ささを製品設計に反映できる仕組みを設けることができれば，製品メーカに施工誤差低減に向けた技術開発インセンティブを与えることができ，さらなる設計・製作の合理化につながると期待される．このような考えから前回の示方書改訂において，工場製品のかぶりデータが収集され，その評価が試みられたが，データ数が十分でなく，また得られたデータによると改善が期待できる効果もあまり大きくなかったことから見送りとなった．今回の示方書改訂でも，各メーカの施工誤差に基づいたかぶり変更の可能性についても議論したが，新たなデータを収集することが困難であることから再度の見送りとなった．このような合理化を進める場合，大々的な実態調査によってデータを収集して分析を行う必要がある．

③ 可とう性の取扱い

　接合部の可とう性に関する設計対応に関する記述の充実は，前回改訂の積残し課題であったが，今回の改訂においてはトンネル標準示方書を参照する形で対応方針を明記するようにした．プレキャストコンクリート構造物にどのような可とう性を与えるかは設計条件次第であるが，一層の充実を図るのであれば可とう性のケースをある程度整理し，それらの設計において配慮が必要な点をまとめる必要があると考えられる．

参考文献

1) 佐々木謙二，岡野耕大，片山強，原田哲夫：蒸気養生を模擬した温度履歴を与えたコンクリートの水分逸散性状と緻密性評価，コンクリート工学年次論文集，Vol.34，No.1，2012.

2) 土木学会：プレキャストコンクリートを用いた構造物の構造計画・設計・製造・施工・維持管理指針（案），コンクリートライブラリー158，2021.

3) 川端雄一郎，松下博通：高温蒸気養生を行ったコンクリートにおける DEF 膨張に関する検討，土木学会論文集 E2（材料・コンクリート構造），Vol.67，No.4，2001.

4) 王亮：プレキャストコンクリート製品の耐久性向上に関する研究，岡山大学博士論文，2020.7.

5) 王傑，佐々木謙二：蒸気養生コンクリートの水分浸透特性に関する基礎的検討，長崎大学大学院工学研究科研究報告，Vol.51，No.97，2021.

2.4 高強度材料に関する改訂事項

2.4.1 JIS 規格「鉄筋コンクリート用鋼棒」の改正に関して

鉄筋コンクリートに用いられる鋼棒の JIS 規格が 2020 年に改正され「JIS G 3112:2020 鉄筋コンクリート用鋼棒」となり，示方書でも基本的には改正された JIS 規格を満たした鋼棒を用いる．JIS 規格の改正による主な変更点に，従来よりも高強度の鉄筋が含まれることがある．具体的には，SR785, SD590A, SD590B, SD685A, SD685B, SD685R, SD785R が加えられた．また，SD295A と SD295B は SD295 に統合されている（表 2.4.1）．

2017 年制定の示方書では SD490 までを JIS 規格として扱い，これよりも高強度である鉄筋を用いる際には適用範囲に応じて降伏強度値等を用いて記載をしている．今回の JIS 規格の改正に伴い，示方書での記載方法を適宜変更しているが，基準の内容として基本的に変更はない．鉄筋の曲げ内半径については，JIS 規格の改訂に応じて値を変更しており，これについては後述する．

なお，コンクリート強度の適用範囲についても，今回の改訂において変更はされていない．高強度鉄筋を用いる際には破壊の制御の観点から高強度コンクリートを用いることが多いが，それらの適切な組合せは構造と想定される破壊形式により異なり，その都度，設計者が検討をする必要がある．高強度材料を積極的に用いるために必要な検討項目等が土木学会コンクリートライブラリー149「コンクリート構造物における品質を確保した生産性向上に関する提案」[1]にまとめられており，必要に応じて参照するのがよい．

表 2.4.1　JIS 規格対応鉄筋の改正

JIS G 3112:2010	JIS G 3112:2020（改正）
SR235	SR235
SR295	SR295
SD295A	SD295
SD295B	（SD295A と SD295B は統合）
SD345	SD345
SD390	SD390
SD490	SD490
	SR785
	SD590A
	SD590B
	SD685A
	SD685B
	SD685R
	SD785R

参考文献

1)　土木学会：コンクリート構造物における品質を確保した生産性向上に関する提案，コンクリートライブラリー148，2016.

2.4.2 標準3編「安全性に関する照査」に関する改訂事項

2.4.2.1 せん断耐力，ねじり耐力，疲労強度について

（1）せん断耐力

2017 年版の［設計編］において，設計せん断耐力 V_{yd} の算出に用いるせん断補強鉄筋の設計降伏強度 f_{wyd} は，$25f'_{cd}$（N/mm²）と 800 N/mm² のいずれか小さい値を上限としている．これはせん断補強鉄筋の設計降伏強度 f_{wyd} の上限を，コンクリートの設計圧縮強度の 25 倍に設定することにより，実験結果と良好な適合性を得られることが確認されていることに加え．設計降伏強度が 800 N/mm² を超える場合は，実験データ等が少ないことから，当面，SD785

相当である 800 N/mm² を上限としたことによる.

　一方，2023年に改訂された鉄道構造物等設計標準・同解説［コンクリート構造編］では，実験データはやや少ないものの降伏強度1275N/mm²相当の高強度鉄筋の1275 N/mm²を上限としている．これは文献[1]で，降伏強度1275N/mm²相当（文献ではSD1275相当と表記）を用いた場合でも，設計降伏強度f_{wyd}を$25f'_{cd}$（N/mm²）以下とすることでせん断耐力を妥当に評価できることが示されていることによる.

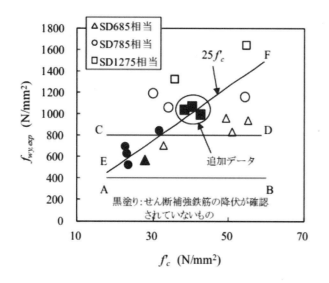

$V_{y,exp}$：実験で得られたせん断力の最大値

$f_{wy,exp}$：$V_{y,exp}$時のせん断補強鉄筋の応力

直線 A—B：$f_{wy} \leq 400$（N/mm²）

直線 C—D：$f_{wy} \leq 800$（N/mm²）

直線 E—F：$f_{wy} \leq 25f'_c$（N/mm²）

（a）コンクリートの圧縮強度f'_cに対する$V_{y,exp}$時のせん断補強鉄筋の応力$f_{wy,exp}$

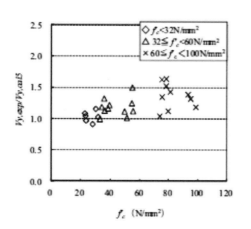

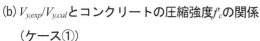

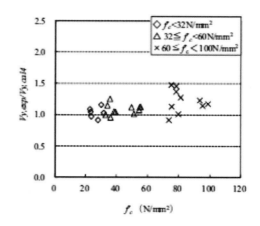

（b）$V_{y,exp}/V_{y,cal}$とコンクリートの圧縮強度f'_cの関係
　（ケース①）

（c）$V_{y,exp}/V_{y,cal}$とコンクリートの圧縮強度f'_cの関係
　（ケース②）

図2.4.1　実験結果に基づく高強度せん断補強鉄筋の効果[1]

　図2.4.1(a)において，f'_c が20～32N/mm² の範囲でせん断補強鉄筋が降伏していないものは，f'_cの低下に伴い$f_{wy,exp}$ が減少する傾向が見られる．これに対して，直線A-Bの制限値ではすべての範囲で実験値を過小評価し，直線C-Dでは20～32N/mm² の範囲において実験値を過大評価している．一方，直線E-Fは20～32N/mm² の範囲においてf_{wy} が減少する傾向および降伏強度1275N/mm²相当（文献ではSD1275相当と表記）のせん断補強鉄筋が降伏に至っていない現象を概ね評価できており，設計降伏強度f_{wyd}を$25f'_{cd}$（N/mm²）以下とすることで，実験結果を概ね妥当に評価できている.

　設計降伏強度f_{wyd}の制限値に関するせん断耐力の算定精度の検証結果について，f_{wyd}を25f'_{cd}（N/mm²）または800N/mm²の小さい方とした場合の計算値（ケース①）を**図2.4.1(b)**に，f_{wyd}を25f'_{cd}（N/mm²）以下とした場合の計算値（ケース②）を**図2.4.1(c)**に示す．計算値は両ケースともに実験値を概ね安全側に評価できているが，実験値との整合性はケース①はケース②に比べて若干劣る結果となっている．

　なお，今回の示方書改訂は2020年度のJIS G 3112改正を踏まえていることから，引き続き2017年版の［設計編］と同様に，今回の改訂でもSD785相当である設計降伏強度800 N/mm²を上限とすることにした．

　また，設計せん断伝達耐力についても，降伏強度の特性値f_{yd}が490N/mm²を超える鉄筋を用いる場合の実験データ等が少ないことから，引き続き2017年［設計編］と同様に降伏強度の特性値f_{yd}の上限を490N/mm²とすることにした．

(2) ねじり耐力

　ねじり耐力についても同じく，降伏強度の特性値f_{yd}が490N/mm²を超える鉄筋を用いる場合の実験データ等が少ないことから，降伏強度の特性値f_{yd}の上限を490N/mm²として，照査を行うことにした．

(3) 疲労強度

　土木学会の2017年［設計編］において，異形鉄筋の疲労強度はJIS規格に適合した引張降伏強度の特性値が490N/mm²以下の鉄筋の疲労強度結果を整理して得られたものである．ここで，引張降伏強度の特性値が490N/mm²を超える高強度の鉄筋の設計疲労強度は，式（3.4.4）のαおよびkの値を用いると危険側の値を与えることから，引張降伏強度の特性値が685N/mm²の鉄筋については，実際に使用する鉄筋を用いた疲労試験，または信頼できる資料に基づいてαおよびkの値を定めることが望ましいとした．ただし，これらによらない場合には，式（解3.4.4）による値としてもよいと【解説】に記載している．今回の改訂においては，引張降伏強度の特性値が490N/mm²を超える高強度の鉄筋の設計疲労強度の実験データ等がまだ少ないことから，示方書の本文には記載せず，【解説】での記載のままとすることにした．

　2023年に改訂された鉄道構造物等設計標準・同解説［コンクリート構造編］[2]においても，490N/mm²以下の鉄筋の設計疲労強度を本文に，引張降伏強度の特性値が685N/mm²の鉄筋の設計疲労強度を【解説】に記載している．ここで，土木学会の示方書との違いとして，鉄道標準では490N/mm²以下の鉄筋の設計疲労強度について，文献[3],[4]よりN（疲労寿命（回））が2×10⁶回を超える場合の緩和が定められている．なお，引張降伏強度の特性値が685N/mm²の鉄筋の設計疲労強度については，文献[5]では2×10⁶回を超える領域について試験データがなかったため，鉄道標準でも緩和を定めていないが，最近の研究[6]によると引張降伏強度の特性値が685N/mm²のねじ節鉄筋で緩和できることが確認されている（**図2.4.2**）．

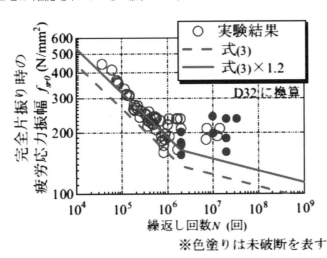

$$f_{srd} = \frac{10^{\alpha_r}}{N^k} \cdot \left(1 - \frac{\sigma_{min}}{f_{suk}}\right) / \gamma_s \qquad (3)$$

ここで，
f_{srd}：異形鉄筋の母材の設計引張疲労強度（N/mm²）
N：疲労寿命（回）
$\alpha_r = 3.62 - 0.003\phi$（$N \leq 2 \times 10^6$回の場合）
$\alpha_r = 2.61 - 0.003\phi$（$N > 2 \times 10^6$回の場合）
$k = 0.22$（$N \leq 2 \times 10^6$回の場合）
$k = 0.06$（$N > 2 \times 10^6$回の場合）
ϕ：鉄筋の直径(mm)
σ_{min}：鉄筋の最小引張応力度（N/mm²）で，圧縮応力が
　　　生じる場合には一般に0とする
f_{suk}：鉄筋の引張強度の特性値（N/mm²）
γ_s：鉄筋の材料係数で，一般に1.05とする，である．

図2.4.2　SD685の鉄筋の疲労強度算定式の適用性[6]

2.4.2.2　JIS 規格外の高強度鉄筋の扱いについて

　今回のコンクリート標準示方書改訂は 2020 年度の JIS G 3112 改正を踏まえている．JIS G 3112 の規格外の高強度鉄筋としては，スパイラル溝加工の高強度鉄筋があり，土木分野では高強度せん断補強鉄筋を用いた柱および杭の設計施工法が，土木学会の技術評価を受け，「高強度せん断補強鉄筋を用いた柱および杭の設計施工指針」[7]として取りまとめられている．また，降伏強度 1275N/mm^2 相当のせん断補強鉄筋を用いたせん断耐力評価式が，はり部材の実験結果から導かれている．鉄道構造物では降伏強度 1275N/mm^2 相当の高強度スパイラル鉄筋が既に利用されている．他にも，「部材詳細の設計と照査に関する研究小委員会報告書」[8]の第V編の「2.3 高強度鉄筋の利用に関する検討の調査」に詳しく記載されているので参考にされたい．なお，JIS 規格外の高強度鉄筋については，実験等による十分な検討を行うなど慎重に取り扱う必要がある．

2.4.2.3　SD490 を超える鉄筋の扱いについて

　SD490 を超える鉄筋は，構造物の大型化や耐震基準類の見直し等により構造物に求められる性能が高まることや，部材寸法の縮小や過密配筋の解消のため，必要性が今後増えていくものと考えられる．しかしながら，SD490 を超える鉄筋の実験データ等が少ないことから，使用するにあたっては適用できる範囲や，特にコンクリート強度との組合せについても留意する必要がある．

　また，高強度鉄筋の使用により耐力等の限界値の増加が得られやすい照査・検討項目がある一方，限界値が増加せずに応答値が増加することで性能が低下する恐れがある照査・検討項目もある[8]．すなわち，高強度材料の使用により，同一の耐力としても応答値が増加することで，性能が低下する場合もあるので注意が必要である．特に施工段階の設計変更において，過密配筋を解消するために鉄筋を高強度に置き換える場合，同一耐力としても照査・検討項目によっては性能が低下することから留意しておく必要がある．

【高強度鉄筋の使用の効果が得られやすいもの】
- 安全性（破壊）
- 復旧性（損傷）

【高強度鉄筋の使用の効果が得られにくいもの．高強度鉄筋により性能が低下する恐れがあるもの】
- 耐久性（鋼材腐食）
- 使用性（外観）
- 使用性（乗り心地，騒音・振動）
- 安全性（疲労破壊）
- 安全性（走行安全性）
- 安全性（公衆安全性）

　上記の高強度材料を用いた部材の挙動についてまとめたものが，「部材詳細の設計と照査に関する研究小委員会報告書」[8]の第V編に詳しく記載されているので参考にするのがよい．

参考文献

1) 岡本大，谷村幸裕，黒岩俊之，渡辺忠朋：高強度せん断補強鉄筋を用いた鉄筋コンクリート梁のせん断耐力算定法に関する一考察，コンクリート工学年次論文集，Vol.35，No.2，2013.

2) 鉄道総合技術研究所：鉄道構造物等設計標準・同解説，コンクリート構造物，2023.

3) 二羽淳一郎，前田詔一，岡村甫：異形鉄筋の疲労強度算定式，土木学会論文集，No.354/V-2，pp.73-79，1985.

4) 吉田幸司，鎌田卓司，谷村幸裕，佐藤勉：高繰返し回数での異形鉄筋の疲労強度に関する一考察，コンクリート工学年次論文報告集，Vol.25，pp.1135-1140，2003.

5) 吉田幸司，鎌田卓司，谷村幸裕，佐藤勉：高強度鉄筋の引張疲労強度に関する一考察，土木学会第58回年次学術講演会講演概要集，V-367，pp.733-734，2003.

6) 中田裕喜，岡本大，渡辺健，田所敏弥：高繰返し領域を考慮したSD685の鉄筋の疲労強度，コンクリート工学年次論文集，Vol.44，No.2，2022.

7) 土木学会：靭性の向上を目的とした高強度鉄筋による柱および杭の設計施工法に関する技術評価報告書，技術推進ライブラリー，No.4，2019.

8) 土木学会：部材詳細の設計と照査に関する研究小委員会報告書，コンクリート技術シリーズ，No.126，2020.

2.4.3　標準7編「鉄筋コンクリートの前提および構造細目」に関する改訂事項

2.4.3.1　軸方向鉄筋の配置，最小鉄筋量

　曲げモーメントの影響が支配的な棒部材では，引張鉄筋比が極端に小さい場合，ひび割れ荷重よりも降伏荷重や最大荷重が小さくなり，曲げひび割れと同時に引張鉄筋が降伏あるいは破断する脆性的な破壊性状となる恐れがある．引張鉄筋の最小鉄筋量の規定は，このような破壊を避けること等を目的に定められたもので，従来の示方書では原則0.2%以上とする鉄筋比による仕様が条文で定められていたが，高強度材料の適用が拡大された現状では不合理な仕様となっていることが懸念された．そこで，各種材料強度の組合せに対して，曲げひび割れモーメントが曲げ降伏モーメントを超えない限界の引張鉄筋比を［設計編：標準］7編の式（解2.3.2）を用いて算定した結果を図2.4.3に示す．ここでは，鉄筋の引張降伏強度f_{sy}にはJIS規格の下限値（材料係数γ_s＝1.0）を，コンクリート強度f_cには実構造物における発現強度を踏まえて，設計基準強度f_{ck}に材料修正係数ρ_m＝1.3を乗じた値を用い[1]，スラブ部材を想定した部材高さh＝250mm（有効高さd＝200mm）とはり部材を想定したh＝1000mm（d＝950mm）の2通りで検討した．

　図2.4.3より，いずれの断面高さでも従来仕様である0.2%の最小鉄筋は，コンクリート強度が大きく鉄筋の降伏強度が小さい場合には過小となり，コンクリート強度が小さく鉄筋の降伏強度が大きい場合は過大となる．ただし，使用するコンクリート強度と鉄筋強度の組合せは，破壊形態の観点等からどちらか一方に高強度材料を用いることは不合理と考えられ，実際に想定される材料強度の組合せを踏まえれば，0.2%の最小鉄筋量は実用上の観点で概ね妥当かあるいは安全側の仕様であると言える．しかし，図2.4.3に示す最小引張鉄筋比の計算結果は，同じ材料強度の組合せでも部材高さ（部材の種類）によって大きく異なっていることからも，従前の示方書における鉄筋比による仕様規定は不合理であったといえる．

　したがって，今回の改訂では，上記の検討結果と併せて，材料強度の適用範囲の更なる拡大や性能規定化への対応を踏まえ，曲げモーメントが支配的な棒部材の最小鉄筋量に関する一般的な規定として，「設計曲げ降伏耐力M_{yd}が，設計曲げひび割れ耐力M_{crd}を超えるように引張鉄筋を配置すればよい」ことを条文に記載し，参考値として通常の鉄筋とコンクリートの場合には従来仕様と同様の0.2%以上配置すればよい旨を解説に記載した．

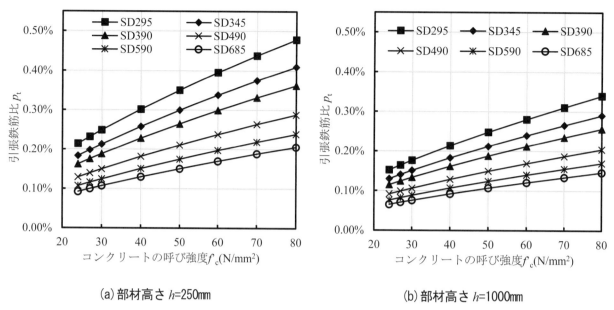

(a) 部材高さ h=250mm　　　　　　　(b) 部材高さ h=1000mm

図2.4.3 曲げひび割れモーメントが曲げ降伏モーメントを超えない限界の引張鉄筋比

2.4.3.2　最大鉄筋量

　最大鉄筋量に関しては，「曲げモーメントの影響が支配的な棒部材の軸方向鉄筋量は，釣合鉄筋比の75%以下とすることを原則とする.」と言う従来の規定を踏襲することとした．この規定は，主に断面破壊時にコンクリートの破壊が先行する脆性的な破壊を回避する目的で定められているが，これを釣合鉄筋比の 75%以下としたことについては，材料強度のばらつきや鉄筋配置の施工誤差等を考慮して余裕を持たせたという定性的な考察[2]や，過去の実験データ[3]を基に釣合破壊に対して非超過確率 30%程度の安全余裕を確保したとする準定量的な考察[4]があるものの，明確な根拠は不明であった．また，高強度材料を用いた場合の適用性等について検証されているかも不明であった．そこで，高強度材料を用いた場合も含めた最大鉄筋量について，簡易な計算ではあるが定量的な検討も含めた考察を行った．

　釣合鉄筋比は，設計編［標準］7編の式（解2.3.3）より次式により算定される．

$$p_b = \alpha \frac{\varepsilon'_{cu}}{\varepsilon'_{cu} + f_{yd}/E_s} \cdot \frac{f'_{cd}}{f_{yd}} \tag{2.4.1}$$

ここに，　　p_b　：釣合鉄筋比

　　　　　α=0.88-0.004f_{ck} ただし，$\alpha \leq 0.68$

　　　　　ε'_{cu}　：コンクリートの終局ひずみで［設計編：標準］3編の図2.4.1 で示された値としてよい.

　　　　　f_{yd}　：鉄筋の設計引張降伏強度（N/mm²）

　　　　　f'_{cd}　：コンクリートの設計圧縮強度（N/mm²）

　　　　　E_s　：鉄筋のヤング係数（N/mm²）

　式（2.4.1）による釣合鉄筋比は，［設計編：標準］では設計強度により算定することとしているが，実構造物に適用する場合には材料強度のばらつきを考慮する必要がある．そこで，実構造物における材料強度のばらつきとして鉄筋の引張降伏強度に着目し，下記の 2 通りの引張降伏強度で釣合鉄筋比を算定した結果を図 2.4.4 に示す．また，実強度相当で算定した釣合鉄筋比と，設計強度で算定した釣合鉄筋比の比を図2.4.5 に示す．なお，図の横軸には設計基準強度 f_{ck} を用いているが，釣合軸力比 p_b の計算はこれに材料係数 γ_c=1.3 を考慮した設計圧縮強度

f_{cd} を用いている.

　　設計強度　　：JIS 規格の降伏強度の下限値

　　実強度相当：設計強度に材料修正係数 ρ_m=1.2 を乗じたもの

　図 2.4.4 より，釣合鉄筋比 p_b はコンクリートの設計基準強度 f_{ck} が 50N/mm^2 以下の範囲では f_{ck} とほぼ線形の関係で増加するが，50N/mm^2 を超える範囲では増加度合が鈍くなる. これは，計算に用いたコンクリートの応力-ひずみ関係（［設計編：標準］3 編 図 2.4.1）において，終局ひずみ ε'_{cu} が f_{ck}＝50N/mm^2 までは一定値（ε'_{cu}＝0.0035）で，これを超える範囲では f_{ck} の増加とともに減少するモデルを用いているためである.

　図 2.4.5 より，p_b（実強度相当）/p_b（設計強度）は 75%～79%程度となっている. これは，引張鉄筋量を設計強度により算定した釣合鉄筋比の 75%以下とすれば，実構造物において引張鉄筋の降伏強度が設計強度の 1.2 倍であっても釣合破壊を概ね回避できることを示している. ただし，**図 2.4.5** に示す p_b（実強度相当）/p_b（設計強度）の数値は，コンクリート強度および鉄筋の引張降伏強度が大きいほど小さくなる傾向にあり，このことは，設計強度に対する釣合鉄筋比の 75%とする最大鉄筋量は，材料強度が大きいほど釣合破壊に対する余裕が低下することを意味する. したがって，高強度材料の場合には，コンクリートの応力－ひずみ曲線や鉄筋の強度特性等を適切に評価した上で，部材の破壊性状を確認することが望ましい.

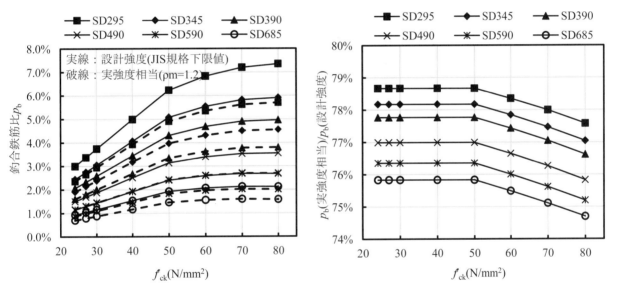

図 2.4.4　釣合鉄筋比 p_b の算定結果　　　　図 2.4.5　p_b（実強度）/p_b（設計強度）

参考文献

1)　鉄道総合技術研究所：鉄道構造物等設計標準・同解説，コンクリート構造物，2023.

2)　土木学会：鉄筋コンクリート構造物の設計システム－Back to the Future－，コンクリート技術シリーズ 95, 2011.

3)　柴田拓二：鉄筋コンクリート部材の脆性破壊時耐力推算式の検討，コンクリート工学, Vol.18, No.1, pp.23-37, 1980.

4)　土木研究所：コンクリート道路橋の性能規定及び部分係数設計法に関する調査研究，土木研究所資料，第 4401 号，2020.

2.4.3.3　鉄筋の曲げ形状

　鉄筋の曲げ形状や曲げ内半径の値は，想定される応力状態に対して鉄筋が降伏せず，かつコンクリートも破壊しないように決定される. しかし実際の鉄筋コンクリート中の鉄筋の配置は複雑で，鉄筋が多方向に輻輳して配置さ

れている状態での応力状態の推定や評価は難しい．また，鉄筋の曲げ部で生じる局所的な応力がコンクリートの破壊を生じさせるために，曲げ形状に応じた局所応力と変形の推定が必要となる．これまで鉄筋の曲げ形状や曲げ内半径の基準については，理論や実験結果をベースにしつつ，経験則も含めて基準値が決定され，その妥当性が確認されてきた．そのため鉄筋の適用範囲も高強度鉄筋について十分な検証がされてはおらず，別途確認が必要となっている．

一方，鉄筋コンクリートの使用材料の高強度化が進むとともに，構造のコンパクト化が求められ，構造内の鉄筋配置の複雑さは増している．例えば，鉄筋の曲げ半径を小さくできれば，より狭いスペースに鉄筋を配置できる．このような複雑な配筋状態における内部応力状態の評価は容易ではないため，主に実験により破壊が生じないことを確認することとなっている．

近年，数値解析技術と計算機能力の向上により，コンクリート内の鉄筋の配置や鉄筋形状を直接的にモデル化し破壊を再現する微細構造解析が行われ研究成果が公表されるようになってきた．鉄筋とコンクリートの付着性状，定着長，継手，フックなどの曲げ部などの定着性能をシミュレーション可能であり，横方向筋やかぶり厚の影響なども考慮可能である．そこで，今回の改訂では，従来の実験による方法に加え，微細構造解析を用いた曲げ形状や曲げ内半径の検討を行えることとした．

鉄筋コンクリートの数値解析には有限要素法（FEM）が用いられることが一般的であるが，鉄筋とコンクリートの付着性状や鉄筋の節から生じる微細なひび割れを表現するには，ひび割れを直接的に表現する離散解析手法が適している[1]．ひび割れ進展を解析する離散解析手法としては従来から Lattice Model をベースとした研究が主に進められてきたが，日本では川井により提案された剛体ばねモデル（Rigid Body Spring Model: RBSM）[2]に鉄筋のモデル化を加え，鉄筋コンクリートの解析が進められている（**図2.4.6**）[3],[4],[5],[6],[7],[8]．

微細構造解析による検討には連続体解析と離散解析のどちらを用いても良いが，要素寸法と材料モデルを目的に応じて適切に設定することが必要となる．鉄筋の配置や曲げ形状は，検討対象と同様に一本ずつ個別にモデル化することが必要である．3次元解析は必須となる．鉄筋の節形状までモデル化するか，付着を界面要素やバネを用いて表現するかは解析の目的と求める精度による．コンクリートについては，コンクリートのひび割れ進展を表現するのに適した要素サイズを設定する必要がある．既往の研究ではコンクリート要素を数ミリメートル〜数センチメートルとしている場合が多い．コンクリートを骨材要素とモルタル要素などに分けるかなどの選択もある．また，入力の材料モデルについては要素寸法を代表する応力－ひずみ関係，応力－ひび割れ幅関係などを設定する必要がある．例えば微細スケールにおいてコンクリートは，標準的な圧縮強度試験から得られる破壊応力より高くなっても，骨材の存在や拘束状態の影響により圧縮破壊しない．これらの局所的な材料特性を適切に反映した材料モデルを設定するなど，コンクリート材料の局所破壊，非均質性，異方性，拘束の影響，ひび割れ進展挙動を理解した技術者による数値解析が必要となる．

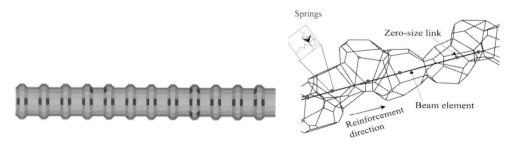

（a）鉄筋モデルの例（左：節形状のモデル化，右：Beam 要素によるモデル化）[5]

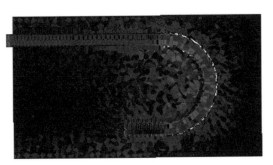

(b) フックの解析の例

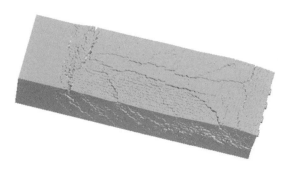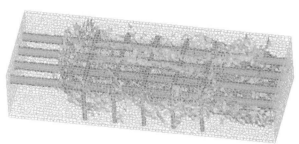

(c) 複数鉄筋の引抜解析 [7]

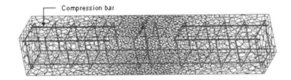

(d) 重ね継手の解析 [6]

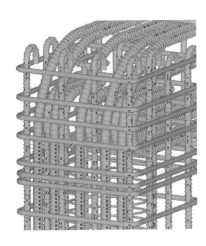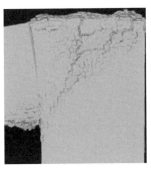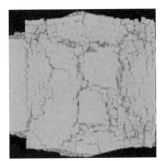

(e) 接合部の解析

図 2.4.6　RBSM 微細構造解析の例

参考文献

1)　John E. Bolander, Jan Eliáš, Gianluca Cusatis, Kohei Nagai: Discrete mechanical models of concrete fracture, Engineering Fracture Mechanics, Vol.257, 108030, 2021.

2)　Tadahiko Kawai: New discrete models and their application to seismic response analysis of structures, Nuclear Engineering and Design, Vol.48, Issue1, pp.207-229, 1978.

3)　John E. Bolander, Shigehiko Saito, Fracture analyses using spring networks with random geometry, Engineering Fracture Mechanics, Vol. 61, Issues 5-6, pp.569-591, 1998.

4)　Shigehiko Saito, Hiroshi Hikosaka: Numerical analyses of reinforced concrete structures using spring networks with random geometry, 土木学会論文集, Vol.627, V-44, pp.289-303, 1999.

5)　Usman Farooq, Hikaru Nakamura, Taito Miura, Yoshihito Yamamoto: Proposal of bond behavior simulation model by using discretized Voronoi mesh for concrete and beam element for reinforcement, Cement and Concrete Composites, Vol. 110, Article 103593, 2020.

6)　Usman Farooq, Hikaru Nakamura, Taito Miura: Evaluation of failure mechanism in lap splices and role of stirrup confinement using 3D RBSM, Engineering Structures, Vol. 252, Article 113570, 2022.

7)　林大輔，長井宏平：三次元離散解析手法による多方向配筋時の RC 定着性能の微細構造解析，土木学会論文集 E2，Vol.69，No.2，pp.241-257，2013.

8)　Liyanto Eddy, Kohei Nagai: Numerical Simulation of Beam-column Knee Joints with Mechanical Anchorages by 3D Rigid Body Spring Model, Engineering Structures, Vol.126, pp.547-558, 2016.

2.4.3.4　標準フック

標準フックについては，その形状として，鉄筋の曲げ内半径を規定している．鉄筋の曲げ加工を行う際には鉄筋の亀裂や破損が生じないことが必要であることから，曲げ内半径は，JIS G 3112「鉄筋コンクリート用棒鋼」の曲げ試験に規定されている曲げ性をもとに決めている．今回，JIS G 3112 が改正され，SD490 を超える高強度鋼種が追加されたこと，ならびに曲げ性の値が変更されたことから，標準フックの曲げ内半径を見直し，曲げ内半径を示す表を軸方向鉄筋とスターラップおよび帯鉄筋とで分けて示した．

JIS G 3112：2020「鉄筋コンクリート用棒鋼」における，曲げ内半径に関する改正は次の通りである．

・　新たに追加された SD490 を超える高強度鋼種の内側半径を主筋用途では公称直径の 2 倍，その他の用途では公称直径の 1.5 倍とした

・　SD490 の曲げ性は，高強度鋼種に合わせ，公称直径の 3 倍から 2 倍に変更した

なお，JIS における高強度鋼種の曲げ性は，国土交通大臣認定を取得して製造している実績から決定されたものであり，SD490 は追加された高強度鋼種との整合性をとったものとされている [1].

表 2.4.2 に，JIS G 3112 の曲げ性に関して，改正前（2010）と改正後（2020）の比較を示す．

表 2.4.2　曲げ性の改正内容（JIS G 3112）

種　類		JIS G 3112：2010			JIS G 3112：2020		
		曲げ性			曲げ性		
		曲げ角度	内側半径		曲げ角度	内側半径	
普通丸鋼	SR235	180°		公称直径の 1.5 倍	180°		公称直径の 1.5 倍
	SR295	180°	16mm 以下	公称直径の 1.5 倍	180°	16mm 以下	公称直径の 1.5 倍
			16mm 超え	公称直径の 2 倍		16mm 超え	公称直径の 2 倍
	SR785[1]				180°		公称直径の 1.5 倍
異形鉄筋	SD295A,B	180°	D16 以下	公称直径の 1.5 倍	180°	D16 以下	公称直径の 1.5 倍
			D16 超え	公称直径の 2 倍		D16 超え	公称直径の 2 倍
	SD345	180°	D16 以下	公称直径の 1.5 倍	180°	D16 以下	公称直径の 1.5 倍
			D16 超え D41 以下	公称直径の 2 倍		D16 超え D41 以下	公称直径の 2 倍
			D51	公称直径の 2.5 倍		D51	公称直径の 2.5 倍
	SD390	180°		公称直径の 2.5 倍	180°		公称直径の 2.5 倍
	SD490	90°		公称直径の 3 倍	90°		公称直径の 2 倍
	SD590A,B[1]				90°		公称直径の 2 倍
	SD685A,B[1]				90°		公称直径の 2 倍
	SD685R[1]				90°		公称直径の 1.5 倍
	SD785R[1]				90°		公称直径の 1.5 倍

1）　SR785，SD590A，SD590B，SD685A，SD685B，SD685R，SD785R は，2020 年に追加された鋼種

(1)　軸方向鉄筋

　表 2.4.3 に，軸方向鉄筋の曲げ内半径について，示方書の改訂前後と JIS との比較を示す.

　JIS G 3112：2020 では，SD490 を超える高強度鋼種の曲げ性が示されているが，今回の示方書の改訂では軸方向鉄筋の曲げ内半径を改訂していない. 軸方向鉄筋の標準フックには，鉄筋の亀裂や破損が生じないことが求められるほか，JIS には規定されない項目として，鉄筋のフック部から受ける支圧によってコンクリートの破壊が先行しないことが特に重要である. しかしながら，JIS で新たに追加された高強度鋼種については，コンクリートの支圧破壊に関する実験データが十分に得られていないことから，今回の示方書の改訂では曲げ内半径を規定せず，鉄筋の亀裂，破損がないことに加えて，コンクリートが支圧により破壊しないことを実験あるいは鉄筋の配置や形状をモデル化した微細要素を用いた構造解析等によって確認することとした.

　なお，JIS において SD490 の内側半径が，公称直径の 3 倍から 2 倍に小さくなったが，JIS における曲げ試験の角度が 90°までであること，ならびにコンクリートへの支圧の影響が確認できていないことから，これまで通り，曲げ内半径は公称直径の 3.5 倍のままとした.

表 2.4.3 示方書改訂前後と JIS G 3112：2020 の曲げ性との比較（軸方向鉄筋）

JIS における 種類	コンクリート標準示方書 曲げ内半径		JIS G 3112：2020 曲げ性		
	2017 年制定	2022 年制定	曲げ角度	内側半径	
SR235	2.0φ	2.0φ	180°		公称直径の 1.5 倍
SR295	2.5φ	2.5φ	180°	16mm 以下	公称直径の 1.5 倍
				16mm 超え	公称直径の 2 倍
SR785	―	―	180°		公称直径の 1.5 倍
SD295A,B	2.5φ	2.5φ	180°	D16 以下	公称直径の 1.5 倍
				D16 超え	公称直径の 2 倍
SD345	2.5φ	2.5φ	180°	D16 以下	公称直径の 1.5 倍
				D16 超え D41 以下	公称直径の 2 倍
				D51	公称直径の 2.5 倍
SD390	3.0φ	3.0φ	180°		公称直径の 2.5 倍
SD490	3.5φ	3.5φ	90°		公称直径の 2 倍
SD590A,B	―	―	90°		公称直径の 2 倍
SD685A,B	―	―	90°		公称直径の 2 倍

(2) スターラップおよび帯鉄筋

表 2.4.4 に，スターラップおよび帯鉄筋の曲げ内半径について，示方書の改訂前後と JIS との比較を示す.

スターラップおよび帯鉄筋の曲げ内半径は，JIS で新たに追加された高強度鋼種（SD590A, SD590B, SD685R, SD785R）の値を追加し，これまでと同様に軸方向鉄筋の曲げ内半径よりも小さく，JIS の曲げ性の値よりもいくぶん大きい値とした. ただし，高強度鋼種については JIS の曲げ試験で確認する曲げ角度が 90°となっていることから，90°より大きく曲げる場合は鉄筋の亀裂，破損がないことを実験により確認することとした.

表 2.4.4 示方書改訂前後と JIS G 3112：2020 の曲げ性との比較（スターラップおよび帯鉄筋）

JIS における 種類	コンクリート標準示方書 曲げ内半径		JIS G 3112：2020 曲げ性		
	2017 年制定	2022 年制定	曲げ角度	内側半径	
SR235	1.0φ	1.0φ	180°		公称直径の 1.5 倍
SR295	2.0φ	2.0φ	180°	16mm 以下	公称直径の 1.5 倍
				16mm 超え	公称直径の 2 倍
SR785	―	―	180°		公称直径の 1.5 倍
SD295A,B	2.0φ	2.0φ	180°	D16 以下	公称直径の 1.5 倍
				D16 超え	公称直径の 2 倍
SD345	2.0φ	2.0φ	180°	D16 以下	公称直径の 1.5 倍
				D16 超え D41 以下	公称直径の 2 倍
				D51	公称直径の 2.5 倍
SD390	2.5φ	2.5φ	180°		公称直径の 2.5 倍
SD490	3.0φ	3.0φ	90°		公称直径の 2 倍
SD590A,B	―	2.5φ（90°まで）	90°		公称直径の 2 倍
SD685R	―	2.0φ（90°まで）	90°		公称直径の 1.5 倍
SD785R	―	2.0φ（90°まで）	90°		公称直径の 1.5 倍

(3) その他の規準類の状況について

今回の改訂にあたり，鉄道分野と建築分野における基・規準類の状況を調査した．

鉄道分野については，2023 年に改訂された鉄道構造物等設計標準・同解説［コンクリート構造物］[2]で，鉄筋の曲げ内半径が改訂されている．

表 2.4.5 に鉄道標準に示される曲げ内半径と JIS の曲げ性を示すとともに，鉄道標準（2023）での主な変更点を以下に示す．

・ 条文に示される曲げ内半径の値は，鉄筋強度区分 SD490 までとされており，それを超える高強度鋼種については解説に記述されている．

・ 軸方向鉄筋の SD345 の曲げ内半径について，D51 の場合，2.5φ から 3.0φ へと変更された．これは JIS における曲げ性が D51 では大きくなっているためである．

・ 軸方向鉄筋，せん断補強鉄筋ともに，条文で，「表に示す種類以外の鉄筋を用いる場合は，実験によって，あるいは曲げ加工部に生じる支圧応力等を考慮して定めるものとする」との記述が追加された．

表 2.4.5 鉄道標準（2023）[2]の曲げ内半径と JIS G 3112：2020 の曲げ性

JIS における種類	鉄道標準 曲げ内半径		JIS G 3112：2020 曲げ性		
	軸方向鉄筋	スターラップおよび帯鉄筋	曲げ角度	内側半径	
SR235	2.0φ	1.0φ	180°		公称直径の 1.5 倍
SR295	2.5φ	2.0φ	180°	16mm 以下	公称直径の 1.5 倍
				16mm 超え	公称直径の 2 倍
SR785	—	—	180°		公称直径の 1.5 倍
SD295A,B	2.5φ	2.0φ	180°	D16 以下	公称直径の 1.5 倍
				D16 超え	公称直径の 2 倍
SD345	2.5φ	2.0φ	180°	D16 以下	公称直径の 1.5 倍
				D16 超え D41 以下	公称直径の 2 倍
	3.0φ			D51	公称直径の 2.5 倍
SD390	3.0φ	2.5φ	180°		公称直径の 2.5 倍
SD490	3.5φ	3.0φ	90°		公称直径の 2 倍
SD590A,B	—	—	90°		公称直径の 2 倍
SD685A,B	—	2.0φ 以上	90°		公称直径の 2 倍
SD685R	—	2.0φ 以上	90°		公称直径の 1.5 倍
SD785R	—	2.0φ 以上	90°		公称直径の 1.5 倍
SD1275 相当	—	2.5φ 以上	—	—	—

建築分野については，鉄筋の加工形状について記された規準類として以下のものがある．

・ 鉄筋コンクリート構造計算規準・同解説，2018

・ 建築工事標準仕様書・同解説（JASS 5）鉄筋コンクリート工事，2018

・ 鉄筋コンクリート造配筋指針・同解説，2021

これらの規準類における鉄筋の折り曲げ形状に関する記述は，いずれも同じ内容であり，軸方向鉄筋とスターラ

ップの区別はなく，鉄筋強度は SD490 までで，鉄筋径は D41 までとなっている．また，曲げ内半径は，JIS G 3112：2010 の内側半径と同じ値になっている（ただし，SD490 については鉄筋径によって異なる）．

　以上，曲げ内半径は JIS の内側半径と同値であることから，コンクリート標準示方書の値よりも小さい．また，SD490 を超える高強度鋼種については，規定されていない．

参考文献

1) 日本産業規格：鉄筋コンクリート用棒鋼（JIS G 3112：2020），日本産業標準調査会，2020.
2) 鉄道総合技術研究所：鉄道構造物等設計標準・同解説，コンクリート構造物，2023.
3) 日本建築学会：鉄筋コンクリート構造計算規準・同解説，2018.
4) 日本建築学会：建築工事標準仕様書・同解説（JASS5）鉄筋コンクリート工事，2018.
5) 日本建築学会：鉄筋コンクリート造配筋指針・同解説，2021.

2.4.4　標準 10 編「非線形有限要素解析による性能照査」に関する改訂事項

2.4.4.1　はじめに

　高強度鉄筋の適用拡大を図る検討が進められているが，ここでは，鉄筋の応力－ひずみ関係において，従来までの一般的な強度の鉄筋と同様に，明確な降伏点と降伏棚を有する鉄筋と，そうでない場合に区分して整理することを試みた．

　高強度鉄筋の適用に関しては，建築分野で積極的な取組み[1,2]が進められてきたが，土木分野においても多くの検討が蓄積されてきており[例えば 3)~11)など]，今後益々の活用が見込まれている[12]．高強度鉄筋を軸方向鉄筋だけでなく，せん断補強鉄筋に用いる場合についても，多くの実験ならびに解析的な検討が報告されている．

2.4.4.2　明確な降伏点と降伏棚を有する高強度鉄筋への対応

　明確な降伏点と降伏棚を有する高強度鉄筋の場合には，標準 10 編「非線形有限要素解析による性能照査」の式（解 2.3.1）～（解 2.3.4）に示されている，ひずみ硬化を考慮した引張応力下の鉄筋単体の式が，SD685 までの範囲において，適用可能であることが確認されている[13]．このような鉄筋を用いる場合には，コンクリート中の平均応力－平均ひずみ関係も，従来のモデルを適用可能であると判断される．ただし，破断強度と降伏強度の比率が小さくなることや，ひずみ硬化開始ひずみが普通強度の鉄筋と異なる可能性がある点に留意する必要がある．

　一方，繰返し応力下においては，鉄筋とコンクリート間の付着力が比較的大きくなるため，ひび割れ近傍で鉄筋のひずみが局所化し，繰返し荷重が作用した場合の部材じん性に影響を及ぼす恐れがあることが指摘されている[14]など．地震時応答等を想定した変形性能の評価を行う際などでは，この点に留意する必要があるが，これまでに SD685 までの範囲では高強度鉄筋を軸方向鉄筋に用いることで，大きな不具合が生じたとの実験ならびに解析的な報告はなされておらず，かぶりや配筋，コンクリート強度に配慮することで，従来の繰返しモデルを適用することが可能であると類推される．より詳細な検討については，今後の研究の進展が望まれる．なお，有限要素解析においては，通常，軸方向鉄筋やせん断補強鉄筋の区分なく，モデル化を行うことになる．

　図 2.4.7 は，文献[6]の RC 中空断面橋脚を模した 1/11 スケールの正負交番載荷を行った実験供試体を対象に，標準 10 編に準拠する有限要素解析を適用した解析事例である[15]．軸方向鉄筋には，明確な降伏点と降伏棚を有する降伏強度 685N/mm² 相当の異形鉄筋が用いられている．図 2.4.7 より，正負交番繰返し挙動を含め，概ね精度よく実験挙動が再現されていることが分かる．

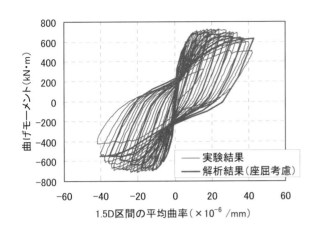
(a) 曲げモーメント－曲率関係の比較

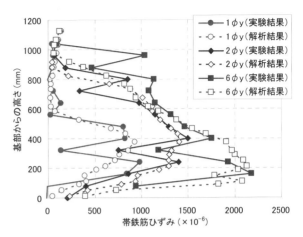
(b) 帯鉄筋ひずみに関する実験結果との比較

図 2.4.7　高強度鉄筋に解析を適用した一例 [15]

2.4.4.3　明確な降伏点と降伏棚を有しない高強度鉄筋への対応

　明確な降伏点と降伏棚を有しない高強度鉄筋を用いる場合，従来のモデルの降伏以降の適用性について事前に確認した上で，設定する材料特性の入力値に留意し，安全係数を設定する必要がある．構造応答の推定精度を高めるには，実験や種々の数値解析，およびそれらを組み合わせることにより，このような鉄筋の材料構成則を導出することが望ましい．

　コンクリートと明確な降伏点と降伏棚を有する鉄筋の引張を受ける材料モデルは，
・鉄筋単体の応力－ひずみ関係（式（解 2.3.1）～（解 2.3.4））
・付着応力－すべり－ひずみ関係（式（解 2.4.1））
・ひび割れ面でのコンクリートの引張軟化（本編 解説 図 5.3.4）
・ひび割れ面での付着劣化を考慮
などを組み合わせたシミュレーションによっても導出され，適用性が確認されている [16),17)など]．明確な降伏点と降伏棚を有しない高強度鉄筋では，鉄筋単体の応力－ひずみ関係を変更し，付着応力－すべり－ひずみ関係の適用性を確認して，同様の検討を行うことになる．なお，高強度鉄筋を用いる場合には，強度の高いコンクリートをペアで用いることが一般的であるため，そのような場合には収縮・クリープによる体積変化が大きくなることも想定されることから，それらに対する配慮もあわせて行うことが望ましい．

参考文献

1) 建設省総合技術開発プロジェクト：「鉄筋コンクリート造建築物の超軽量・超高層化技術の開発」（略称：New RC），1988～1993.

2) 石川裕次：ポスト New RC（超高強度 RC 構造），コンクリート工学，Vol.54，No.5，pp.458-463，2016.

3) 増川淳二，天野玲子，須田久美子，大塚一雄：高強度鉄筋を用いた RC 橋脚部材の開発，コンクリート工学論文集，Vol.9，No.1，pp.123-132，1998.

4) 岡本大，佐藤勉，吉田幸司，黒岩俊之：高強度材料を用いた RC 部材の変形性能について，コンクリート工学年次論文集，Vol.23，No.3，pp.781-786，2001.

5) 浅井洋，春日昭夫，飯田字朗，梅原秀哲：SD490 鉄筋を軸方向鉄筋に用いた RC 橋脚の実用化に関する研究，土木学会論文集，No.760/V-63，pp.91-108，2004.

6) 曽我部直樹, 木次克彦, 伊吹数行, 森山陽一, 石山一幸, 山野辺慎一, 須田久美子, 渡辺義光：RC 橋脚における軸方向鉄筋, 帯鉄筋への高強度鉄筋の適用に関する実験的研究, 土木学会論文集 E2（材料・コンクリート構造）, Vol.67, No.1, pp131-149, 2010.

7) 塩畑英俊, 村田裕一, 福浦尚之：軸方向鉄筋に SD490 を用いた RC 橋脚の耐力および変形性能に関する実験的研究, 構造工学論文集, Vol.57A, pp.926-939, 2011.

8) 玉越隆史, 星隈順一：軸方向鉄筋に SD490 を用いる RC 中空断面橋脚の耐震性について, 土木技術資料, 54-55, 53-5, 2011.

9) プレストレストコンクリート工学会：高強度鉄筋緊張 PRC 構造設計指針（案）・同解説, 2019.

10) 土木研究所・阪神高速道路共同研究報告書：地震レジリエンスを考慮した高強度 RC 橋脚の耐震性評価に関する共同研究報告書, 2019.

11) 白戸真大, 玉越隆史, 北村岳伸, 狩野武, 山田慎太郎, 平野義徳：道路橋橋脚への高強度鉄筋の適用性に関する研究, 国総研資料, 第 1147 号, 2021.

12) 土木学会：コンクリート構造物における品質を確保した生産性向上に関する提案, コンクリートライブラリー148, 2016.

13) 土木学会：2017 年制定コンクリート標準示方書改訂資料［設計編・施工編］, コンクリートライブラリー149, 2018.

14) 土木学会：自己充てん型高強度高耐久コンクリート構造物 設計・施工指針（案）－新世代交通システム用構造物への試み－, コンクリートライブラリー105, 2001.

15) 曽我部直樹ら：高強度鉄筋を用いた RC 橋脚に関する解析的検討, 土木学会年次学術講演会講演概要集, 2023.

16) Hamed M. Salem, Koichi Maekawa : Tension stiffness modeling for cracked reinforced concrete derived from micro-bond characteristics, Proc. of the Japan Concrete Institute, Vol.19, No.2, pp.549-554, 1997.

17) 飯塚敬一, 檜貝勇, 斉藤成彦, 高橋良輔：かぶり厚の影響を考慮した異形鉄筋の付着応力－すべり－ひずみ関係, 土木学会論文集 E2, Vol.67, No.2, pp.280-296, 2011.

2.4.5 標準 5 編「偶発作用に対する計画, 設計および照査」に関する改訂事項

偶発作用に対する照査において部材の力学モデルを用いる場合がある. 標準 5 編 5.2.3.3(1)では, 部材の力学モデルの骨格曲線をトリリニアモデルとしてよい, としており, 同解説において一例として, 曲げモーメントと部材角の関係を示している. その内, 最大耐力点に相当する部材角 θ_m の算定（式（解 5.2.5）〜（解 5.2.9））において, 帯鉄筋強度を考慮する係数 k_w0 がある.

示方書［設計編］2017 年版では, 高強度鉄筋が JIS 化される以前であったものの, 実験的な検討の結果等を踏まえて, 帯鉄筋強度を考慮する係数 k_w0 の適用範囲を SD685A および SD685B まで引き上げ, そのときの k_w0 の値を 1.95 とする改訂を行った. 改訂の経緯については, 示方書［設計編］2017 年版の改訂資料 1) に詳述されているが, このとき既に SD785 に対する検討が行われていた.

高強度鉄筋が JIS 化されたことに伴う今回の改訂では, 前回改訂時の議論を踏まえつつ, 昨今の SD785R の使用実績を鑑みて, 帯鉄筋強度を考慮する係数 k_w0 の適用範囲を, SD685R および SD785R へと引き上げ, 鉄道標準 2) に記載されている値を参考にしてそれぞれの k_w0 の値を 1.95 および 2.30 とした.

参考文献

1) 土木学会：2017 年制定コンクリート標準示方書改訂資料［設計編・施工編］, コンクリートライブラリー149,

2018.

2)　鉄道総合技術研究所：鉄道構造物等設計標準・同解説　コンクリート構造物，2023.

2.5　本編10章「使用性に関する照査」10.2「応力度の制限」について

　応力度制限の規定は，ヤング係数とクリープ特性の設定と連動すべきものであるとの原則がより明確になるように記述を修正した．応力度の制限値を高くした場合には，ヤング係数やクリープ特性もそれに応じた値を設定すべきであるとともに，必要に応じて，それによる影響（例えば非線形クリープ）を照査で適切に考慮する必要があることは間違いないので，これを原則として解説の序盤に明記することとした．その上で，「0.4f'_{ck}以下」はあくまでも便法であるとの位置づけとし，「特別な検討を行わない場合」に適用してよいとの位置づけとした．

　ただし，次項以降にも示すように，現行の標準に示した各種照査式は，この「0.4f'_{ck}以下」が大前提となっているものも多く含まれると考えられるので，その旨の注意喚起は残しておくべきと判断した．なお，「0.4f'_{ck}以下」の記述は，本編でなく標準の方に記載すべきとも考えられるが，時間の制約から，今回は本編に残し，次回以降の改訂で標準への移動を検討するのが望ましい．これに伴い，本編の方からは「応力度制限」の規定そのものを削除することも考えられる．

　なお，2017年版でも，条文では「適切に設定する」となっており，本来であれば設計者の判断で設定してよいことになっている．解説に示した具体的数値（0.4f'_{ck}）を必ずしも適用しなければならないというわけではないので，2017年版の記述でもそれほど大きな問題はないものと考えている．重要なのはむしろ，「0.4f'_{ck}」が各種の照査式や照査規定の前提となっている点であり，現行の記述の削除に対しては慎重な対応が必要であると考える．

2017年版の解説　1段落目　1～2行目：

　過度なクリープひずみ，大きな圧縮力に起因して生じる軸方向ひび割れ等を避けるために，コンクリートの圧縮応力度を制限することとした．

　この記載は，昭和61年版ではプレストレストコンクリートの章に記載されていたが，平成8年版では全体をカバーする「使用限界状態に対する検討」の章に移され，RCとPCの両方をカバーすることとなった．2017年版でもこの構成は変わっておらず，10.2はRCとPCをカバーする一般的記述としておくべきである．したがって，今回の改訂では削除しないのが妥当と判断した．

2017年版の解説　1段落目　7行目：

　この示方書で示す標準的な安全性，使用性，復旧性の照査は，この節を前提とする．この制限値によらない場合には，設計耐用期間中に発生する非線形クリープひずみ等の影響を考慮して，安全性と復旧性を照査する必要がある．

　この記述は，「永久荷重時に圧縮応力度が0.4f'_{ck}以下」に対応するものであるが，これまでの改訂で，本編と標準に分割したり，数値規定を条文から解説へ移動したことによって，「この節」が指し示すものが不明瞭となってしまっている．よって，この文の直前に出てくる「この節」も含め，指し示すものが明確になるように文章を改訂した．

　ただし，現行の設計編（特に標準）に示している各種照査式や規定には，この応力度制限と直接的に連動しているもの，直接は関係しないが0.4f'_{ck}以下に抑えられていることによって間接的に（結果的に）成立しているもの，応力度制限とはまったく無関係なもの等，様々なものがあると思われる．今回はこれを明確に分析できていないため，この前提の記載を削除するのは適切ではないと判断した．標準の方へ移動することも検討したが，現状の標準の構成では移動先として適切な箇所が見当たらないため，標準の構成変更が必要となると思われる．時間の制約もふまえ，今回は本編の方に残しておくのがよいと判断した．

　また，改訂作業段階において，「ここは使用性に関する照査の章であるので，安全性や復旧性に言及するのは妥当ではない」との指摘があったが，上で述べたように，すべての性能に関する照査規定の前提となっている可能性を現時点では否定できないので，もし対応するのであれば，安全性と復旧性の照査の章にも，「$0.4 f'_{ck}$ 以下に抑えられていることが前提である」旨を記述しなければならない．しかし上述したように，この制限値は標準に規定されていればよい事項であるため，本編の各箇所に入れ込むことはしなかった．将来的に，例えばクリープ挙動を非線形域まで精度よく予測・照査したり，軸方向ひび割れの発生を照査したりできるようになれば，この応力度制限の規定そのものが（少なくとも本編には）不要となると思われる．将来的に不要となる可能性のある規定を，各箇所に入れ込むのはミスリードにもつながると考え，今回は性能を列挙する表現を削除するにとどめ，記載そのものは［本編］10.2 に残しておくのがよいと判断した．

　　解説　2段落目：
　　　コンクリート充填柱のような 3 軸拘束を受けるコンクリートや，常時に土圧や水圧を受ける地中構造物等に使用されるコンクリートについては，拘束度に応じて圧縮強度が上昇し，クリープの進行も押さえられるので，応力度の制限値を割り増してよい．2 軸拘束下ではおよそ静的強度は 2〜3 割程度，鋼材によって 3 軸拘束を受ける場合で 3〜4 割程度，条件によって増加することが報告されているが，安全をみて，割増し率の上限を 2 軸拘束の場合で 10%，3 軸拘束の場合で 20% とするのがよい．

　この記述については，「割増し率」という表現を使用している時点で，基準となる制限値が「$0.4 f'_{ck}$」であることが前提となっている．実際には，条文で「適切に設定してよい」となっているので，本質は「割り増すかどうか」ではなく，「拘束条件を考慮した制限値を設定する」ことにある．また，拘束によって増加するのはあくまでも「見かけの圧縮強度」であり，「実圧縮強度（＝一軸圧縮強度）」が増加するわけではない．記載されている数値も，クリープの程度を示すものではなく，「見掛けの圧縮強度」の増加程度を示しているに過ぎない．

　以上をふまえ，最初の一文「コンクリート充填柱のような・・・割り増してよい．」については，微修正を加えた上でこのまま残すこととした．

　　解説　3段落目：
　　　コンクリートのひび割れ，鉄筋の疲労等についての検討を行えば，特に引張応力度を制限する必要はないが，引張応力度が弾性限界を超えると，構造解析，応力度の計算における仮定が成立しなくなることなどの不都合が生じるので，鉄筋の引張応力度の制限値は，f_{yk} の値とするのが適当である．ここに，f_{yk} は鉄筋の降伏強度の特性値である．そのため，設計作用として，永続作用と使用時の変動作用の最大値を用いて行うものとする．

　ここは鉄筋の引張応力度の制限値に関する記述であるが，過去の版でコンクリートの圧縮応力度の制限値と鉄筋の引張応力度の制限値が別個の条文で規定されていた頃の記述のままである．2017 年版では，条文を一般的記述に変更したため，何に対する解説なのかが不明瞭になってしまっている．このため，それが明確となるように，文章の冒頭に「鉄筋の引張応力度については，」との記載を追加した．なお，最後の一文「そのため，・・・行うものとする．」について，コンクリートの応力度制限に関する解説文の多くが「永久荷重時」について述べているので，それと明確に区別するためには，この一文があった方がよいと判断し，残すこととした．

2.6　標準 1 編「部材の構造解析」に関する改訂事項

2.6.1　ラーメンの構造解析

　コンクリートライブラリーNo.148「コンクリート構造物における品質を確保した生産性向上に関する提案」[1] における「部材接合部の設計方法の規定を検討，整備する」との提案に対して，今回の改訂では「**標準 7 編　鉄筋コンクリートの前提および構造細目**」における「**3.6 ラーメンの構造細目，3.6.2 部材接合部**」の中で接合部の照査について「接合するはり・柱またはスラブ・壁に対して，先行して破壊することがないことを確認することを原則とする」ことを明記した．一方，これに対する特別な場合として，部材接合部での塑性化あるいは先行破壊を許容し，接合部を柔とするような設計が考えられる．ラーメン構造の構造解析においては部材節点部およびハンチ部に剛域を設けることを原則としていたが，接合部の破壊に対する照査方法が具体化されたことを受けて，このような特別な場合に対する具体的な構造解析方法に関する記述を「**5.2 構造解析**」の解説に追加した．部材接合部での塑性化あるいは先行破壊を許容する場合には，標準編での骨組計算の解析による各限界値の算定の前提が成立しない可能性がある．そこで，非線形の $M\text{-}\phi$ 関係や非線形回転バネを組み合わせた非線形骨組解析や非線形有限要素解析等を用いる必要があるとした．

　接合部の塑性化や先行破壊を考慮した非線形骨組解析についての報告例は多くはないが，建築分野にて実施例があり [2]，部材端に部材の曲げ変形を表す回転ばねと接合部の変形を表す回転ばねを直列に設置する方法を用いた，十字形ならびにト形接合部の静的繰返し載荷実験と実大 4 層鉄筋コンクリート造建物の振動台実験の骨組解析について報告されている（**図 2.6.1**，**図 2.6.2**）．実大建物では解析結果は実験結果と破壊性状に適合性が見られ，接合部強度を正しく推定できれば接合部破壊が起こる現象を再現できること，また，接合部の破壊機構を考慮しないモデルは考慮するモデルに対し，架構の強度や履歴吸収能を過大評価し，損傷位置や瞬間剛性を適切に評価できないことが示されている．なお課題として，提案された解析方法は接合部終局強度とはり，柱の曲げ終局強度の大小関係に非常に敏感であり，接合部終局モーメントの算定式の精度が確証できない柱梁接合部が存在する場合は大きな誤差が生じると考えられること，提案された解析方法は材端弾塑性ばねモデルに基づいているために逆対称曲げを仮定しており，モーメント分布が仮定と大きく異なるような構造に用いた場合には大きな誤差が生じると考えられることが述べられており，適用にあたっては注意が必要である．

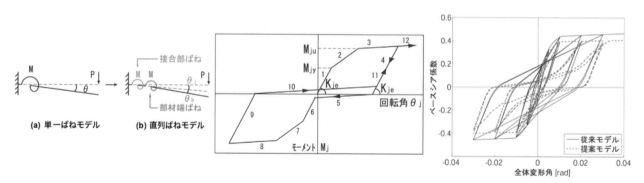

図 2.6.1　直列ばねモデル [2]　　　図 2.6.2　接合部ばねの骨格曲線 [2]　　　図 2.6.3　実建築物解析結果 [2]

参考文献

1) 土木学会コンクリート委員会：コンクリート構造物における品質を確保した生産性向上に関する提案，コンクリートライブラリー 148，2016.

2) 高山慧，塩原等，楠原文雄：材端回転ばねにより RC 造柱梁接合部の変形を表す骨組解析モデル，コンクリート工学年次論文集，Vol.35，No.2，pp.241-246，2013.

2.7　施工編の記載の移設について（付属資料 4 編）

2.7.1　はじめに

示方書［設計編］では，標準的な材料および施工方法を具体に示した［施工編：施工標準］に従った施工を行うことを前提とするのが設計の基本である．ただし，前回の改訂に引き続き，設計と施工・維持管理の連携の観点から，設計段階で配慮すべき事項や施工への情報伝達に関する記述の充実に努め，以下の 2 点について，設計編に移設することとした．

・2017 年版［施工編：施工標準］4.5.2 スランプ：スランプを大きくするのがよい場合の構造条件の目安

・2017 年版［施工編：特殊コンクリート］海洋コンクリート「7.3 配合」解説 表 7.3.1〜表 7.3.3

2.7.2　スランプに関する記載の移設

設計から伝えるコンクリートの品質を記載した箇所という位置づけから，「**表 1.1　構造物種別とコンクリートの品質の参考例**」は，2017 年版を踏襲した．ただし，ケーソン基礎の数値については，実態をふまえて見直しを行った．また，下記の文章を追加した．

なお，鋼材の最小あきが小さい場合，および鋼材の配置や部材の形状等により棒状バイブレータによる締固めが著しく困難な場合には，高流動コンクリートを使用することも検討するのがよい．**表 1.2** には，設計図書に記載する打込みの最小スランプや，荷卸しの目標スランプの決定に際して，考慮する構造条件の目安を示した．これらの決定では，「2017 年制定コンクリート標準示方書［施工編：施工標準］4.5.2 スランプ」を参照する必要がある．

2017 年版より，「施工者は，設計図書に示されたスランプの値を参考として，打込み箇所，締固め作業高さ，棒状バイブレータの挿入間隔，1 回当りの打込み高さ，打上がり速度等の施工方法から打込みの最小スランプを決定し，場内運搬における圧送に伴うスランプの低下等を考慮して，荷卸しの目標スランプを決定する．」と記載されている通り，施工に適したスランプの設定に関して，様々な対応策があることを想定して記載されている．示方書としては，唯一の方法として制約を増やすような記載とせず，施工者の創意工夫を抑制しない文章がよいということから，2017 年版のこの記載は踏襲することとした．そのうえで，一般に具体的な選択肢として，「高流動コンクリートを使用することも検討するのがよい．」とした．また，設計の時点で施工編の内容も十分把握しておくことが重要であることを強調するために，「これらの決定では，「2017 年制定コンクリート標準示方書［施工編：施工標準］4.5.2 スランプ」を参照する必要がある．」とした．

2.7.3　2017 年版［施工編］海洋コンクリート 7.3 配合の数値表の移設

2017 年版［施工編］特殊コンクリート：海洋コンクリートの「7.3 配合」の解説 表 7.3.1〜表 7.3.3 は，劣化に対する抵抗性や物質の透過に対する抵抗性などを確保するために，水セメント比，単位セメント量，空気量の標準値が示されている．今回，2023 年版［施工編］の改訂の予定に伴って，［設計編］に移設するにあたり，該当する数値表の利用状況について調査を行った．その結果，港湾構造物の場合，関連規準に転記されているため，数値表が示方書に無くなったとしても実務上は困らない．ただし，その他の洋上構造物，海岸構造物など関連規準が未整備のものでは，示方書の記載がそのまま準用される可能性があるため，示方書のどこかには記載されていた方がよい，などの意見があった．

したがって，施工編から削除される予定の数値表について，港湾構造物以外で，必要になる可能性が指摘されたため，今回の改訂において削除することは行わず，［設計編］に移設することとした．ただし，［設計編］は，標準

値の掲載も含め，性能照査型の耐久設計へ統一するための改訂を重ねてきた経緯があり，性能照査に結びついていないみなし規定を再掲載し，現行の塩害照査などとの不整合を生むことは避けたいと考え，本編や標準ではなく，「付属資料4編」に記載することとした．なお，表の数値や文章について，2017 年版を踏襲した．

　今後の課題として，港湾構造物だけでなく，洋上構造物など，これまで示方書で想定していなかった条件が想定されている．海洋コンクリートを用いる構造物に対して，現状の［設計編］の枠組みは適用できるが，個別の照査については標準に扱える状態とは言えず，現状の位置づけがあいまいであることは否めない．数値表の値を含めた記載事項の妥当性を確認するためにも，今後，示方書としての，海洋コンクリートを用いる構造物の対象範囲について確認する必要がある．

3．耐久性に関する改訂事項

3.1　耐久性に関する照査における特性値と不良率の考え方

　【平成 11 年版】コンクリート標準示方書－耐久性照査型－［施工編］および【2002 年制定】コンクリート標準示方書［施工編］に耐久性照査が導入されて以来，耐久性に関する照査における特性値には材料物性の平均値が想定されてきた．すなわち，コンクリートの材料物性がばらつきにより特性値を望ましくない側に外れる確率を 50%と想定していたことになる．今回の改訂でも，水分浸透速度係数や中性化速度係数など，設定した限界状態における不都合さの程度が極めて深刻というほどではない照査に使用される特性値では，これまで通り材料物性がばらつきにより特性値を上回る確率として 50%を想定することとしている．これに対して，塩害環境下における鋼材腐食に対する照査が対象とする限界状態における不都合さの程度は，耐久性に関する照査の中では最も深刻と考えられることから，塩化物イオン拡散係数では材料物性がばらつきにより特性値を上回る確率として 25%を想定することとした．

　なお，耐久性に関する照査で採用している算定式は，現状では，試験方法で一般に 3 個の平均値と定められている試験値に基づいて定められたものではなく，ほとんどが，いわゆる n=1 のデータに基づいて定められている．また，母集団のばらつきは，n=1 のデータか n=3 の平均値かによって大きく異なる．したがって，耐久性に関する照査で想定している「材料物性がばらつきにより特性値を上回る確率」は，厳密には，一般に試験方法で 3 個の平均値と定められている試験値を対象とする「不良率」とは異なることに注意が必要である．当然ながら，平均値を取る n の数が大きいほど，平均値に対する材料物性のばらつきの程度は小さくなり，全データの平均値は材料物性の平均値そのものに収れんする．ちなみに，圧縮強度の特性値の場合には，n=3 の平均値を試験値として，試験値が特性値を望ましくない側に下回る確率を 5%と想定しているので，設計と検査の双方で考える確率の値は同じであるが，耐久性に関する照査の場合には，現状では，設計で想定する「材料物性がばらつきにより特性値を上回る確率」は n=1 のデータに対するものであるので，一般的な試験方法とは異なる．耐久性に関する特性値の検査において，試験方法で定められた供試体の個数（一般には 3 個）の平均値として求められた試験値を対象とする場合には，母集団のばらつきの相違を考慮して，「材料物性がばらつきにより特性値を上回る確率（望ましくない側に外れる確率）」から試験値を対象とする「不良率」を適切に設定する必要がある．

3.2 耐久設計の包含による特性値の概念の明確化

　特性値という用語は，限界状態設計法が導入された昭和 61 年制定コンクリート標準示方書［設計編］で「材料強度の特性値」として初めて登場した用語であり，かなり以前から明確に定義されてきた概念と言うわけではない．ちなみに，「材料強度の特性値」の定義は，2007 年版まで「定められた試験法による材料強度の試験値のばらつきを想定したうえで，試験値がそれを下回る確率がある一定の値となることが保証される値．」とされた後，2012 年版からは「強度」を「物性」に代えて「材料物性の特性値」として 2017 年版まで継承されてきた．ただし，今回の改訂において，「定められた試験法による材料物性の試験値のばらつきを想定した上で，試験値がそれを望ましくない側に下回るもしくは上回る確率がある一定の値となるように設定される材料物性の基準となる値．」と定義した．この改訂の要点は 2 つあり，1 つ目の要点として，強度の場合には特性値を下回る側が望ましくない側であるのに対して，耐久性に関する特性値の場合には一般に特性値を上回る側が望ましくない側であることから，耐久性に関する特性値も包含するようにしたことである．2 つ目の要点は，「確率がある一定の値となることが保証される値」となっていた定義の末尾を「確率がある一定の値となるように設定される材料物性の基準となる値」に変更したことである．

　特性値という概念が明確に規定される以前の昭和 55 年版の示方書までは，示方書は各編に分冊化されておらず，現在では施工編の範疇である「配合」の章において，コンクリートの配合強度は，現場におけるコンクリートの圧縮強度の試験値が設計基準強度をある一定の値以上の確率で下回らないように定めなければならないとされていて，ある一定の値（不良率）として 1/4（25%）が規定されていた．安全性に関わる強度に対して 25%もの大きな不良率を許容していた時は，「確率がある一定の値となることが保証」されるように，検査では高い信頼性を有する計量抜取検査を厳格に実施する必要があったと考えられる．しかし，JIS A 5308 における 1978 年の第 3 回改正により品質規定が改められ，また，示方書においても限界状態設計法の導入に合わせて不良率を 5%に引き下げて，設計基準強度に対して十分に高い配合強度を設定するように改訂されたことにより，特性値は定義を設定した当初から「確率がある一定の値となることが保証される値」である必要はなくなっていたと考えられ，今回の改訂で「確率がある一定の値となるように設定される材料物性の基準となる値」に改めた．

　これまで，圧縮強度の特性値における不良率は，施工編の配合設計の規定により実質的に 5%に設定されていた．しかし，今回の改訂で，塩化物イオン拡散係数で材料物性が特性値を上回る確率を 25%と想定することにしたことから，耐久性に関する照査における材料物性がばらつきにより物性値を望ましくない側に外れる確率の想定は，設計編の中で明示的に行う必要が生じ，限界状態設計法の中で耐久設計を包含する形で特性値の概念を明確化することに繋がった．なお，これまでは，圧縮強度の特性値において，試験値がそれを望ましくない側に下回る確率として 5%を想定していることは設計編では明記されていなかったが，今回の改訂で，［設計編：本編］5 章に「5.2 材料物性の特性値」の節を新たに設けた上で，コンクリートの強度の節において，試験値がコンクリートの圧縮強度の特性値 f'_{ck} を下回る確率は 5%と想定することが条文に明記された．

3.3 耐久設計で用いる安全係数

耐久性に関する照査においては，一般に，設計限界値を定めた上で，安全係数を用いて設計応答値を算定し，設計応答値が設計限界値を超えないことを確認する．耐久性に関する照査で用いる安全係数には，構造物係数 γ_i，構造解析係数（もしくは部材係数）に相当する設計応答値の不確実性を考慮した安全係数（γ_w, γ_{cb} あるいは γ_{cl}），コンクリートの材料係数 γ_c，特性値の設定に関する安全係数 γ_k，材料物性の予測値の精度を考慮する安全係数 γ_p がある．このうち，特性値の設定に関する安全係数 γ_k と材料物性の予測値の精度を考慮する安全係数 γ_p は，耐久性に関する照査に特有な安全係数である．耐久性に関する照査で使用される特性値で材料物性がばらつきにより特性値を上回る確率を想定する方法については，今回の改訂における当初の検討では，水セメント比を変数とする関係式でコンクリートの塩化物イオン拡散係数の特性値 D_k を与える際に，算定式の係数の設定の中に包含することを考えた．しかしながら，応答値を算定する関数は応答値の平均値を算定するものであることを原則とするという本編の規定に従い，関数はコンクリートの塩化物イオン拡散係数の予測値 D_p を平均値として与えるように定めた上で，材料物性がばらつきにより特性値を上回る確率は特性値の設定に関する安全係数 γ_k によって考慮することとした．今回の改訂においては，標準2編2章の解説に耐久設計の基本となる安全係数の考え方を説明するとともに，標準2編3章の耐久性に関する照査で用いる安全係数の扱いが統一的になるように整理した．安全係数の一般的な値を表3.3.1に示す．このうちコンクリートの材料係数 γ_c は，［設計編：本編］4章に定義されているように，材料強度の特性値からの望ましくない方向への変動，供試体と構造物中との材料物性の差異，材料物性が限界状態に及ぼす影響，材料物性の経時変化等を考慮して定めるものであり，これらは部位によるものではない．よって，部位によらず一律の材料係数を用いることが望ましく，これまでの「一般に 1.0 としてよい．ただし，上面の部位に関しては 1.3 とするのがよい．」を「一般に 1.3 とするのがよい．」へと改訂した．ただし，凍害に対する照査については，3.6 にて説明するように今回の改訂では空気量をパラメータとした予測式の追加ができなかったため，安全係数の整理についても次回以降の改訂における課題となった．

表 3.3.1　安全係数の一般的な値

照査対象	予測手法	γ_i	γ_w	γ_{cb}	γ_{cl}	γ_c	γ_k	γ_p
水の浸透に伴う鋼材腐食	示方書式	1.0〜1.1	1.0	—	—	1.3	1.0	1.0
中性化に伴う鋼材腐食	示方書式	1.0〜1.1	—	1.0	—	1.3	1.0	1.0
塩害環境下における鋼材腐食	示方書式	1.0〜1.1	—	—	1.3	1.3	2.1	1.0
	電気泳動法	1.0〜1.1	—	—	1.3	1.3	2.1	1.0
	浸せき試験	1.0〜1.1	—	—	1.3	1.3	2.1	1.2
	暴露試験	1.0〜1.1	—	—	1.3	1.3	2.1	1.0
	構造物調査	1.0〜1.1	—	—	1.3	1.3	2.1	1.0
凍害		—	1.0〜1.1	—	—	—	1.0	—	—

3.4   中性化と水の浸透に伴う鋼材腐食に対する照査

3.4.1   改訂の背景

「中性化と水の浸透に伴う鋼材腐食に対する照査」は，2017 年版において大きく改訂され，水の浸透を前面に出した照査体系になった．今回の改訂では，この思想を定着させるとともにさらに発展させることを目指して，2017 年版の照査体系を基本としつつ必要な改訂を行うこととした．

今回の改訂で主に議論となった事項は，照査方法の妥当性，維持管理編との連係，鋼材腐食深さの限界値，安全係数，予測式における係数の有効数字，照査式への水掛かりの影響の導入，中性化に伴う鋼材腐食に対する照査の取扱い等である．以下，これらの事項について順に述べる．

3.4.2   照査方法の妥当性

2017 年版で導入された照査式は，鋼材腐食の機構や構造物における鋼材腐食の状況等を踏まえて設定されているが，この照査方法を発展させるにあたり，照査方法の妥当性について改めて議論を行った．具体的には，水の浸透に着目することの妥当性や照査式と既設構造物における劣化状況との関係等を主に取り上げた．なお，この議論はコンクリート委員会に設置された「コンクリート中への水分浸透評価とその活用に関する研究小委員会（362 委員会）」（以下，362 委員会）における活動[1]も踏まえつつ実施した．

362 委員会の活動では，水分浸透および鋼材腐食に関する知見が整理されるとともに，構造物における劣化状況と 2017 年版照査式との関係を検証する等，照査方法に関する検討も実施されている．これらの活動の成果も踏まえて検討を行った結果，現段階で 2017 年版の照査方法を大きく変える必要はないとの結論に達した．

3.4.3   維持管理編との連係

［維持管理編］の標準附属書 1 編 3 章「中性化と水の浸透に伴う鋼材腐食」では，今回の改訂において鋼材腐食の進行予測式が例示され，この式では水の浸透による影響に加えて，中性化に伴う細孔溶液の pH 低下による影響も包含している．この予測式は，［設計編］における照査式をベースにしており，［設計編］と［維持管理編］とが連係されている．その一方で，設計段階ではこれから建設される構造物のかぶりを定めるために用いており，維持管理段階では既設構造物の鋼材腐食を予測し適切な対策を講じるために用いていることから，それぞれの目的に合わせた式にしているため両者で異なる点もある．そこで，解説において［維持管理編］との考え方の共通点および相違点に関して記述した．

すなわち，劣化機構について共通した認識を記した上で，［設計編］ではこれから建設される構造物が対象であることから，細孔溶液の pH 低下に伴う鋼材腐食の進行が顕著にならない程度に留めることとし，構造物の性能に影響しない程度の鋼材腐食深さに限界状態を設定するとともに，水の浸透に伴う鋼材腐食深さが限界状態に達しないように照査がなされていることを記述した．一方，［維持管理編］では，鋼材近傍において細孔溶液の pH 低下を生じている例もみられることから，この影響も考慮した体系としていることを記述した．これらの記述は，［設計編］と［維持管理編］とで同様の書き方とし，思想が整合していることを示している．

なお，［設計編］における照査式も，［維持管理編］の予測式のように細孔溶液の pH 低下の影響を含めた式にするかが議論になった．しかし［設計編］では，細孔溶液の pH 低下に伴う鋼材腐食の進行が顕著にならない程度に留めることとしていることから，pH 低下の影響を含めた複雑な式とすることの優位性が現状ではみられないと判断し，2017 年版と同様に水の浸透に着目した照査式とした．その上で，［維持管理編］

との違いについては上記の通り解説に記すこととし，細孔溶液の pH 低下を包含した照査式の導入については将来の検討に委ねることとした．

3.4.4　鋼材腐食深さの限界値

2017 年版において，鋼材腐食深さの限界値はかぶり c の関数とし，$c>35\text{mm}$ の場合は一定値とされている．この限界値は，コンクリートのひび割れ発生時の鋼材腐食深さに対して十分な余裕を持たせた値になっているが，かぶり c の関数ではなく，c からかぶりの施工誤差Δc_e を減じた $(c-\Delta c_e)$ の関数とすることがより適切ではないかとの意見が出された．これについて検討した結果，かぶりの施工誤差Δc_e を含めた関数にするのがよいとの結論に至り，鋼材腐食深さの限界値を $(c-\Delta c_e)$ の関数とした．また，鋼材腐食深さの限界値を一定値とする範囲についても，従来の $c>35\text{mm}$ から $(c-\Delta c_e)>35\text{mm}$ とした．なお，$(c-\Delta c_e)\leqq35\text{mm}$ でかつ$\Delta c_e>0$ の場合には設計かぶりが増加し，Δc_e が大きいほどその影響も大きくなるが，かぶりを小さくしたい場合には鋼材腐食深さの限界値を信頼できる方法を用いて別途設定することも不可能ではないことから，上記の変更で進めることとした．

3.4.5　安全係数

2017 年版では，コンクリートの材料係数γ_c は，水の浸透に伴う鋼材腐食に対する照査では「一般に 1.3 としてよい」と記載されていたが，他の照査では，「一般に 1.0 としてよい．ただし，上面の部位に関しては 1.3 とするのがよい」と記載されていた．しかし，材料係数は，［設計編：本編］4 章で定義されているように，材料強度の特性値からの望ましくない方向への変動，供試体と構造物中との材料物性の差異，材料物性が限界状態に及ぼす影響，材料物性の経時変化等を考慮して定めるものであり，これらは照査や部位によるものではない．よって，3.3 でも説明したように，部位によらず一律の材料係数を用いることが望ましいことから，「一般に 1.3 とするのがよい」との記載に統一した．また，これまでは「鋼材腐食量の設計値 s_d のばらつきを考慮した安全係数」については特に数値が示されておらず，「中性化深さの設計値 y_d のばらつきを考慮した安全係数」については，「一般に 1.15 としてよい．ただし，高流動コンクリートを用いる場合は一般に 1.1 としてよい」と記載されていた．今回の改訂では材料のばらつきを材料係数に含めることとし，材料係数の説明に「ただし，高流動コンクリートを用いる場合は一般に 1.1 としてよい」を追記するとともに，上記の安全係数の名称をそれぞれ「鋼材腐食量の設計値 s_d の不確実性を考慮した安全係数」と「中性化深さの設計値 y_d の不確実性を考慮した安全係数」へと変更し，数値を 1.15 から 1.0 に変更することとした．

3.4.6　予測式における係数の有効数字

2017 年版では，コンクリートの水分浸透速度係数の予測値 q_p の算定式において，係数を 31.25 としていた．この数値は，水分浸透に関する既往の研究結果をもとに設定された値であるが，設計上設定した値であればそれが理解されるようにいたずらに有効数字を大きくしない方がよいのではないかとの意見が出された．

これについて検討した結果，この算定式で敢えて有効数字を細かくする必要はないとの結論に至り，小数点以下を切り上げて係数を 32 とした．

3.4.7　照査式への水掛かりの影響の導入

鋼材腐食の進行の程度は，当該箇所への水掛かりの状況により大きく異なる．そのため，前回の改訂ではかぶりの設計値の算定にあたって，水掛かりの状況をパラメータとして水分浸透照査の照査式に導入するこ

とが検討段階で試みられた．しかしながら，この照査式は今回初めて導入されるものであることから，極力簡便な式にしてその浸透を図ることを重視することとし，水掛かり状況をパラメータとして導入することは見送り，将来の検討に委ねることとされた．

　これを受けて，今回の改訂においても水掛かりの影響の導入について検討した．なお，この検討においても 362 委員会の活動成果[1]を参照している．水掛かりのある箇所では鋼材腐食が進行しやすいのに対し，水掛かりのない箇所では鋼材腐食がほとんど進行しないかわずかに進行する程度であることから，鋼材腐食の進行を予測する上では水掛かりは重要なパラメータである．したがって，照査式においても設計耐用期間中に水掛かりの影響を生じない箇所やその影響が小さい箇所では，その程度に応じて鋼材腐食の進行が抑制されるようにすることが本来は望ましい．しかしながら，水掛かりの影響を照査式に導入した場合，水掛かりがないと判断して設計した箇所において何らかの理由，例えば防水工の損傷等により水掛かりを生じると，設計条件を満たさなくなってしまい維持管理への負担が大きくなることが想定される．したがって，水掛かりの影響を照査式に導入する場合には，対象とする構造物や部位を限定して水掛かり状況が一定の信頼性で設定できる場合に導入するのがよいと考えられる．これは，対象構造物が限定される場合には有力な方法であり，この示方書においても個別の判断で導入することは可能であるが，対象構造物が多岐にわたるコンクリート標準示方書で水掛かり状況をそれぞれ設定することは現状では容易ではないと判断し，2017 年版の改訂時と同様に照査式への水掛かりの影響の導入は見送ることとした．

　なお，維持管理段階で用いる鋼材腐食の進行予測では，水掛かりの状況を現地で判別できるので，［維持管理編］における鋼材腐食の進行予測式では水掛かりの影響をパラメータとして導入している．

3.4.8　中性化に伴う鋼材腐食に対する照査の取扱い

　2017 年版では，水の浸透に着目した鋼材腐食に対する照査は今回初めて導入するものであることから，何らかの理由によりこの照査ができない場合が生じる可能性も否定できないため，この照査が困難である場合には，従来の中性化に伴う鋼材腐食に対する照査を用いてもよいこととされた．これについて，水の浸透に着目した鋼材腐食に対する照査の導入から 5 年が経過したこともあり，中性化に伴う鋼材腐食に対する照査の記述を取り止めることについて検討した．

　検討の途中段階では，水の浸透に着目した照査に一本化することが望ましいとして記述を取り止めることも考えたが，水の浸透に着目した鋼材腐食に対する照査が現段階ではまだ普及の途上であることから，今回の改訂においてもこの照査が困難である場合には中性化に伴う鋼材腐食に対する照査を用いてもよいこととした．

　なお，中性化に伴う鋼材腐食に対する照査の概要は従来通りであるが，安全係数については 3.3 や 3.4.5 で述べた考え方にしたがってコンクリートの材料係数 γ_c を「一般に 1.0 としてよい」から「一般に 1.3 とするのがよい」に変更した．

3.4.9　改訂に伴うかぶりの試算

(1)　はじめに

　安全係数の変更がかぶりに与える影響を把握するため，水分浸透照査および中性化照査において満足するかぶりを算出した．表 3.4.1 に示す各種係数，置換率を用い，パラメータとしては，表 3.4.2 に示す W/B（水結合材比），Fw（水の局所的な作用環境を表す係数）とし，これらがかぶりに与える感度について評価した．コンクリートの水分浸透速度係数の予測値 q_p の算定式における係数は 31.25 ではなく 32 としている．なお，

q_p の算定式では適用できる W/B の範囲を 0.4〜0.6 としているが，ここでは参考として W/B＝0.7 の場合も試算することとした．

表 3.4.1　設定値一覧

記号	単位	値	備考
水の浸透に伴う鋼材腐食に対する照査			
γ_i	-	1.0	構造物係数
s_{lim}	mm	算定値	鋼材腐食量の設計限界値
s_d	mm	算定値	鋼材腐食量の設計応答値
γ_w	-	1.0	鋼材腐食量の設計応答値 s_d の不確実性を考慮した安全係数
s_{dy}	mm/年	算定値	1 年あたりの鋼材腐食量の応答値
t	年	100	水の浸透に伴う鋼材腐食に対する設計耐用年数
c_d	mm	算定値	耐久性に関する照査に用いるかぶりの設計値
c	mm	—	かぶり
Δc_e	mm	5	かぶりの施工誤差
q_d	mm/√hr	算定値	コンクリート中の水分浸透速度の設計値
γ_c	-	1.3	コンクリートの材料係数（一般に 1.3，高流動は 1.1）
q_k	mm/√hr	算定値	コンクリート中の水分浸透速度の特性値
中性化伴う鋼材腐食に対する照査			
γ_i	-	1.0	構造物係数
Δc_e	mm	5	かぶりの施工誤差
c_k	mm	10	中性化残り
γ_c	-	1.3	コンクリートの材料係数（一般に 1.3，高流動は 1.1）
γ_{cb}	-	1.0	中性化深さの設計値 y_d の不確実性を考慮した安全係数

設計耐用年数は 100 年，混和材置換率として BB＝0.45，FB＝0.20 と仮定した．

表 3.4.2　パラメータとその設定値

記号	摘要	値
W/B	水結合材比	0.40〜0.70
セメント種類	普通ポルトランドセメント 高炉セメント B 種 フライアッシュセメント B 種	—

(2) 試算結果

各種セメントにおける必要かぶりの算定結果を図 3.4.1〜図 3.4.3 に示す．また，W/B で整理した結果を図 3.4.4 に示す．ここで，水結合材比と水分浸透速度係数との関係式で求めるコンクリート中への水分浸透速度係数は W/B で決定されるため，水分浸透照査においてはセメント種類によらず，同じかぶりとなる．また比較のため，2017 年版の照査による必要かぶりの算定結果を図 3.4.5 に示す．図 3.4.4 と図 3.4.5 の比較より，2017 年版よりも水分浸透照査では傾きが低下，すなわち W/B 増加によるかぶり増加が小さくなっているのに対して，普通ポルトランドセメントの中性化照査では，W/B 増加によるかぶり増加が大きくなっている．2017 年版では水分浸透照査の場合，W/B=0.55 よりも高い W/B では中性化照査よりもかぶりが小さくなっているが，今回の改訂により W/B=0.50 が交点となっている．また，高炉セメント B 種，フライアッシュセメント B 種の中性化照査により算定された必要かぶりは，2017 年版と比較して 2 割程度増加している．水分浸透照査を行うことで，混合セメントが有する本来の性能が評価され，混合セメントの活用につながると考えられる．

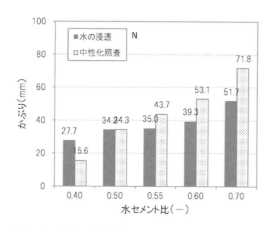

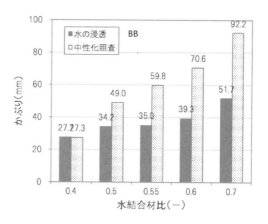

図 3.4.1　かぶりの計算結果（普通ポルトランドセメント）　図 3.4.2　かぶりの計算結果（高炉セメント B 種）

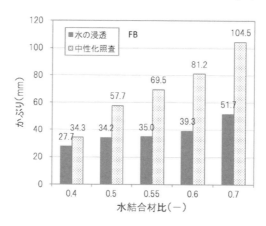

図 3.4.3　かぶりの計算結果（フライアッシュセメント B 種）

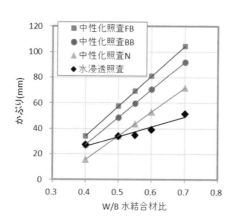

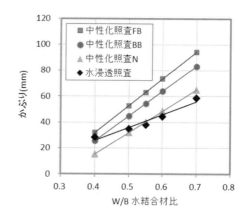

図 3.4.4　かぶりの計算結果（2022 年版）　　図 3.4.5　かぶりの計算結果（2017 年版）

3.4.10　水掛かりの区分について

　2017 年版の標準 2 編において**表 4.2.2** に示されていた水掛かりによるかぶりの加減算では，乾湿繰返し環境が 2 つの区分に分けられていたことから，2022 年版の標準 2 編の**表 3.1.1** においても乾湿繰返し環境を 2 つの区分に分けることを検討した．しかし，**表 4.2.2** に対応させる場合，現行の乾湿繰返し環境と常時乾燥環境との間に新たな区分を追加することになるため，鉄筋応力度の制限値の刻みが 10N/mm² 程度と細かくなる．さらに，実際にはひび割れ幅の検討を行う事例が多いこと，**表 3.1.1** の数値により鉄筋量が決まる事例は少ないこと，安全性に及ぼす影響度合いが低いと考えられること，さらに，**3.4.11** で述べるように 2022 年

版においては**表4.2.2**が削除されたことを踏まえて，**表3.1.1**では乾湿繰返し環境の区分を1つとした．

3.4.11 一般的な環境下における構造物のかぶり

「一般的な環境下における構造物のかぶり」では，2017年版の改訂時にかぶりの値をコンクリート構造物への水掛かり環境に応じて加減算させることとなった．この加減算の導入は，コンクリート構造物の設計において水掛かりをより強く意識することになり，かぶりの値の設定のみに留まらずコンクリート構造物全体の耐久性確保に向けた設計全般，さらには施工や維持管理における水掛かりへの留意にもなって，コンクリート構造物の耐久性向上に繋がることが期待された．

ここで示された水掛かり区分および該当する部位の例は，［維持管理編］においても2018年版の改訂でこの考え方が導入され，今回の［維持管理編］の改訂でも踏襲されるなど，コンクリート構造物の耐久性向上に向けた取組みに反映された．その一方で，2017年版の［設計編］の改訂では，3.4.7で述べたように照査式への水掛かりの影響の導入が最終的に見送られたことから，「一般的な環境下における構造物のかぶり」のみで水掛かり環境に応じたかぶりの加減算が実施されるといった課題も生じていた．

そこで，水掛かり環境に応じたかぶりの加減算について検討した結果，照査式で包含していない事柄がその簡易版である「一般的な環境下における構造物のかぶり」で用いられることは好ましいことではないことから，今回の改訂では2017年版で実施したかぶりの加減算に関する記述を取り止めた．なお，水掛かり環境に応じたかぶりの加減算は，水掛かり状況が一定の信頼性で設定できる場合には有用な方法であると考えられることから，個別に検討した上で実施することを否定するものではない．

参考文献

1) 土木学会コンクリート委員会：コンクリート中への水分浸透評価とその活用に関する研究小委員会（362委員会）成果報告書およびシンポジウム講演概要集，コンクリート技術シリーズNo.131，2022.

3.5　塩害環境下における鋼材腐食に対する照査

3.5.1　コンクリートの塩化物イオン拡散係数の設定

（1）改訂の背景

　コンクリート中への塩化物イオンの侵入現象は，濃度勾配に依存する拡散や水分移動に起因する移流がセメント水和生成物やセメント成分への固定あるいは吸着等を伴いながら起きるものである．これらの現象それぞれの塩化物イオン侵入に対する定量的寄与は明らかになっておらず，各現象の影響を精緻に設計体系に導入することは困難であった．そのため，これまでのコンクリート標準示方書では設計の簡便性を考慮してFick の拡散則の解析解を用い，設計耐用年数に拠らず，水セメント比やセメント種類に応じた一定の見掛けの拡散係数を用いて設計および照査を行ってきた．一方で，実現象を拡散則で近似した場合，拡散以外の現象が影響するなどして，コンクリートの塩化物イオン拡散係数は時間の経過とともに減少することが知られている．そのため設計耐用年数が長い構造物を設計しようとした場合に合理的な設計ができないこともあることが課題として挙げられていた．そこで，本改訂にて，設計耐用年数に応じた見掛けの拡散係数を算出する式を提案し，これを用いることで，より合理的な設計が可能となるように改訂した．

　また，2007 年版コンクリート標準示方書［設計編］では実環境暴露のデータを回帰した式，2017 年版コンクリート標準示方書［設計編］では電気泳動法の実験結果を回帰した式をもとにした見掛けの拡散係数の導出式が示されている．これらの回帰式についてはいずれもデータの中央値を取って定式化されており，材料物性の予測値のばらつきについては考慮されていなかった．そこで，3.3 でも説明したように，特性値の設定に関する安全係数γ_kを用いることで，予測値の精度を考慮することとした．この時，実環境暴露下でのデータのばらつきを基本として，期待する材料物性がばらつきにより特性値を上回る確率を25%としたγ_kの設定とした。また，電気泳動法や塩水浸せき法といった各予測手法と実環境暴露による予測値の間で，参照したデータの中央値の差異も考慮されていなかった．そこで，材料物性の特性値と予測値との相違を考慮する修正係数 ρ_m や材料物性の予測値の精度を考慮する安全係数γ_p を用いて，それらの差異を考慮することとした．

（2）改訂の概要

　コンクリートの塩化物イオン拡散係数について，2017 年版までは，特性値 D_k を直接予測式等により求める体系としていたが，コンクリートの水分浸透速度係数の照査体系に倣い，まず予測値 D_p を求めた後に，特性値の設定に関する安全係数γ_k，材料物性の予測値の精度を考慮する安全係数γ_p を掛けることで，特性値 D_k を求める体系とした．

$$D_k = \gamma_k \cdot \gamma_p \cdot D_p \tag{3.5.1}$$

　ここに，γ_k：特性値の設定に関する安全係数．一般に，材料物性がばらつきにより特性値を上回る確率を25%とする．本改訂で参照した実環境暴露データのばらつきに基づいて，2.1 とするのがよいこととした．詳細は3.5.1(3)にて説明する．

　　　　γ_p：材料物性の予測値の精度を考慮する安全係数．材料物性の予測値を与える方法に応じて適切な値を設定する．

　実環境暴露データや浸せき試験データなどを Fick の拡散則などで近似した際の各浸漬期間の見掛けの拡散係数は，浸漬時間の累乗で回帰した場合に相関が高いことから，設計耐用年数に応じたコンクリートの塩化物イオンに対する拡散係数の予測値 D_p を，設計耐用年数 t の累乗で漸減する形で考慮することとした．

$$D_p(t) = D_r \cdot t^{-k_D} \tag{3.5.2}$$

ここに，t：塩化物イオンの侵入に対する設計耐用年数（年）

$\qquad$ D_r：参照見掛けの拡散係数（cm²/年）．設計耐用年数を 1 年とした時の値とする．

$\qquad$ k_D：設計耐用年数感度パラメータ

　このように，この示方書では Fick の拡散則の解析解（標準 2 編の式（3.1.14））を用いながらも，設計耐用年数に応じて，設計耐用年数が長いほど小さい拡散係数の値を用いて鋼材位置の塩化物イオン濃度の設計応答値を計算することとした．設計耐用期間中に拡散係数が変化することを考慮するのではなく，あくまで設計耐用期間中は拡散係数一定である仮定のもと，設計耐用年数に応じて異なる拡散係数の値を用いることとしていることに留意する必要がある．

　式（3.5.2）中の参照見掛けの拡散係数 D_r の予測式，ならびに設計耐用年数感度パラメータ k_D の値の設定は，以下の手順で行った．

1）普通ポルトランドセメントを使用する場合の予測式の導出

　実環境暴露データを出典としている 2007 年版コンクリート標準示方書［設計編］の掲載式の元データと，この改訂検討において参照した浸せき法による試験結果データ（複数の浸せき材齢で見掛けの拡散係数を測定している試験データを対象とした）[1]のうち，普通ポルトランドセメントを用いたケースの拡散係数データを用いて，まず実環境暴露環境の挙動を適切に表す k_D の値を算出した．具体的には，見掛けの拡散係数と見掛けの拡散係数測定時の暴露材齢および浸せき材齢を用いて，様々な設計耐用年数感度パラメータ k_D の値の条件下で式（3.5.2）を用いて参照見掛けの拡散係数 D_r を算出し，水セメント比を変数として回帰式を作成した場合に，実環境暴露データと浸せき法によるデータの回帰式が最も近くなるような k_D を求めた．本改訂における参照データのもとでは，$k_D=0.52$ が適切であると導出される（**図 3.5.1**）．なお，本図における回帰式の作成時には，実環境暴露データと浸せき法による試験結果データの回帰式の傾きが同じとなるように回帰し，比較を行っている．

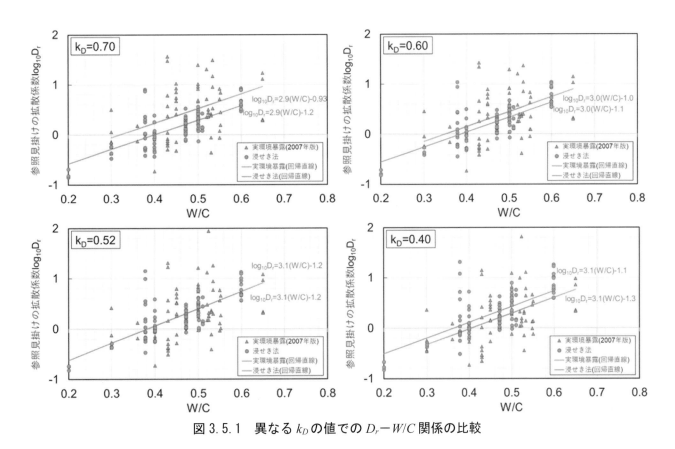

図 3.5.1　異なる k_D の値での $D_r - W/C$ 関係の比較

設計耐用年数感度パラメータ k_D=0.52 とした時，改めて浸せき法のデータのみで W/C と D_r の関係について回帰を行い，普通ポルトランドセメントを対象とした D_r の予測式を以下の式の通りとした．

$$log_{10}D_r = 3.4(W/C) - 1.3, \quad k_D = 0.52 \quad (0.30 \leq W/C \leq 0.55) \tag{3.5.3}$$

ここに，W/C：セメント比

2) 高炉セメント B 種相当ならびにフライアッシュセメント B 種相当を使用する場合の予測式の導出

高炉スラグ微粉末やフライアッシュなどの混和材を用いたコンクリートの塩化物イオン拡散係数に関する実環境暴露データが少ないことから，本改訂では浸せき法による試験結果を用いて，混和材の影響を導出した [1]．複数の浸せき期間で見掛けの拡散係数が測定されている試験結果を用い，それぞれの試験より求めた k_D と D_r それぞれについて，セメント中の混和材比率を変数として整理し，普通ポルトランドセメントに比べてどの程度それぞれの値が異なるのかを求めた．k_D, D_r について整理した図をそれぞれ**図 3.5.2**，**図 3.5.3** に示す．

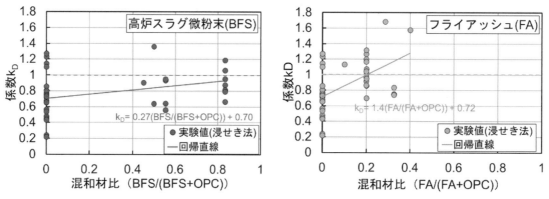

図 3.5.2　k_D に与える混和材比率の影響

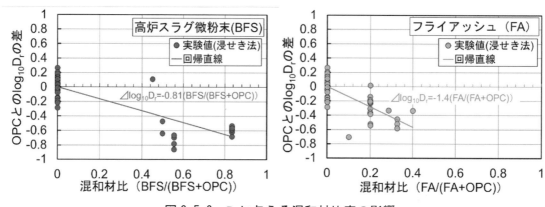

図 3.5.3　D_r に与える混和材比率の影響

図より，高炉スラグ微粉末ならびにフライアッシュの混和材比率が k_D, D_r に与える影響について，それぞれ以下の式（3.5.4）および式（3.5.5）のように導出される．

・高炉スラグ微粉末を使用する場合

$$k_D = 0.27 \times \frac{BFS}{OPC+BFS} + 0.52, \quad log_{10}D_r = -0.81 \times \frac{BFS}{OPC+BFS} + 3.4(W/C) - 1.3 \tag{3.5.4}$$

ここに，$\frac{BFS}{OPC+BFS}$：高炉スラグ微粉末の混和材比率．

・フライアッシュを使用する場合

$$k_D = 1.40 \times \frac{FA}{OPC+FA} + 0.52, \quad log_{10}D_r = -1.42 \times \frac{FA}{OPC+FA} + 3.4(W/C) - 1.3 \tag{3.5.5}$$

ここに，$\frac{FA}{OPC+FA}$：フライアッシュの混和材比率.

　以上の関係式を導出した後，高炉セメント B 種相当については混和材比率を 45%，フライアッシュセメント B 種相当については混和材 15%として，以下のように D_r の予測式および k_D の値を設定した.
・高炉セメント B 種相当を使用する場合

$$log_{10}D_r = 3.4(W/C) - 1.7, \quad k_D = 0.64 \quad (0.30 \leq W/C \leq 0.55) \tag{3.5.7}$$

・フライアッシュセメント B 種相当を使用する場合

$$log_{10}D_r = 3.4(W/C) - 1.5, \quad k_D = 0.73 \quad (0.30 \leq W/C \leq 0.55) \tag{3.5.8}$$

3) 低熱ポルトランドセメントならびにシリカフュームを使用した場合

　図 3.5.4 に，低熱ポルトランドセメントを使用した場合の実環境暴露による拡散係数測定データ[2]に対して k_D=0.52 を用いて D_r を求め，式（3.5.3）による D_r の予測式と比較した結果を示す. 普通ポルトランドセメントを使用する場合の式である式（3.5.3）により求めた D_r は実験データの中央値よりも上側に位置している. また，セメント協会（2008）の検討[3]や，伊藤ら（2015）による検討[4]より，低熱ポルトランドセメントを用いた場合の長期の塩分浸透深さが，普通ポルトランドセメントを用いた場合と同等であるというデータもある. 以上より，式（3.5.3）は低熱ポルトランドセメントを使用する場合にも適用してよいこととした.

　同様に図 3.5.5 にシリカフュームを使用した場合の実環境暴露による拡散係数測定データ[5),6)]に対して，k_D=0.64 を用いて D_r を求め，式（3.5.7）による D_r の予測式と比較した結果を示す. 高炉セメント B 種相当を使用する場合の式である式（3.5.7）により求めた D_r は実験データの中央値よりも上側に位置している. よって，式（3.5.7）はシリカフュームを使用する場合にも適用してよいこととした.

　以上のように，低熱ポルトランドセメントならびにシリカフュームを使用した場合にも予測式を用いて拡散係数の予測値 D_p を求めてよいこととしたが，参照する実験データ数は少ない状況である. より信頼性高く予測値を求めるために，今後データの蓄積が望まれる.

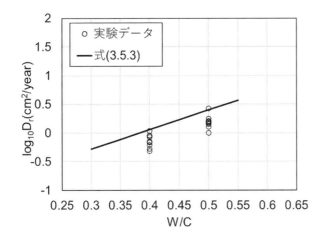

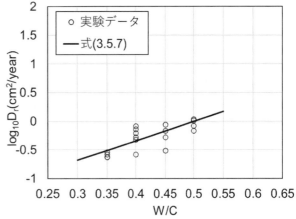

図 3.5.4 低熱ポルトランドセメントを使用した　　　図 3.5.5　シリカフュームを使用した場合の
　　　場合の実環境暴露データと式（3.5.3）の比較　　　　　　実環境暴露データと式（3.5.7）の比較

(3) 特性値の設定に関する安全係数γ_kの設定

　特性値の設定に関する安全係数は，塩害環境下での鋼材腐食の構造安全性への影響度に鑑み，材料物性がばらつきにより特性値を上回る確率を25%とすることとした．具体の値について，式（3.5.3）を定めた際のデータのばらつきを参考に導出した．図3.5.6に，式（3.5.3）を定めた際のデータに対して，特性値を上回る確率が異なるように設定したD_rの予測曲線を示す．

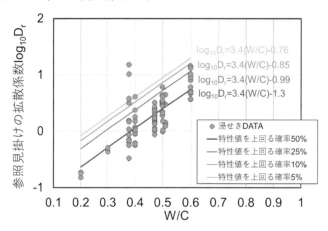

図3.5.6　異なる超過確率条件下のD_r予測曲線の比較

　特性値を上回る確率が50%の場合と25%の場合の$\log_{10}D_r$の予測式の切片の差は約0.32である．10の0.32乗は約2.1であることから，特性値の設定に関する安全係数γ_kは2.1とするのがよいこととした．電気泳動法を用いた場合などについては，本データと同様のばらつきを想定して，2.1を用いてもよいこととした．

(4) 材料特性の予測値の精度を考慮する安全係数γ_pおよび修正係数ρ_mの設定

　実環境暴露ならびに電気泳動試験，浸せき法を用いた場合との間で，示方書改訂時に参照したデータの中央値に差異があるなどするため，その違いを考慮する意図で，材料物性の予測値と算定値との相違を考慮する修正係数ρ_mならびに材料特性の予測値の精度を考慮する安全係数γ_pを用いることとした．

　まず，浸せき法を用いる場合について考える．普通ポルトランドセメントを使用した場合の浸せき法による見掛けの拡散係数について，設計耐用年数感度パラメータk_Dの平均値は0.70であった．図3.5.7に，これに基づき浸せき法による見掛けの拡散係数より$k_D=0.70$として求めた参照見掛けの拡散係数D_rの値と，2007年コンクリート標準示方書［設計編］の掲載式で参照した実環境暴露データから$k_D=0.52$として求めた参照見掛けの拡散係数D_rの値を比較した結果を示す．両者で$\log_{10}D_r$と水セメント比の関係を回帰した時の回帰式の差は$10^{0.089}$（≒1.2）であった．浸せき法によるデータの中央値$k_D=0.70$を用いるか，実環境暴露データに対して適した値として求められる$k_D=0.52$を用いるかという違いによって，参照見掛けの拡散係数D_rは$10^{0.09}$（≒1.2）だけ異なることとなり，このことから，浸せき法を用いて得られた見掛けの拡散係数D_{ap}を用いて塩化物イオン拡散係数の予測値D_pを求めた場合には，塩化物イオン拡散係数の特性値D_kを求める際，材料特性の予測値の精度を考慮する安全係数γ_pを用い，この時のγ_pは一般に1.2とするのがよいこととした．

　同様に，電気泳動法を用いる場合について考える．2017年版コンクリート標準示方書［設計編］に示されている拡散係数予測式の導出の際に参照された電気泳動法によるデータを用い，$k_D=0$（時間変化なし）として求めた参照見掛けの拡散係数D_{re}の値と，2007年版コンクリート標準示方書［設計編］の掲載式で参照した実環境暴露データから$k_D=0.52$として求めた参照見掛けの拡散係数D_rの値を比較した結果を図3.5.8に示す．両者で$\log_{10}D_r$と水セメント比の関係を回帰した時の回帰式の差は$10^{0.59}$（≒3.9）であった．参照する

測定データの中央値間で差があることから，電気泳動試験による実効拡散係数から換算した見掛けの拡散係数 D_{re} を用いて塩化物イオン拡散係数の予測値 D_p を求めた場合には，塩化物イオン拡散係数の特性値 D_k を求める際，材料物性の予測値と算定値との相違を考慮する修正係数 ρ_m を用い，この時の ρ_m は一般に 3.9 とするのがよいこととした．

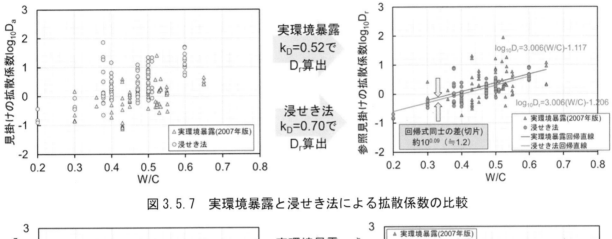

図 3.5.7　実環境暴露と浸せき法による拡散係数の比較

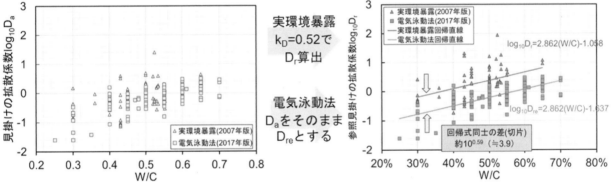

図 3.5.8　実環境暴露と電気泳動試験による拡散係数の比較

(5)　補足事項

　JSCE-G572「浸せきによるコンクリート中の塩化物イオンの見かけの拡散係数試験方法（案）」では，10%NaCl溶液にコンクリートを浸せきし，見掛けの拡散係数を求めることとしている．一方で，現実の海水中の塩分濃度は 3.5%程度である．NaCl 濃度が 3.5%の場合と 10%の場合の拡散係数の違いについての過去のデータに乏しい現状であるが，コンクリート中の鋼材の腐食性評価と防食技術研究小委員会（338 委員会）にて NaCl 濃度 10%と海洋暴露での D_{ap} の違いが取りまとめられ，海洋暴露で得た D_{ap} は浸せき法の約 1/3 であったともされている[7]．今後，データの蓄積により，NaCl 濃度や共存イオンが拡散係数に与える影響を明確にし，設計へ反映させることが望まれる．

3.5.2　かぶりの設計値の試計算

　本改訂により制定されたコンクリートの塩化物イオン拡散係数の特性値の算出式によって得られるかぶりの設計値 c_d を，セメント種類，コンクリート表面塩化物イオン濃度，設計耐用年数ごとに，2007 年版および 2017 年版と比較する．試計算にあたっては以下の条件を設定した．コンクリートの材料係数については、各年版において一般に用いる値として設定されている値とした．

・構造物係数：$\gamma_i = 1.0$

・鋼材位置における塩化物イオン濃度の設計値のばらつきを考慮した安全係数：γ_{cl}=1.3

・初期塩化物イオン濃度：C_i=0.30（kg/m³）

・表面塩化物イオン濃度：C_0=3.0，4.5，9.0，13.0（kg/m³）

・設計耐用年数：t=50，100（年）

・コンクリートの材料係数：γ_c=1.0（2007 年版，2017 年版），

　　　　　　　　　　　　　γ_c=1.3（2022 年版）

・ひび割れの影響：w/l=0.000（ひび割れなし）

　図 3.5.9〜図 3.5.11 はそれぞれ普通ポルトランドセメント，高炉セメント B 種相当，フライアッシュセメント B 種相当を使用して設計耐用年数を 50 年とした場合，図 3.5.12〜図 3.5.14 はそれぞれ普通ポルトランドセメント，高炉セメント B 種相当，フライアッシュセメント B 種相当を使用して設計耐用年数を 100 年とした場合のかぶりの設計値の試計算結果である．いずれの設計耐用年数でも，普通ポルトランドセメントについては，今回の改訂による計算値が 2007 年版よりも小さく，2017 年版よりも大きい値である．また，設計耐用年数が大きいほど今回改訂による計算値が 2017 年版による計算値に近づくものとなっている．高炉セメント B 種相当については，設計耐用年数を 50 年とした場合に 2017 年版よりわずかに大きい値であり，設計耐用年数を 100 年とした場合に 2017 年版の値とほぼ変わらない値となっている．フライアッシュセメント B 種相当については，2007 年版ならびに 2017 年版よりも小さい値となっている．結果として，フライアッシュセメント B 種相当を用いた場合のかぶりは高炉セメント B 種相当と同程度の値まで小さくなる改訂となる．

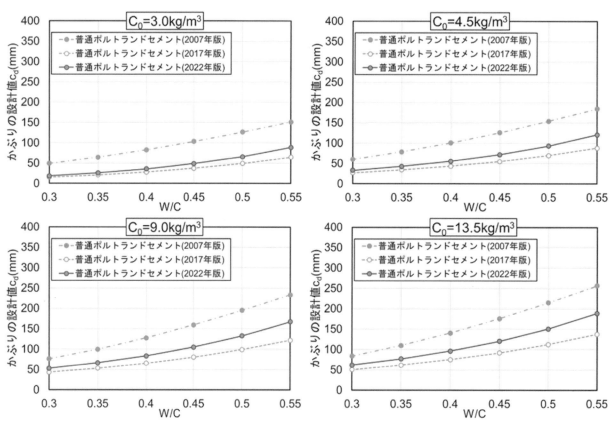

図 3.5.9　かぶりの設計値の試計算結果（普通ポルトランドセメント，設計耐用年数 50 年）

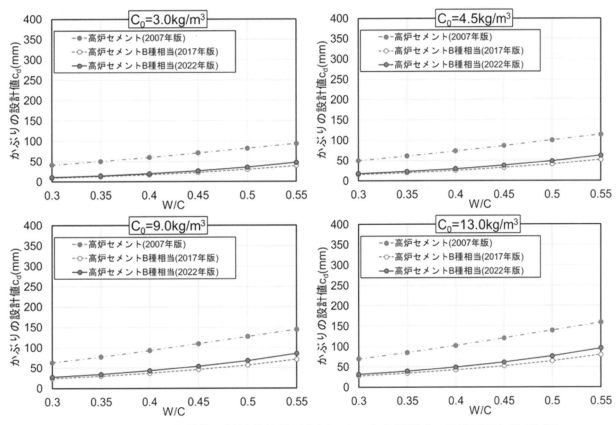

図3.5.10 かぶりの設計値の試計算結果（高炉セメントB種相当，設計耐用年数50年）

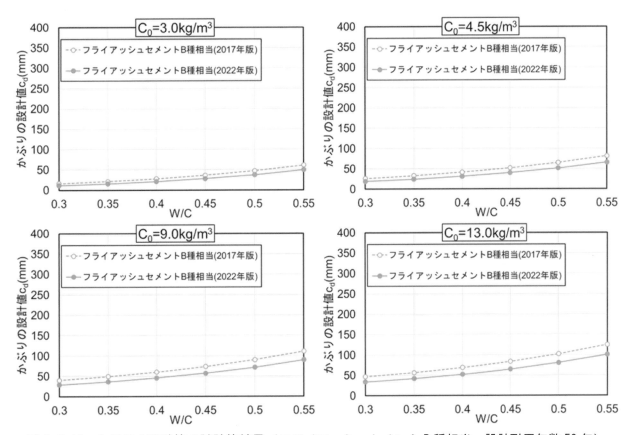

図3.5.11 かぶりの設計値の試計算結果（フライアッシュセメントB種相当，設計耐用年数50年）

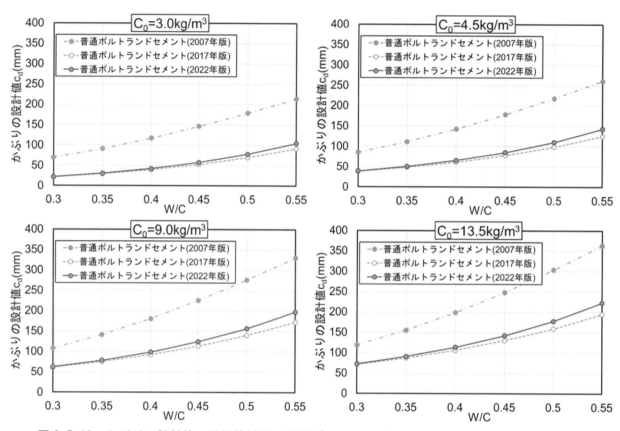

図3.5.12　かぶりの設計値の試計算結果（普通ポルトランドセメント，設計耐用年数100年）

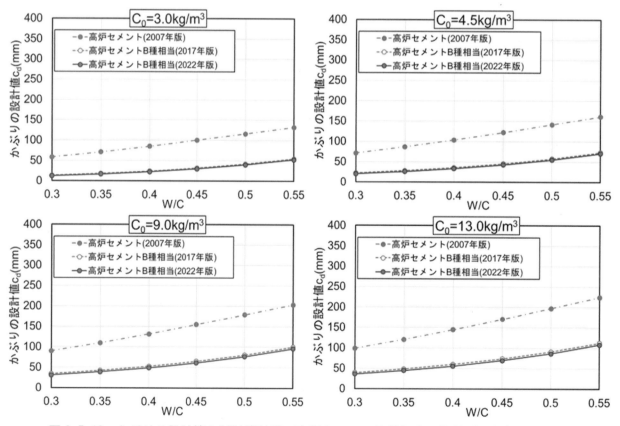

図3.5.13　かぶりの設計値の試計算結果（高炉セメントB種相当，設計耐用年数100年）

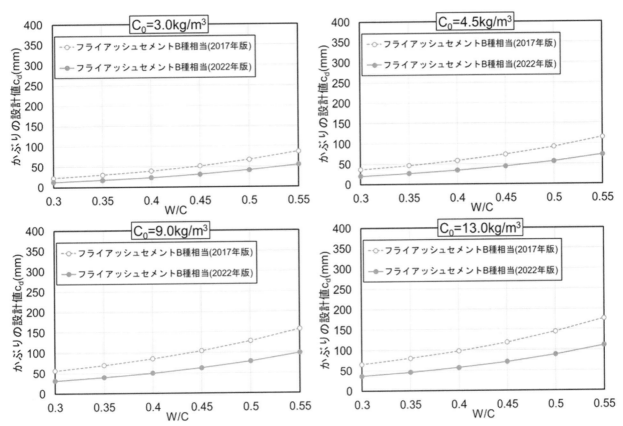

図 3.5.14　かぶりの設計値の試計算結果（フライアッシュセメント B 種相当，設計耐用年数 100 年）

　フライアッシュを使用した場合の高い塩分浸透抵抗性について，これまで多くの研究で指摘がされてきた．例えば，**図** 3.5.15 に示すように，護岸構造物において，フライアッシュを用いた配合で塩分浸透深さが表層に限られるような事例も報告されている（**図** 3.5.15 中の B0 が普通ポルトランドセメントを用いた配合，F1 および F2 がフライアッシュを使用した配合であり，それぞれ W/B は 0.56, 0.56, 0.47 である．high, middle, low は護岸中の測定位置の違いを表している）．この構造物の各配合について，2017 年版コンクリート標準示方書設計編と今回改訂の内容でそれぞれ必要かぶりを算出すると**表** 3.5.1 に示すようになる．なお，この時施工誤差は 0mm として算出している．フライアッシュを用いた場合に，実際に測定される塩分分布から考えて過度にかぶりが大きくなることが抑えられる結果となっている．

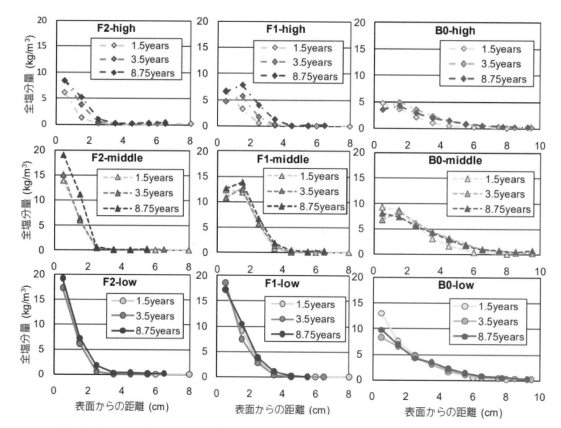

図 3.5.15　フライアッシュを用いた配合を含む護岸構造物の塩分分布測定結果 [8]

表 3.5.1　護岸構造物の必要かぶり算出結果

配合	W/B	設計耐用年数 50 年の場合		設計耐用年数 100 年の場合	
		2017 年版	2022 年版	2017 年版	2022 年版
B0	0.56	152 mm	185 mm	215 mm	218 mm
F1	0.56	138 mm	99 mm	195 mm	108 mm
F2	0.47	95 mm	65 mm	134 mm	71 mm

　他にも，伊良部大橋への適用事例 [9]などを中心に，塩害環境下にある鉄筋コンクリート構造物へのフライアッシュの利用は進められており，実環境への暴露条件下での長期材齢での試験データも集まりつつある [10].今後も長期のデータを蓄積することで，改訂式の妥当性の検証が行われることが期待される.

3.5.3　コンクリート表面塩化物イオン濃度の設定

　飛来塩分環境下のコンクリート表面塩化物イオン濃度について，標高が影響することが既に解説に記載されているが，佐伯らの検討 [11]をはじめとして，風向の影響が大きいことも知られている．そのため，風向の影響が明らかな場合には，適切に考慮してよい旨を解説文中に追記した.

　また，薄板モルタル板を用いた飛来塩分量の測定手法も提案されている．薄板モルタル板による飛来塩分量測定結果からコンクリート表面塩化物イオン濃度 C_0 を求める方法として，以下の式も提案されている [11].

$$C_0 = 0.66C_m \tag{3.5.9}$$

ここに，　C_0　：コンクリート表面塩化物イオン濃度（kg/m^3）

　　　　　C_m　：薄板モルタル供試体の塩化物イオン濃度（kg/m^3）

　一方で，凍結防止剤散布環境下においてコンクリート表面塩化物イオン濃度 C_0 を求める方法として，壁高

欄の走行路面から 30cm の高さを対象とした以下の式も提案されている [12].

$$C_0 = 0.286W_s \qquad\qquad (3.5.10)$$

ここに，W_s：凍結防止剤散布量（kg/m/年）

　以上の式について，前者については薄板モルタル板の入手の機会が限定的であること，後者は検証データおよび対象部材が限られていることから，示方書への掲載を見送った．今後状況が改善したり，データが蓄積されたりすることで信頼性の高い予測式の確立が可能となり，示方書へ掲載が行われることが望まれる．

参考文献

1) 井口重信，岸利治：拡散係数経時変化モデルの導入による塩分浸透照査の高度化の検討，コンクリート工学年次論文集，Vol.43, No.1, pp.490-495, 2022.

2) Y. Hosokawa. K. Yamada and H. Takahashi: Time dependency of Cl diffusion coefficients in concretes with varied phase compositions and pore structures under different environmental conditions, Journal of Advanced Concrete Technology, Vol.10, pp.363-374, 2012.

3) セメント協会コンクリート専門委員会：委員会報告ダイジェスト版 F-55 各種セメントを用いたコンクリートの耐久性に関する研究，2008.

4) 伊藤孝文，伊藤慎也，盛岡実，伊代田岳史：$CaO \cdot 2Al_2O_3$ と膨張材を併用した低熱ポルトランドセメントの塩分浸透抑制評価，第 42 回土木学会関東支部技術研究発表会，V-03, 2015.

5) M. Valipour, F. Pargar, M. Shekarchi, S. Khani, M. Moradian: In situ study of chloride ingress in concretes containing natural zeolite, metakaolin and silica fume exposed to various exposure conditions in a harsh marine environment, Construction and Building Materials, Vol.46, pp.63-70, 2013.

6) A. Farahani, H. Taghaddos, M. Shekarchi: Prediction of long-term chloride diffusion in silica fume concrete in a marine environment. Cement and Concrete Composites, Vol.59, pp.10-17, 2015.

7) 山路徹，審良善和，大里陸男，森晴夫：異なる試験方法により求めた銅スラグ細骨材コンクリートの塩化物イオン拡散係数の比較，コンクリート中の鋼材の腐食性評価と防食技術研究小委員会（338 委員会）シンポジウム論文集，pp.433-440, 2009.

8) 高橋佑弥，井上翔，秋山仁志，岸利治：実構造物中のフライアッシュコンクリートへの塩分浸透性状と調査時材齢の影響に関する研究，コンクリート工学年次論文集，Vol.32, No.1, pp.803-808, 2010.

9) 風間洋，渡久山直樹，砂川勇二，山田美智：伊良部大橋の主要部材に使用するコンクリートの材料選定と配合，コンクリート年次論文集，Vol.32, No.1, pp.893-898, 2010.

10) 風間洋，富山潤，砂川勇二，比嘉正也，小簱俊介：沖縄県の海岸線に 11 年間暴露したフライアッシュコンクリートの耐久性に関する研究，土木学会論文集 E2（材料・コンクリート構造），Vol.73, No.3, pp.251-270, 2017.

11) 佐伯竜彦，富山潤，中村文則，中村亮太，花岡大伸，安琳，佐々木厳，遠藤裕丈：飛来塩分環境下にあるコンクリートの表面塩化物イオン濃度評価式の検討，土木学会論文集 E2（材料・コンクリート構造），Vol.76, No.2, pp.98-108, 2020.

12) 酒井秀昭：凍結防止剤散布地域の橋梁壁高欄の塩化物イオン濃度の予測方法に関する研究，土木学会論文集 E, Vol.66, No.3, pp.268-275, 2010.

3.6　凍害によるコンクリートの劣化に対する照査

3.6.1　内部損傷に対する照査

　2007 年制定コンクリート標準示方書［設計編］にて，表 3.6.1 に示すコンクリートの凍結融解試験における相対動弾性係数とそれを満足するための水セメント比の表が制定され，この表によって相対動弾性係数の特性値を求めてよいこととなっている．この表では，導出される相対動弾性係数ならびに満足する水セメント比は空気量によらないものとなっているが，一方で，コンクリートの耐凍害性は空気量に大きく依存することが知られている．また現場において空気量のロスが生じ，それにより耐凍害性が損なわれることも懸念されており，現場における空気量のばらつきやロスなどを考慮した形で，適切に凍害抵抗性を確保するように水セメント比ならびに空気量を設定することが望まれる．以上より，空気量ならびにそのばらつきに応じた相対動弾性係数の特性値の設定について検討を実施した．

表 3.6.1　コンクリートの凍結融解試験における相対動弾性係数とそれを満足するための水セメント比（％）

	水セメント比（％）			
	65	60	55	45 以下
凍結融解試験における相対動弾性係数（％）	60	70	85	90

表に示す水セメント比の間の凍結融解試験における相対動弾性係数の値は直線補間して求めてよい．

　検討のために既往の実験による普通ポルトランドセメントを使用したコンクリートの相対動弾性係数データを収集し，設計空気量毎に整理して図 3.6.1 に示す．現行表による相対動弾性係数の予測値と比較すると，十分安全側の設定となっていることが理解できる．また，空気量が増大するにつれて，凍結融解試験による相対動弾性係数は大きくなる傾向にあることがわかる．

　このデータより，相対動弾性係数がばらつきにより特性値を下回る確率が 25％として，空気量及び水セメント比より相対動弾性係数の予測値 E_p を予測する式を以下のように提案することも可能と考えた．

$$E_p = 5 \cdot (a / \gamma_c - 4.5) - 50 \cdot (W/C) + 110 \quad (0.25 \leq W/C \leq 0.55) \tag{3.6.1}$$

$$E_p = 5 \cdot (a / \gamma_c - 4.5) - 250 \cdot (W/C) + 220 \quad (0.55 < W/C \leq 0.65) \tag{3.6.2}$$

ここに，a：コンクリートの空気量（％）．

　　　　γ_c：コンクリートの材料係数．一般に 1.3 としてよい．

　　　　W/C：水セメント比．

ただし，$65 \leq E_p \leq 100$．

　図 3.6.1 には，この予測式（案）による相対動弾性係数の算出結果を併せて示している．今後，この式の妥当性の検証が行われることで，次回改訂などで示方書への掲載が行われることが期待される．

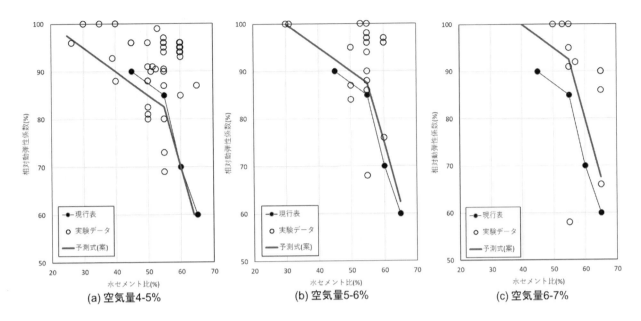

図3.6.1　凍結融解試験による相対動弾性係数と水セメント比の関係（実験データは文献1)～48)より）

　なお，相対動弾性係数の予測値 E_p を実験により求める場合には，コンクリートの凍結融解試験方法（JIS A 1148：2010）に準拠するとよい．JIS A 1148：2010 では，コンクリートの凍結融解作用に対する抵抗性を，供試体を用いて凍結および融解の急速な繰返しによって試験する方法について規定している．ただし，この試験方法は，軽量気泡コンクリートなどには適用しないこととされている．相対動弾性係数の予測値 E_p を凍結融解試験により求める場合には，実際に工事に用いるコンクリートの空気量を材料係数で除した値の空気量を有するコンクリートを用いて凍結融解試験を実施する必要があり，実際に工事に用いるコンクリートの空気量は，凍結融解試験を実施したコンクリートの空気量に材料係数を乗じた値とする必要がある．

　また，コンクリートの凍結融解試験における相対動弾性係数はセメントや混和材，骨材等の使用材料の種類と量およびその品質，打込みや締固めおよび養生の条件等により変化すると考えられるので，必要によりこれらの影響を考慮して予測するのがよいと考えられる．よって，蒸気養生を行ったプレキャストコンクリートについても実際の養生条件を考慮した予測が必要である．

3.6.2　補足事項

　現在のコンクリート標準示方書における凍害に対する照査の展望について，コンクリート構造物の耐凍害性確保に関する研究調査小委員会（359委員会）にて検討がなされた[49]．今後の示方書改訂に向けた主な課題として，例えば以下のような点が挙げられている．

・練混ぜ直後と打込み後の空気量の変化について，各因子の影響が整理されること．
→359委員会における検討結果を参照してまとめると，理想的な条件下では，荷下ろし時から硬化後までに，おおよそ 1.5%～2%程度の空気量減少があり，減少するのは，粗大なエントラップドエアであると考えられる．**図3.6.2**に各段階の空気量の変化について抜粋して記載する．

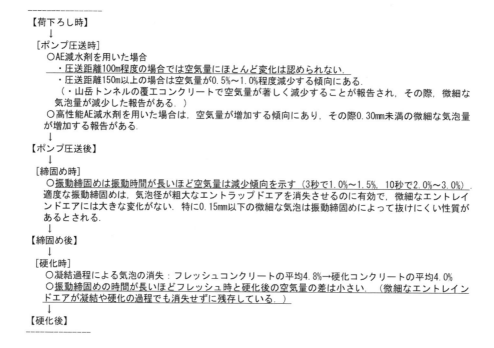

図 3.6.2　荷下ろし時から硬化後までの空気量の変化について

　　一般に，内部損傷に対してはフレッシュコンクリートの空気量が 4.5％程度で耐凍害性が確保される（一部 3.0％でも耐凍害性が確保されるという報告もある）一方で，表面損傷に対してはフレッシュコンクリートの空気量が 3.0％で大きく劣化が現れ，7.0％程度で表面損傷を抑制する効果があるとしている．耐凍害性を確保するために，鉄道会社などでは，完成時に空気量 4％を確保するために凍害地区では発注仕様を 5.5％±1％とするなどの対応もされていることもある．

・スケーリング抵抗性に関する試験方法の制定が望まれること．

→現在，スケーリング抵抗性ならびにスケーリング深さに関する試験方法が整っていないため，表面損傷（スケーリング）に対する照査において，設計限界値ならびに設計応答値を設定することができていない．

・相対動弾性係数などについて，実構造物の調査データと室内における凍結融解試験の挙動の対応関係をデータ蓄積により明らかにしていくこと．

→現在は，内部損傷による対する照査について，凍結融解試験における相対動弾性係数を特性値として照査を実施しているが，実構造物の相対動弾性係数や損傷を定量化し，進行予測することが可能となれば，実構造物中のコンクリートの内部損傷の特性値を設定して，照査することも可能になると考えられる．

　　今後，これらの点などについて検討が進められ，今後の改訂において示方書に反映されることが望まれる．

参考文献

1)　尾崎秀夫, 堺孝司：セメント代替少量混合成分のコンクリート性能への影響，セメント・コンクリート論文集，Vol.67，No.1，pp.259-265，2013.

2)　井上真澄, 森将, 岡田包儀：有機短繊維と高炉スラグ微粉末がコンクリートの耐凍害性に及ぼす影響，セメント・コンクリート論文集，Vol.67，No.1，pp.393-398，2013.

3)　湯浅憲人, 大野和義, 木村潤市, 坂井悦郎：プレキャストコンクリート製品の高耐久化，セメント・コン

クリート論文集，Vol.70，No.1，pp.450-457，2016.

4) 大和功一郎，山地功二，吉武勇：耐塩害用混和材を用いたコンクリートの諸性状，セメント・コンクリート論文集，Vol.71，No.1，pp.667-673，2017.

5) 榊原直樹，冨塚翔太，子田康弘，岩城一郎：フライアッシュIV種で管理される石炭灰を用いたコンクリートの品質と性能評価，セメント・コンクリート論文集，Vol.73，No.1，pp.176-183，2019.

6) 岩城一郎，子田康弘，大越雅城，上原子晶久，鈴木基行：凍結防止剤により劣化したプレテンションホロースラブ桁橋の詳細調査とその劣化機構の解明，土木学会論文集 E2，Vol.69，No.1，pp.53-66，2013.

7) 西祐宜，中江理，橋爪進，名和豊春：水溶性収縮低減剤が乾燥収縮および凍結融解に与える影響，コンクリート工学年次論文集，Vol.31，No.1，pp.1099-1104，2009.

8) 鈴木好幸，谷本文由，新大軌，濱幸雄：コンクリートの凍結融解抵抗性に及ぼす表面改質材および被覆材の影響，コンクリート工学年次論文集，Vol.31，No.1，pp.1153-1158，2009.

9) 宮崎健治，天羽和夫，横井克則，水口裕之：溶融スラグ細骨材と建設汚泥固化物を補充材として用いたコンクリートの基礎的性質，コンクリート工学年次論文集，Vol.31，No.1，pp.1813-1818，2009.

10) 金子泰治，井上正一，黒田保，吉野公：全骨材に溶融スラグを用いたコンクリートの物性と品質改善，コンクリート工学年次論文集，Vol.31，No.1，pp.1825-1830，2009.

11) 古川雄太，石川嘉崇，阿部道彦，友澤史紀：品質改善した石炭溶融スラグ細骨材を用いたコンクリートの諸性状，コンクリート工学年次論文集，Vol.32，No.1，pp.77-82，2010.

12) 内藤英樹，山洞晃一，古賀秀幸，鈴木基行：凍結融解作用を受けた繊維補強コンクリートの引張特性，コンクリート工学年次論文集，Vol.32，No.1，pp.863-868，2010.

13) 田中宏和，李柱国，流田靖弘：複数の再生細骨材を用いたコンクリートの性能に関する実験的考察，コンクリート工学年次論文集，Vol.32，No.1，pp.1409-1414，2010.

14) 上本洋，阿部道彦，鹿毛忠継，浅野研一：高炉スラグ細骨材を用いたコンクリートの凍結融解に関する実験，コンクリート工学年次論文集，Vol.33，No.1，pp.119-125，2011.

15) 大西利勝，井上正一，黒田保：微粒分が多い石灰石骨材を用いたコンクリートの配合と物性，コンクリート工学年次論文集，Vol.33，No.1，pp.143-148，2011.

16) 森田匡隆，周藤将司，緒方英彦，高田龍一：凍結融解作用によるコンクリート開水路の表面変状の発生形態，コンクリート工学年次論文集，Vol.33，No.1，pp.911-916，2011.

17) 弓場上有沙，橋本親典，渡邊健，石丸啓輔：再生骨材コンクリートによる JIS の凍結融解試験方法（A法）と液化窒素を用いた簡易急速凍結融解試験方法の比較，コンクリート工学年次論文集，Vol.33，No.1，pp.941-946，2011.

18) 松坂祐介，宮崎健治，横井克則，上田隆雄：低度処理骨材を用いた再生コンクリートの性能向上に関する研究，コンクリート工学年次論文集，Vol.33，No.1，pp.1565-1570，2011.

19) 片平博，下谷裕司，渡辺博志，田口史雄：各種低品質コンクリートの暴露 3 年の結果，コンクリート工学年次論文集，Vol.33，No.1，pp.755-760，2011.

20) 大西利勝，井上正一，黒田保，藤田龍二：微粒分が多い石灰石骨材を使用したコンクリートの乾燥収縮と耐凍害性，コンクリート工学年次論文集，Vol.34，No.1，pp.82-87，2012.

21) 上本洋，阿部道彦，鹿毛忠継，浅野研一：高炉スラグ細骨材と天然砂を混合した細骨材を用いたコンクリートの凍結融解に関する実験，コンクリート工学年次論文集，Vol.34，No.1，pp.100-105，2012.

22) 齋藤憲寿，加賀谷誠：凍結融解作用を受けたかぶりコンクリートのひび割れ密度の深さ方向分布，コン

クリート工学年次論文集, Vol.34, No.1, pp.628-633, 2012.

23) 山崎舞, 千歩修, 長谷川拓哉：高炉スラグ細骨材を用いたコンクリートの耐凍害性におよぼすブリーディングの影響, コンクリート工学年次論文集, Vol.34, No.1, pp.898-893, 2012.

24) 内藤英樹, 山洞晃一, 古賀秀幸, 鈴木基行：凍結融解作用を受けた腹鉄筋のない RC はりのせん断耐力, コンクリート工学年次論文集, Vol.34, No.1, pp.916-921, 2012.

25) 鹿野裕, 小林孝一, 六郷恵哲：ASR と凍害による複合劣化に関する基礎的研究, コンクリート工学年次論文集, Vol.34, No.1, pp.1000-1005, 2012.

26) 齊藤和秀, 吉澤千秋, 吉田亮, 梅原秀哲：収縮低減剤と高炉スラグ細骨材を使用したコンクリートの性質, コンクリート工学年次論文集, Vol.35, No.1, pp.439-444, 2013.

27) 宮川美穂, 岩城圭介, 佐々木秀一, 入内島克明：後添加型液体増粘剤を使用した中流動コンクリートに関する研究, コンクリート工学年次論文集, Vol.36, No.1, pp.160-165, 2014.

28) 斎藤憲寿, 徳重英信：算術平均粗さによる凍結融解作用を受けたかぶりコンクリートの劣化評価に関する研究, コンクリート工学年次論文集, Vol.36, No.1, pp.796-771, 2014.

29) 坂本久史, 松岡克明, 井上新作, 横井克則：内部振動機による締固めがコンクリート中の空気量および耐凍害性に及ぼす影響, コンクリート工学年次論文集, Vol.36, No.1, pp.1054-1059, 2014.

30) 福上大貴, 水越睦視：銅スラグ細骨材を多量に用いたフライアッシュ II 種併用コンクリートの基礎的性状, コンクリート工学年次論文集, Vol.36, No.1, pp.1774-1779, 2014.

31) 鈴木翔太, 田澤榮一, Jariyathitipong Paerrna, 笠井哲郎：ダブルミキシングで製造したプレキャストコンクリートの耐凍害性と細孔構造に関する研究, コンクリート工学年次論文集, Vol.36, No.2, pp.355-360, 2014.

32) 渡邉真史, 三本巌, 我妻佳幸：再生細骨材 H を使用したコンクリートのフレッシュ性状および硬化性状に関する実験, コンクリート工学年次論文集, Vol.36, No.1, pp.1744-1749, 2014.

33) 竹下永造, 長塩靖祐：膨張材を混和したコンクリートの凍結融解抵抗性評価に関する実験的検討, コンクリート工学年次論文集, Vol.37, No.1, pp.817-825, 2015.

34) 松沢友弘, 鳴海玲子, 西友宜, 濱幸雄：耐凍害性を改善した収縮低減剤の使用量および気泡組織の品質が凍結融解挙動に及ぼす影響, コンクリート工学年次論文集, Vol.37, No.1, pp.823-828, 2015.

35) 石田剛郎, 大和巧一朗, 山地功二, 津郷俊二：耐塩害・高耐久性混和材を用いたコンクリートの諸性状, コンクリート工学年次論文集, Vol.37, No.1, pp.733-738, 2015.

36) 片平博, 古賀裕久：振動締固めが凍結融解・スケーリング抵抗性に与える影響, コンクリート工学年次論文集, Vol.38, No.1, pp.999-1004, 2016.

37) 平田大希, 橋本親典, 横井克則, 渡邉健：多量のフライアッシュおよび高炉スラグ細骨材の使用による低度処理再生粗骨材コンクリートの耐凍害性向上に関する研究, コンクリート工学年次論文集, Vol.38, No.1, pp.1785-1790, 2016.

38) 齋藤敏樹, 関谷美智, 開洋介：フライアッシュコンクリートの室内試験および暴露試験による耐久性について, コンクリート工学年次論文集, Vol.39, No.1, pp.181-186, 2017.

39) 溝渕麻子, 小林利充, 吉田理紗：顔料を用いたカラーコンクリートの基本特性に関する実験的研究, コンクリート工学年次論文集, Vol.39, No.1, pp.487-492, 2017.

40) 青江匡剛, 橋本親典, 石丸啓輔, 渡邊健：液体窒素を用いた残存凍結融解抵抗性を評価する試験方法の提案, コンクリート工学年次論文集, Vol.39, No.1, pp.805-510, 2017.

41) 吉田行，安中新太郎：収縮低減材料による乾燥収縮ひび割れ低減効果と凍結融解抵抗性，コンクリート工学年次論文集，Vol.39，No.1，pp.811-816，2017.

42) 橋本学，林大介，水野浩平，五十嵐数馬：中空微小球を用いたコンクリートのフレッシュ性状および凍結融解抵抗性に及ぼす影響，コンクリート工学年次論文集，Vol.39，No.1，pp.2143-2148，2017.

43) 黒岩秀介，根東正茂，小泉賢一，高御堂良治：空気量の範囲が凍害劣化予測に及ぼす影響に関する検討，コンクリート工学年次論文集，Vol.39，No.1，pp.841-846，2017.

44) 田中湧磨，藤井隆史，綾野克紀：結合材の種類が高炉スラグ細骨材を用いたコンクリートの性能に与える影響，コンクリート工学年次論文集，Vol.41，pp.65-70，2019.

45) 大谷俊浩，秋吉善忠，佐藤嘉昭，日高幸治：フレッシュ時の経時変化が加熱改質フライアッシュコンクリートの耐凍害性に及ぼす影響，コンクリート工学年次論文集，Vol.41，pp.827-832，2019.

46) 片平博，古賀裕久：空気量や細骨材・粗骨材の品質が塩分環境下の凍結融解抵抗性に与える影響，コンクリート工学年次論文集，Vol.41，No.1，pp.875-880，2019.

47) 梁俊，坂本淳，丸屋剛，大内雅博：気泡増量コンクリートに関する基礎研究，コンクリート工学年次論文集，Vol.41，No.1，pp.1049-1054，2019.

48) 谷口円，板橋孝至，田中大之，中村拓郎：凍結融解作用による内部損傷の評価，コンクリート工学年次論文集，Vol.41，No.1，pp.863-868，2019.

49) 土木学会：コンクリート構造物の耐凍害性確保に関する調査研究小委員会（359委員会）報告書およびシンポジウム論文集，コンクリート技術シリーズ127，2022.

3.7　アルカリシリカ反応に対する照査

3.7.1　導入に向けた検討の背景

　アルカリシリカ反応（以下，ASR）に対しては，施工編において適切な抑制対策を材料選定および配合設計の段階で実施し，劣化を発生させないことを前提（ASR抑制型）とすることで，構造物の性能の前提が満足されるとしてきた．これに対し，ASRによるコンクリートの劣化，さらには構造物の性能との関係に関する研究成果の今後の蓄積を期待するとともに，良質の骨材資源の減少，および環境に配慮したポゾラン材料などの混和材料の有効利用が予想される現状では，設計段階において，ASRに伴うコンクリートの劣化を想定し，これに基づく構造物の設計耐用期間における性能の確保を行っていくことが期待される．そこで，これまでのASR抑制型の設計から，構造物の要求性能からASR膨張率の設計限界値を設定し，膨張率の設計応答値がこれを超えないことを確認するような，ASR制御型の設計[1]の可能性を考えた．

　一方，ASRに関する耐久設計や耐久性照査については，施工段階で決定する材料や配合の影響を大きく受けることから，設計ですべてを完結できないという課題がある．ただし，現行示方書では耐久性照査を設計編に集約していることから，ASRについても同様に設計編に含めることが，示方書全体の整合性を高める．また，発注者が主導したASR抑制対策を実施する実務事例も一部にあり，設計段階から検討の枠組みを示すことが，施工段階で後戻りが発生しない合理的な体系を構築できる可能性がある．

　しかし，ASRを設計で取り扱う場合，これまでの材料規定（総アルカリ量規制など）であると，施工編での取扱いになり，設計編に取り入れることが難しい．そこで，設計編で取り扱えるコンクリートの特性（膨張率の特性値，設計応答値）を指標とし，構造物の要求性能からASR膨張率の設計限界値を設定，膨張率の設計応答値がこれを超えないことを確認する設計体系を考えた．膨張率の特性値を用いることで，例えば数値構造解析を用いてASRの発生した部材断面の耐力と断面力を照査することができる．また，膨張率の設計限界値は，構造物の要求性能から定める．これにより，技術力のある技術者が，任意の膨張率に対して自在に設計できる体系とすることができる．ただし，促進膨張試験による膨張挙動のデータ[1]は蓄積されつつあるものの，現状の技術で膨張率の特性値を精緻に予測することは難しく，即座にASR膨張の設計応答値を制御できる状況にはない．一方，膨張率の設計限界値も，構造物や部材の重要性等から定めるもので，確実に安全側の膨張率を設定することの難しさがある．そこで，標準では，現状の抑制対策を採れば，みなし規定的に設計ができるということにして，現状の抑制対策と齟齬がないように運用していく方針とした．

　このような観点でASRに対する照査の導入を目指したが，上述の通り，現状の技術で膨張率の特性値，特に種々の拘束条件や環境条件下にある構造物中で，膨張率の特性値を精緻に予測することは難しく，また，現状の種々の試験においてASR膨張の設計応答値を確実に制御できる状況にはなく，今後の研究成果やさらなる知見の蓄積が必要と判断されたことから，今回の改訂での導入は見送られた．以下では，導入に向けて検討した［本編］および［標準］の条文案，解説の骨子について記述する．

3.7.2　照査案の概要

（1）照査の原則および条文案

　ASR劣化は，コンクリートの膨張を伴い，コンクリートにひび割れをもたらし，物質の透過に対する抵抗性を低下させるとともに，弾性係数や強度等のコンクリートの力学特性にも影響を与える．そこで，照査の方針として，凍害等と同じく，ASRによってコンクリートに多少の劣化は生じるが構造物の性能は損なわれないレベルを，ASRに関する構造物の性能の限界状態ととらえ，構造物のASRに対する照査をコンクリートのASRに対する照査に置き換えることとした．すなわち，コンクリートの膨張がASRによる劣化を表す

指標と考え，構造物の重要度，要求性能，立地条件および環境条件に応じた ASR によるコンクリートの膨張率の設計限界値を設定し，これを超えない膨張率の設計応答値を考えることにより，設計耐用期間中の構造物の ASR に対する照査をコンクリートの ASR に対する照査に置き換えることとした．アルカリシリカ反応に対する照査として用いる条文の案を，**表** 3.7.1 に示す．

表 3.7.1　アルカリシリカ反応に対する照査の条文案

本編/標準	条文案
本編	（第一次案） 　アルカリシリカ反応に対する照査は，コンクリートの ASR による膨張率の設計応答値ε_dとその設計限界値ε_{lim}との比に構造物係数γ_iを乗じた値が，1.0 以下であることを確かめることにより行うことを原則とする． $$\gamma_i \frac{\varepsilon_d}{\varepsilon_{lim}} \leq 1.0$$ 　ここに，γ_i　：構造物係数 　　　　ε_d　：コンクリートの ASR による膨張率の設計応答値 　　　　ε_{lim}：コンクリートの ASR による膨張率の設計限界値
	（第二次案） 　アルカリシリカ反応に対する照査は，コンクリートの ASR による自由膨張率の設計応答値ε_dとその設計限界値ε_{lim}との比に構造物係数γ_iを乗じた値が，1.0 以下であることを確かめることにより行うことを原則とする． $$\gamma_i \frac{\varepsilon_d}{\varepsilon_{lim}} \leq 1.0$$ 　ここに，γ_i　：構造物係数 　　　　ε_d　：コンクリートの ASR による自由膨張率の設計応答値 　　　　ε_{lim}：コンクリートの ASR による自由膨張率の設計限界値
標準	（1）アルカリシリカ反応に対する照査は，コンクリートの ASR による自由膨張率の設計応答値ε_dとその設計限界値ε_{lim}との比に構造物係数γ_iを乗じた値が，1.0 以下であることを確かめることにより行うことを原則とする． $$\gamma_i \frac{\varepsilon_d}{\varepsilon_{lim}} \leq 1.0$$ 　ここに，γ_i　：一般に 1.0〜1.1 としてよい． 　　　　ε_d　：コンクリートの ASR による自由膨張率の設計応答値 　　　　ε_{lim}：コンクリートの ASR による自由膨張率の設計限界値 （2）ASR に対する適切な抑制対策を講じる場合は，上記の照査を満足するとしてよい．

　ASR によるコンクリートの膨張が発生しても，鋼材による拘束が十分であれば，構造物の性能低下は大きくないとする研究例もあるように，ASR によるコンクリートの膨張率とコンクリートの特性，特に，力学特性との関係は，鋼材などの拘束の条件により膨張率が変化し，それに伴って変化する．コンクリート構造物の性能を照査する原則から，膨張率の設計応答値あるいは設計限界値として，鋼材などの拘束条件下での膨張率を用い，それらと構造物の性能を直接結び付ける照査を［本編］の第一次案として考えた．しかし，現状では，拘束条件下の膨張率を検討するための一般的な試験方法がなく，コンクリート構造物の性能との関

係を定量化することがきわめて困難である．また，実構造物の環境下では，ASR の劣化が長期にわたって進行することが多く，設計耐用期間中の膨張率の設計応答値を求めることが容易でない．コンクリートや骨材の膨張可能性を検討するための促進試験方法がいくつか提案されているが，実構造物の環境を再現しているものではない．

　このように実構造物でのコンクリートの膨張率の設計応答値を定めることは現状のレベルではきわめて困難である．このため，設計耐用期間中に生じる可能性のあるコンクリート自体の最大の膨張率（自由膨張率）を設計応答値として用いることを想定し，構造物の ASR に対する照査をコンクリートの ASR による膨張率に対する照査に置き換える［本編］第二次案も考慮した．このとき，コンクリートの膨張率としては，現状でいくつか存在する促進試験方法で採用されている自由膨張率を用いる．自由膨張下では，拘束のある場合よりも，コンクリートの力学特性が大きく低下することが多いため，自由膨張率を用いることで構造物の性能としては安全側に評価できる場合もある．また，物質の透過に対する抵抗性が重視される場合は，比較的拘束の少ないかぶりの膨張を考える必要があるため，自由膨張率を用いてもよいと考えられる．

(2) 解説案の概要

　ASR に関しては，施工段階で決定する材料や配合の影響を大きく受ける．そこで，解説では，使用する骨材が設計段階である程度特定できる場合とそうでない場合を考慮した設計とする必要があることを示した．使用する骨材が設計段階である程度特定でき，その地域的特性が実績等から把握できる場合，構造物に用いるコンクリートの配合と想定される構造物の供用環境を考慮した適切な促進膨張試験により膨張率の予測値を求めることで ASR による自由膨張率の設計応答値を定めることができる．［標準］ではさらに，現在利用されている促進試験方法を示した．まず，JIS A 1145「骨材のアルカリシリカ反応性試験方法（化学法）」，JIS A 1146「骨材のアルカリシリカ反応性試験方法（モルタルバー法）」がある．しかし，これらは骨材の反応性を試験する方法であり，コンクリートの膨張率を試験するためには，コンクリート供試体を用いることが望ましいとした．コンクリート供試体を用いる促進試験方法には，JCI-S-010-2017「コンクリートのアルカリシリカ反応性試験方法」や JASS 5N T-603「コンクリートの反応性試験方法（案）」などがある．また，既存構造物からのコア供試体を利用する方法として，JCI-S-011-2017「コンクリート構造物のコア試料による膨張率の測定方法」，海外の試験方法として，飽和 NaCl 溶液浸せき法，アルカリ溶液浸せき法などがある．これらの試験方法に従ってコンクリートの促進環境下での自由膨張率を求めることができる．しかし，それぞれの試験は，コンクリートの膨張可能性を明らかにするためのもので，必ずしも実環境での膨張率を示すものではない．促進環境と実際の構造物に想定される環境の相違，あるいは試験方法（温湿度，アルカリ溶液およびその収支，試験期間，等）と骨材の反応性との関係性を明らかにするにあたっては課題も多い．このため，設計で想定する構造物の供用環境に基づき，適切な促進試験方法を用いなければならない．なお，これまで用いられた実構造物のコンクリートにおける ASR による膨張率の実績が利用できる場合，これから求めることもできるとした．

　また，コンクリートの自由膨張率の設計限界値についても，対象とする構造物の拘束条件や環境条件を十分に考慮して定める必要がある．ASR による自由膨張率の設計限界値は，ASR によるコンクリートの膨張とコンクリートの特性の関係から定める．しかし，自由膨張率とコンクリートの力学特性の関係は研究成果が蓄積されつつある[2]ものの，定量的な評価には至っておらず，さらには，膨張によるコンクリートのひび割れと物質の透過に対する抵抗性の関係は不明な点が多い．ここでは，例えば，ひび割れの発生を抑制したい場合，構造物の力学的な特性に関する使用性，安全性の低下を抑制したい場合，供用中の外部からのアルカ

リの供給が懸念される場合など，構造物の重要度，要求性能および環境条件を十分に考慮したASRによる膨
張率の設計限界値を適切に定める．このとき，上記の各種促進試験方法のいくつかには，それぞれの試験方
法に応じた自由膨張率の限界値（判定基準あるいは判定のための参考値）が示されていることも多く，促進
試験方法との組合せで限界値を設定することもできる．ただし，これらの判定基準等の値は，それぞれの試
験方法に対しての基準値として設定されているため，試験方法との関係性を十分理解した上で適用する必要
がある．

　一方，現状では，ASRによる自由膨張率の設計応答値および設計限界値の設定，およびこれらを用いた照
査が難しい場合も多い．そこで［標準］の（2）として，使用する骨材が設計段階で特定できており，骨材
の地域性や過去の実績からASRの可能性が小さいと判断できる場合や，骨材の地域性や過去の実績からASR
の可能性があるものの，構造物の重要度や要求性能を踏まえて，厳しい抑制対策が必要でないと判断できる
場合においては，以下に示す［施工編］のASRに対する抑制対策を適切に実施することを情報伝達すること
で，ASRに対する照査を満足しているとしてよい，とするみなし規定を導入し，現状の運用と齟齬が無いよ
うに配慮した．なお，レディーミクストコンクリートを使用する場合には，以下の抑制対策のうち，（i）あ
るいは（ii）を優先して実施する．

（i）コンクリート中のアルカリ総量の抑制

　試験成績表等にアルカリ量が明示されたポルトランドセメントを使用し，その他の使用材料のアルカリ分
を含めてコンクリート$1m^3$に含まれるアルカリ総量がNa_2O換算で3.0kg以下となるようにする．なお，使
用材料や環境によっては，アルカリ総量を$3.0kg/m^3$に抑えた配合のコンクリートであっても，ASRによる変
状が発生する事例も報告されており，複数の抑制対策を講じることが望ましい場合もある．

（ii）アルカリシリカ反応抑制効果をもつ混合セメントの使用

　JIS R 5211「高炉セメント」に適合する高炉セメントB種（スラグ混合率40%以上）またはC種，あるい
はJIS R 5213「フライアッシュセメント」に適合するフライアッシュセメントB種（フライアッシュ混合率
15%以上）またはC種を用いる．あるいは，高炉スラグ微粉末やフライアッシュ等の混和材をポルトランド
セメントに混入し，アルカリシリカ反応抑制効果の確認された混合率で使用する．

（iii）アルカリシリカ反応性試験で区分A「無害」と判定される骨材の使用

　JIS A 1145「骨材のアルカリシリカ反応性試験方法（化学法）」またはJIS A 1146「骨材のアルカリシリカ反
応性試験方法（モルタルバー法)」により無害であることが確認された骨材を使用する．

　さらに，設計段階で使用する骨材が特定できており，骨材の地域性や過去の実績からASRの可能性が高
く，構造物の重要性，要求性能とその水準，供用環境も踏まえて，より確実な抑制対策を目指したい場合を
［標準］では記載することとした．例えば，アルカリ金属イオンの侵入経路となるひび割れを低減させるた
めの対策，あるいは表面保護工法等をあらかじめ行うことを設計で定めることで，外部からのアルカリ金属
イオンの侵入をできるだけ低減させるのが望ましいとした．また，供用期間中の膨張のモニタリングを併用
することも効果的であるとした．ただし，表面保護工法のうち，表面被覆工法を適用する場合，構造物のコ
ンクリート内部の含水率が高いことや，工法を適用した面以外からの水分供給があることが想定される条件
下では注意が必要である．

　ここで，骨材の地域性や過去の実績から分かる情報としては，例えば，上記の（i）から（iii）のASR抑制
対策が行われた以降に劣化した事例がある，あるいは地域としては同じであるものの骨材供給事情が変わり，
岩種として反応性を有する可能性が高いが，まだそれらに対しての反応性の検証が十分にない場合などがあ
り，これらのような場合は，ASRの可能性が高いものとして考慮する．［標準］では，JIS A 1146「骨材のア

ルカリシリカ反応性試験方法（モルタルバー法)」により区分 A「無害」と判定される骨材であっても ASR が発生した事例があることを踏まえ，区分 A「無害」と判定される骨材のうち，JIS A 1146 による試験で，材齢 26 週における膨張率が 0.05〜0.1%の範囲にあるものを「準有害」とし，このような骨材に対して，上記（i）のアルカリ総量の抑制をより厳しく 2.2 kg/m³ に設定する，あるいは（ii）の対策を併用する事例[3]もあることを記載し，参考とすることができるとした．また，エネルギー関連施設などの特に重要な構造物に対しては，骨材の反応可能性を岩石学的試験に基づき評価する方法などもあることを示した．

　以上が，使用する骨材が設計段階である程度特定でき，その地域的特性が実績等から把握できる場合であるが，設計段階で使用する骨材が不明で，［施工編］において使用する材料が特定される場合は，先述の［施工編］の ASR に対する抑制対策を適切に実施するよう，設計での方針を確実に伝達することを記載した．

　ここまで述べたような条文および解説案により，ASR に対する照査の導入を試みたが，現状の技術で膨張量の特性値，特に種々の拘束条件や環境条件下にある構造物中で，膨張率の特性値を精緻に予測することは難しい現状にある．また，コンクリートの自由膨張率と構造物中での膨張率の関係，これらの膨張率と構造物あるいは部材の性能の関係は定量的な評価ができる段階にない．さらには，現状の種々の試験において ASR 膨張の設計応答値を確実に予測できる状況にはないことから，これらの照査体系を現実のものとするためには，今後の研究成果やさらなる知見の蓄積が必要であることがあらためて指摘された．

参考文献

1) 日本コンクリート工学会：性能規定に基づく ASR 制御型設計・維持管理シナリオに関するシンポジウム委員会報告書，2017.

2) 土木学会：アルカリ骨材反応対策小委員会報告書－鉄筋破断と新たなる対応－，コンクリートライブラリー124，2005.

3) 松田芳範，隈部佳，木野淳一，岩田道敏：アルカリ骨材反応の JR 東日本版抑制策の制定について，コンクリート工学，Vol.50，No.8，pp.669-675，2012.

3.8 初期ひび割れに関する改訂事項

3.8.1 初期ひび割れに対する照査フロー

コンクリートの収縮やセメントの水和熱に起因する初期ひび割れが，構造物の耐久性や安全性，使用性等の所要の性能に影響を与えないよう，設計段階から検討しておくことは重要である．初期ひび割れの発生は，コンクリートの使用材料や配合のみならず，施工の時期や方法等にも影響を受けることから，照査を確実に行うにはこれらの諸条件を考慮する必要がある．しかし，実際には，設計段階から施工の諸条件を把握，あるいは想定することには限界があり，実状として設計段階における一次照査と施工計画段階における二次照査によって，初期ひび割れの確実な対策が取れるようコンクリート標準示方書では改訂を重ねてきた．

2017 年版の「**解説 図 12.1.1**」では，「既往の実績のみで温度ひび割れが発生するか否か，もしくは有害なひび割れ発生するか否かの判断をする」場合には，「既往の実績に基づいてひび割れの発生の判断あるいはひび割れ幅の推定を行う」照査フローが示されていたが，「**12.2 セメントの水和に起因するひび割れに対する照査**」の中には，温度応力解析による照査方法のみが記載されており，既往の実績に基づいた照査方法に関する記載が示されていなかった．そのため，今回の改訂では，「**12.2.1 一般（4）**」の本文に既往の実績に基づく照査方法に関する内容を追記した．さらに，「**12.2.1 一般（4）**」の解説に既往の実績に基づくひび割れの照査を検討する代表例として山口県での取組み事例に関する内容を追記した．

3.8.2 ひび割れ発生に対する照査

(1) コンクリートの引張強度

理論的にはひび割れ発生確率が 50%となるのは，構造物中の引張強度と構造物中の引張応力が等しい場合と考えられるが，2012 年版では「ひび割れ指数の算定に用いるコンクリートの引張強度は，供試体を用いた割裂引張強度試験により定めることを標準とする」とされ，一般的に構造物中の引張強度より供試体の方が大きくなるため，安全係数が 1.0 の時のひび割れ発生確率が 50%よりも大きくなるはずであるのに，与えられた図では安全係数が 1.0 の時のひび割れ発生確率が 50%になっていて理論的な不整合があった．この課題に対応するため，2017 年版では，圧縮強度から引張強度を推定する場合，供試体の引張強度と構造物中の引張強度との差の影響を考慮して推定するものと解釈を変更することで，時間的な制約から実務での混乱を回避しながら概念的な不整合を解消する最低限の改訂がなされた．

2017 年版では，構造部中のコンクリートの引張強度は，**図 3.8.1** に示す 2008 年版の日本コンクリート工学協会「マスコンクリートのひび割れ制御指針」の推定式が用いられている．しかし，この推定式は供試体から得られた圧縮強度と割裂引張強度との関係から得られた式であり，構造物中のコンクリートの引張強度との関係が明記されておらず，理論的な根拠が明確ではない．また，指針推定式とされる図中の黒線は割裂引張強度の下限値を与えるように定式化されており，図中の赤線で示された割裂引張強度の中央値（推定）とは乖離している．そこで，今回の改訂では，「標準 6 編 2 章 2.1（1）」の本文に，ひび割れ発生確率は構造物中のコンクリートの引張強度と引張応力の比であることを明記し，式（解 5.1.1）に示される構造物中のコンクリートの引張強度の推定式を理論的な根拠が明確なものに改訂した．

圧縮強度から割裂引張強度を推定する式については，［設計編：本編］5 章に示されている引張強度の特性値を算出する式（解 5.4.1）の元となった式[2]を引用し，設計で用いる式と温度ひび割れの発生に対する照査で用いる式との整合を図った．さらに，構造物中のコンクリートの引張強度については，圧縮強度から割裂引張強度の推定式をコンクリートの材料係数 γ_c で除して算出することとし，式（解 5.1.1）を理論的な根拠が明確なものに改訂した．コンクリートの材料係数 γ_c は一般に 1.3 とするのがよいとした．**図 3.8.2** に示すよ

うに，2017 年版と比較すると，圧縮強度が 20N/mm² 程度より大きい範囲では，コンクリートの材料係数 γ_c を 1.3 とした場合，今回の改訂式による引張強度の方が 10%から 20%程度小さくなる傾向がある．

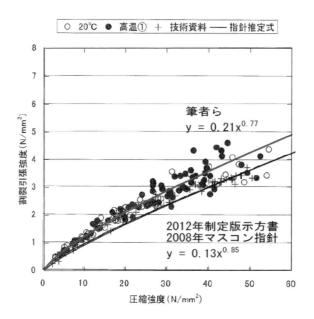

図 3.8.1　圧縮強度と割裂引張強度との関係[1]

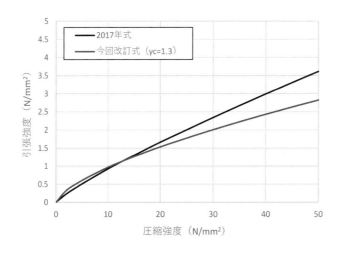

図 3.8.2　2017 年版式と今回改訂式との比較

(2) ひび割れ発生確率

　2017 年版では，安全係数とひび割れ発生確率との関係はワイブル分布とされていたが，今回の改訂では，ひび割れ発生確率は構造物中のコンクリートの引張強度を引張応力が超える確率と再定義し，引張強度および正規分布に従っているとした場合，安全係数とひび割れ発生確率との関係は式（2.1.2）および式（2.1.3）で与えられるように改訂した．コンクリートの引張強度（平均値 μ_R，標準偏差 σ_R）と引張応力（平均値 μ_S，標準偏差 σ_S）が正規分布に従う場合，引張強度と引張応力の差も平均値（$\mu_R-\mu_S$），標準偏差（$\sqrt{\sigma_R^2+\sigma_S^2}$）の正規分布に従うことが知られている．例えば，図 3.8.3 に示すように，引張強度が平均値 3.0N/mm²，標準偏差 0.375N/mm² で引張応力が平均値 2.5N/mm²，標準偏差 0.45N/mm² の正規分布を考えた場合に，引張強度と引張応力の差は図 3.8.4 に示すように，平均値 0.5 N/mm²，標準偏差 0.586N/mm² の正規分布に従う．この

場合，ひび割れ発生確率は，引張強度を引張応力が超える確率，すなわちその差が負となる領域の確率であり，簡単に20%となることが算定できる．

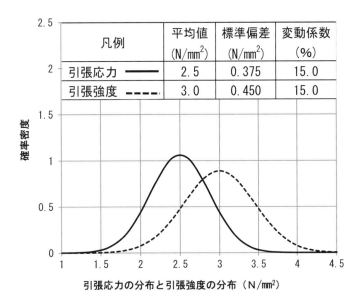

図3.8.3　引張応力の分布と引張強度の分布の例

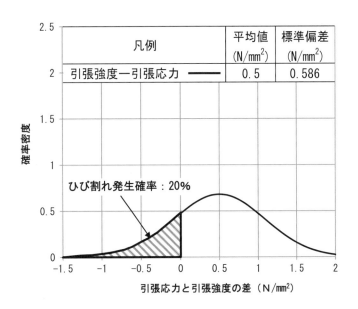

図3.8.4　引張強度と引張応力の差の分布の例

この考えを一般化するために，引張強度と引張応力の差の分布を正規化して，標準正規分布（平均値 0，標準偏差 1）に変換した場合の確率変数が Z 値であり，Z 値は引張強度と引張応力の差の分布変数を X とすると，式（解 2.1.1）で表される．

式（解 2.1.1）によって，引張強度と引張応力の差の分布変数 X を 0 とした場合の確率変数 Z_0 はコンクリートの引張強度と引張応力の平均値と標準偏差〔あるいは変動係数〕が分かれば簡単に求めることが可能である．ひび割れ発生確率は，引張強度と引張応力の差の分布変数 X が 0 以下の場合の確率であり，すなわち確率変数 Z_0 以下となる確率を**解説 表** 2.1.1 に示す標準正規分布表等から求めることが可能となる．この逆にひび割れ発生確率に応じた確率変数 Z_0 を得ることが可能となる．

　施工実績等による独自の十分なデータがない場合の構造物中のコンクリートの引張強度の変動係数と引張応力の変動係数は，それぞれ 20%とするのがよいとした上で，入念な施工と管理を行う場合には，それぞれ 15%としてもよいとした．これらの変動係数の標準値は，JIS 認定工場のレディーミクストコンクリートを使用し，［施工編：施工標準］に示された施工方法に基づいて施工した場合に得られると考えられる値であるが，標準と言える変動係数にはある程度の幅があると考えて設定したものである．

　全国の JIS 認定工場のレディーミクストコンクリートにおける呼び強度に対する圧縮強度の試験値の度数分布から圧縮強度の試験値の変動係数を推定したところ，その平均値は 11%程度であり，供試体の引張強度の変動係数も同程度と推定される．ただし，供試体の強度データにおける変動係数は供試体 3 本のいわゆる n=3 の平均値のデータのばらつきを対象としているのに対して，構造物中の強度のばらつきは基本的には n=1 の値のばらつきとして考えるべきである．また，構造物中のコンクリートの強度は，施工条件や環境条件等にも影響を受けることから，そのばらつきの程度は供試体の試験値のばらつきよりはかなり大きいと認識する必要がある．

　日本コンクリート工学協会（JCI）のマスコンクリートのひび割れ制御指針[3]の内容を引用する形で改訂された 2012 年版の［設計編］およびその内容を引き継いだ 2017 年版の［設計編］では，ひび割れ発生確率曲線にワイブル分布が採用されたが，図 3.8.5 に示すように，その根拠となったバックデータには，引張応力の変動係数を 15%と想定した場合に，引張強度の変動係数が 25%程度以上と推定されるプロットが多くあることに注意が必要である．これらのプロットを与える構造物の中には，何らかの原因で温度ひび割れが発生した構造物が少数含まれているものの，これらのプロットは構造物中の引張強度と引張応力の変動係数の標準を想定する上では参考としにくいプロットと言える．そこで，今回の改訂では，これらのプロットを排除し，さらに構造物中のコンクリートの引張強度の変動係数と引張応力の変動係数は同一と仮定した上で，標準的な変動係数についての検討を行った．その際，標準と言える変動係数にはある程度の幅があると考えることとし，図 3.8.6 に示すように，変動係数の標準の上限を 20%，また，変動係数の中央値を 15%と想定した．ひび割れ発生確率 5%に対応するひび割れ指数の値は変動係数の相違に敏感であり，変動係数 25%でひび割れ指数 1.85 程度，変動係数 20%でひび割れ指数 1.65 程度，変動係数 15%でひび割れ指数 1.45 程度となる．

　入念な施工と管理を行えば，安全係数（ひび割れ指数）1.45 で 5%のひび割れ発生確率とすることは可能であるが，施工実績等による独自の十分なデータがない場合においてもひび割れ発生確率を 5%以下にしたい

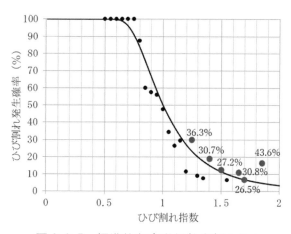

図 3.8.5　標準的な変動係数を超えると推定されるデータの排除

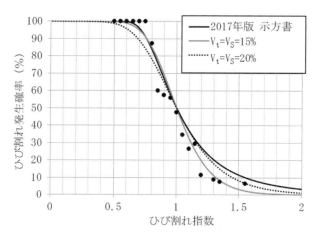

図 3.8.6　変動係数を 15%もしくは 20%とした場合と 2017 年版の比較

という要求を満たすために，現状では標準と想定するバックデータをほぼ全て包含するように，施工実績等による独自の十分なデータがない場合の変動係数は安全側に 20％と想定するのがよいとした．その上で，条文中の**図** 2.1.1 および**表** 2.1.2 には，入念な施工と管理を行うことを推奨することを意図して，標準と言える変動係数の中央値と考えられる変動係数 15％とする場合の例を示した．今回の改訂により，入念な施工と管理を行うことを前提に構造物中のコンクリートの引張強度の変動係数と引張応力の変動係数をそれぞれ 15％と想定する場合には，2017 年版と比較してひび割れの発生を防止したい場合の安全係数が 0.4（1.85 から 1.45），ひび割れの発生を制限したい場合の安全係数が 0.15（1.4 から 1.25）小さくなる．

構造物中のコンクリートの引張強度の変動係数および引張応力の変動係数を適切に設定できる場合には，**解説 図** 2.1.3 に示すように変動係数の上限に応じた安全係数を設定してもよいとした．例えば，ひび割れ発生確率を 5％以下に制御したい場合，構造物中のコンクリートの引張強度の変動係数の上限値を 10％とすることが可能であれば，安全係数の下限値を**表** 2.1.2 に示される 1.45 から 1.25 程度に設定することができ，ひび割れ制御方法の対策の選択肢や自由度が増加することになる．

なお，ひび割れ幅の限界値は，耐久性や使用性を考慮して適切に定めるものであることを解説に記載した．

3.8.3 初期ひび割れ幅に対する照査

2017 年版より，安全係数とひび割れ発生確率との関係を見直したことに伴い，最小ひび割れ指数から最大ひび割れ幅を算出する式（解 2.2.1）および**解説 図** 2.2.1 を改訂した．対策レベルに応じて算出される今回の改訂と 2017 年版の最大ひび割れ幅の差を**表** 3.8.1 に示す．今回の改訂により，鉄筋比によらず，最大ひび割れ幅が若干小さくなり，その差は鉄筋比が小さいほど大きくなる傾向があるが，その程度は小さく実務に与える影響は小さいものと考えられる．

3.8.4 物 性 値

(1) 高炉セメント C 種の追加

2017 年版以降に，土木学会コンクリートライブラリー151「高炉スラグ微粉末を用いたコンクリートの設計・施工指針」が 2018 年に発刊され，高炉セメント C 種のデータが示されたため，**解説 表** 5.1.1 および**解説 表** 5.1.2 に高炉セメント C 種を追加した．

表 3.8.1 今回の改訂と 2017 年版から算出される最大ひび割れ幅の差

対策レベル	今回の改訂と 2017 年版の最大ひび割れ幅の差（mm）			
	P=0.25%	P=0.5%	P=0.7%	P=0.9%
ひび割れの発生を防止したい場合	-0.13	-0.05	-0.03	-0.02
ひび割れの発生を制限したい場合	-0.09	-0.04	-0.02	-0.01
ひび割れの発生を許容するが，ひび割れ幅が過大とならないように制限したい場合	0.00	0.00	0.00	0.00

(2) コンクリートの有効ヤング係数の材料係数に関する考え方

コンクリートの有効ヤング係数を算出する式（解 5.1.3）にコンクリートの材料係数が明示的に考慮されていない理由を「5.1.2」の解説に追記した．式（解 5.1.3）では材料係数を明示的に考慮していないが，式（解 5.1.3）で与えられる有効ヤング係数は構造物中における値と考えてよい．材料係数は供試体と構造物中との

材料物性の差異を考慮するものであり，構造物中における有効ヤング係数は，強度と同様に供試体よりも小さくなる可能性が考えられる．その一方で，材料係数は特性値の設定において適切な考慮ができない場合の代替措置として材料物性の特性値からの望ましくない方向への変動を考慮するものでもある．この観点では，小さくなる方が望ましくない強度と異なり，有効ヤング係数の場合には一般に大きくなる方が望ましくない方向である．また，構造物中のコンクリートの引張強度としては最弱点部における小さい側の値が照査の主な対象となるのに対して，構造物中のコンクリートの最大主引張応力度に対しては構造物中の平均的な有効ヤング係数の値が重要になる．これらのことから，有効ヤング係数に考慮する材料係数としては 1.0 を想定するのが適当と考えられ，式（解 5.1.3）では材料係数を明示していない．

参考文献

1）杉橋直行，岸利治：温度ひび割れ発生確率の直接算定法に関する研究，コンクリート工学年次論文集，Vo.39，No.1，pp.1333-1338，2017.

2）岡村甫：コンクリート構造の限界状態設計法［第 2 版］，共立出版，pp.17-18，1984.

3）日本コンクリート工学協会：マスコンクリートのひび割れ制御指針，2008

4.　「偶発作用に対する計画，設計および照査」に関する改訂事項

4.1　はじめに

4.1.1　改訂の概要

　コンクリート標準示方書では，これまで，偶発作用に対する照査に関係する事項としては，平成 8 年制定［耐震設計編］が制定されて以降の 2017 年制定［設計編］に至るまで，編や章の構成はその時々の示方書の構成に伴い変遷してきたものの，標準として取り扱う内容は一貫して地震動のみを対象としてきた．これは，我が国における地震被害の深刻さと耐震設計の重要性を反映してきたものであり，地震動に対する計画，設計および照査の必要性は現在に至るまで変わりない．一方，2011 年東北地方太平洋沖地震では，津波によって多数のコンクリート構造物が損壊，流出しており，2016 年熊本地震では，震度 7 を観測する地震が連続して発生したことに加えて，断層近傍では，断層変位による構造物の損傷が報告されている．近年では，令和 2 年 7 月豪雨（2020 年）など，洪水により河川内に位置する橋梁が多数流出するなどの被害が生じているなど，地震動の影響も含めて，その他の偶発作用により多くのコンクリート構造物が被害を受けている状況にある．

　このような状況を鑑み，今回の改訂では，従来の耐震設計および耐震性に関する照査の枠組みを，地震動以外の偶発作用へと拡張することにした．すなわち，2017 年制定［設計編］における「耐震設計および耐震性に関する照査」を「偶発作用に対する計画，設計および照査」へと変更し，衝突ならびに津波・洪水に関する内容を追加した．なお，今回追加の対象とした偶発作用のうち，衝突の影響については，Eurocode で扱われているとともに，土木学会構造工学委員会から指針が出版されている状況にある．また，津波や洪水の作用は ASCE-7 で既に規定されており，2017 年版においても付属資料としてまとめられている状況にある．これらのことを念頭において，今回の改訂において，標準的な照査法を記載するに至った．

　表 4.1.1 と表 4.1.2 に 2017 年版と 2022 年版の目次をそれぞれ示す．改訂にあたって，全体的な構成は 2017 年版を踏襲するものの，作用によらず共通する内容と作用ごとに異なる記述となる内容を明確に区別した章構成とした．これは，今回対象に含めなかった偶発作用に対しても，将来的に照査が可能となった段階で容易に追加できるように配慮したものである．具体的な章構成は，1〜7 章は作用によらず共通する内容と

表 4.1.1　2017 年版と 2022 年版の目次（1〜3 章）

2017 年版	2022 年版
5 編　耐震設計および耐震性に関する照査	5 編　偶発作用に対する計画，設計および照査
1．総　則	1．総　則
2．耐震設計の基本 　2.1　一　般 　2.2　耐震性に関する構造計画	2．偶発作用による設計の基本 　2.1　一　般 　2.2　偶発作用に対する構造物の配置計画および構造計画
3.耐震性に関する照査の原則 　3.1　一　般 　3.2　作　用 　3.3　要求性能 　3.4　照　査 　3.5　安全係数	3.偶発作用に対する照査の原則 　3.1　一　般 　3.2　作　用 　3.3　構造物および部材の損傷レベルとその組合せ 　3.4　照　査 　3.5　安全係数

表 4.1.2　2017 年版と 2022 年版の目次（4 章以降）

2017 年版	2022 年版
5 編　耐震設計および耐震性に関する照査	5 編　偶発作用に対する計画，設計および照査
４．照査に用いる地震動	４．照査に用いる偶発作用
4.1　一　般	
4.2　地震作用の設定	
５．解析モデル	５．解析モデル
5.1　一　般	5.1　一　般
5.2　構造物のモデル化	5.2　構造物のモデル化
5.3　材料のモデル化	5.3　材料のモデル化
６．応答値の算定	６．応答値の算定
6.1　一　般	6.1　一　般
6.2　応答解析	6.2　設計応答値の算定
6.3　構造物と地盤を個別に解析する方法	
6.4　設計応答値の算定	
７．耐震性の照査	７．偶発作用に対する照査
7.1　一　般	7.1　一　般
7.2　耐震性能 1 に関する照査	7.2　部材の損傷レベルと限界値
7.3　耐震性能 2 に関する照査	7.3　構造物の損傷状態の照査（損傷状態 1）
7.4　耐震性能 3 に関する照査	7.4　構造物の損傷状態の照査（損傷状態 2）
	7.5　構造物の損傷状態の照査（損傷状態 3）
	7.6　構造物の損傷状態の照査（損傷状態 4）
８．耐震性に関する構造細目	８．地震動
8.1　一　般	8.1　一　般
8.2　かぶり	8.2　地震動の設定
8.3　帯鉄筋の配置	8.3　地震動に対する応答解析
8.4　鉄筋の定着	8.4　地震動を受けるコンクリート構造物の構造細目
8.5　鉄筋の継手	
8.6　実験に基づく構造細目の設定	
	９．衝突
	9.1　一　般
	9.2　衝突作用の設定
	9.3　衝突に対する応答解析
	9.4　衝突を受けるコンクリート構造物の構造細目
	１０．津波・洪水
	10.1　一　般
	10.2　津波・洪水の作用の設定
	10.3　津波・洪水に対する応答解析
	10.4　津波・洪水を受けるコンクリート構造物の構造細目

し，8 章以降において作用ごとの記述とした（8 章「地震動」，9 章「衝突」，10 章「津波・洪水」）．ただし，4 章「照査に用いる偶発作用」では作用の取扱いに関する共通事項を，6 章「応答値の算定」では応答値を算定する際の共通事項を，それぞれ記載するにとどめ，作用ごとの具体的な記述については，8 章以降を参照することとした．また，5 章「解析モデル」においては，標準 10 編「非線形有限要素解析による照査」

と重複する記述については，標準 10 編を参照することとするとともに，4.3.4 で後述するように材料のモデル化にひずみ速度効果に関する内容を追加した．

　また，断層変位の影響については，現在の知見では性能照査の対象とすることは困難であると判断し，標準として記載することを見送った．ただし，照査をする場合に参考となる情報も文献等に示されていることから，それらは付属資料として示した．

4.1.2　本章の概要

　この章では，5 編「偶発作用の計画，設計および照査」に関する改訂事項を記載している．

　4.2 では，耐震設計および耐震性に関する照査の枠組みを，地震動以外の偶発作用へと拡張するにあたって議論した内容を記載した．近年の自然災害とそれに伴うコンクリート構造物の被災状況を鑑みて，地震動の影響に加えて，衝突と津波・洪水を取り扱うに至った経緯や配慮すべき事項について記載した．また，構造物の損傷状態を表現するための構成部材・要素の損傷レベルの組合せと，それら部材・要素間の耐力階層化の必要性について記載した．

　4.3 では，衝突作用に関する概要を述べるとともに，衝突作用の分類について詳述した．また，各種の衝突体に対する時刻歴の荷重モデルを例示した．さらに，衝突作用を受けた際の材料モデルとして，コンクリートならびに鋼材それぞれに対するひずみ速度依存性の概要とモデル化の例について示した．

　4.4 では，津波・洪水に対する照査を追加するにあたって議論した内容について記載している．とりわけ 2017 年版では付属資料であった津波作用を，今回の改訂で標準とするに至った経緯とそれに伴い配慮した事項について記載した．また，残された課題についても示した．

　4.5 では，断層変位に対する照査の考え方やフローを示した．

4.2 偶発作用に対する計画，設計および照査の必要性とその体系化に必要な要素

4.2.1 概　説

　2017年版のコンクリート標準示方書では，地震の影響のみに着目し，地震動およびそれに伴う作用（地震慣性力，構造物と地盤の動的相互作用，タンクなどで生じる動水圧，あるいは液状化など）について，コンクリート構造物の耐震構造計画と性能照査法を規定している．ここには，1995年の兵庫県南部地震以降，飛躍的に向上したコンクリート構造物の非線形解析を活用した性能照査の方法などが規定されている．2011年東北地方太平洋沖地震や2016年熊本地震では，地震動単体の作用に着目したとき，兵庫県南部地震以降に改訂された設計基準に準拠した構造物の一部に被害は観察されているが，いずれも致命的なものではなく，設計基準の改訂を重ねることで，我が国のコンクリート構造物は，地震動およびそれに伴う作用に対して所要の性能を維持できるようになった．一方で，東北地方太平洋沖地震では，多くの構造物が津波で流出し，熊本地震では，地盤変状の影響，あるいは大規模な斜面崩壊により，兵庫県南部地震以降に耐震設計された構造物や，耐震補強済みの構造物が損壊している．さらには，近年は，令和2年7月豪雨のように，河川内橋梁が大雨の影響で多数流出している．これには，地球温暖化に伴う気候変動の影響が指摘されており，今後，このような豪雨による構造物被害が増える可能性が指摘されている[1]．

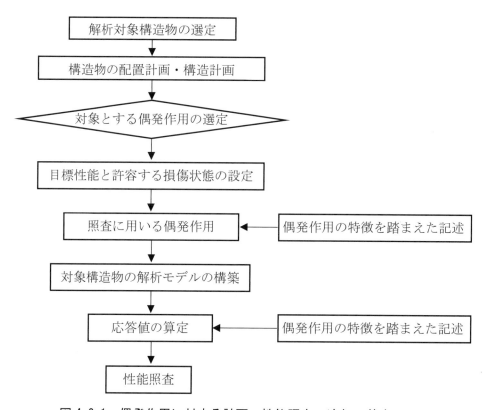

図4.2.1　偶発作用に対する計画・性能照査の流れの基本

　例えば，繰返し荷重を与える地震動と，津波や洪水時の流体力では，それらの作用のモデル化，あるいは，応答の計算方法は当然異なる．一方で，2017年版のコンクリート標準示方書に示される耐震設計や性能照査の方法の多くの部分は，他の偶発作用に対しても適用できるものである．偶発作用は，その作用の種別によらず，永続作用や変動作用と異なり，作用自体が極めて大きく，構造物の応答を弾性状態に保つことが困難であり，一部の部材は大きく塑性化したり，あるいは終局限界状態を超える応答が生じたりすることで，構

造物の部分的損壊，あるいは全体系の崩壊をもたらすものである．つまり，作用のモデル化と応答値の算定を除くと，他は偶発作用の種別によらず，多くの部分が統一的に記載できる．**図 4.2.1** に偶発作用に対する照査の基本的な流れを示す．

　地震動およびそれに伴う作用を拡張し，津波や洪水，あるいは衝突の影響を含むように改訂するにあたり，2 つの意見があった．一つは，作用毎に編を増やすものであり，2017 年版の「耐震設計および耐震性に関する照査」はそのまま残し，これに，衝撃作用に対する設計および照査，などを追加していく形である．もう一つは，偶発作用の種別によらず，一つの編にまとめるものである．今回の改訂では，次の理由により，後者の形を採用することにした．

- ・**図 4.2.1** に示すように，作用毎の細かい記述を必要とするのは，「照査に用いる偶発作用」と「応答値の算定」であり，その他の多くの箇所は，作用によらない記述とできること．
- ・切迫する南海トラフ地震では，津波により，再び大きな被害を受ける可能性が指摘されており，また，毎年のように少なくない数の橋梁が大雨の影響で流出している．地震動およびそれに伴う作用に対する設計や照査ができる技術者であれば，地震動に対するものと同じ枠組みで，津波や洪水，あるいは衝撃作用に対する検討が可能であることを明示的に示したい．
- ・今回は，付属資料の扱いになったが，断層変位に関して言えば，2016 年の熊本地震で損壊した阿蘇大橋に代わる新阿蘇大橋では，既にその影響が考慮されている．このほかにも，ミサイルやテロを想定した爆発・爆風など，偶発作用として扱うべき作用の種類は増えていく可能性がある．後者の形を採用することで，編を都度，加えていく必要はなく，それらの作用のモデル化と応答計算の方法を加えていくのみで対応できる．
- ・我が国の示方書は，実務基準も含めて，作用の記載が本編内に組み込まれており，このことが我が国の基準を海外に輸出しようとする際の障害の一つになっている．例えば，Eurocode では，地震活動度が全く異なる欧州全体に対して，耐震設計コードが規定されている．この中では，設計や照査の基本的な考えや原則が本編で示され，各国の地震ハザードの情報は National Annex に書かれ，各国の地震活動度に応じて National Annex の中で設計地震力を定め，その他は，各国共通で本編を使い耐震設計や照査が実施されている．**図 4.2.1** において，「偶発作用の特徴を踏まえた記述」以外は，偶発作用に対する設計や照査の原則とすることで，地震や津波などのハザード環境に応じて柔軟に対応できる．

　今回の改訂では，従来の地震動に加えて，津波と洪水，および列車や船舶などの人為的な事故として生じる衝突，あるいは，落石や土石流などの自然災害の中で生じる衝突について，必要な情報が入手できた場合にそれらに対する性能照査を行う場合の標準的な方法を規定している．各作用の照査に関する改訂の背景や根拠資料は，次節以降に示されており，ここでは，**図 4.2.1** の「偶発作用の特徴を踏まえた記述」以外の部分，つまり，これまでの地震動とそれに伴う作用を対象としていた編を，他の偶発作用を包含する形に改めるにあたり，特に考慮した事項を中心に述べる．

4.2.2　近年発生した自然災害により損傷したコンクリート構造物とそこから得られた教訓

　2011 年東北地方太平洋地震では，多くのコンクリート構造物が津波の作用により流出している．その一例として，**図 4.2.2** に水尻川橋梁の被害状況を示す．水尻川橋梁は，気仙沼線陸前戸倉駅と志津川駅間にあり，3 径間単純 PC 桁橋である．竣工は昭和 46 年 5 月である．水尻川橋梁の川下側に国道 45 号線の折立橋がある．津波により，3 つ全ての桁が川上に流出し，中間にあった 2 基の単柱式 RC 橋脚が倒壊している．**図 4.2.2**

には，現地にて測定した移動量やスパンも示しているが，これらの測定結果には，相当の誤差が含まれている可能性に留意されたい．中央にあった PC 桁橋は，相当の重量があると思われるが，これが 200m ほど川上に流されているなど，東北地方太平洋沖地震の津波の威力を物語っている．このような被害を受け，ASCE では津波荷重の設定方法が示され [2]，土木学会でも，橋梁の対津波に対する照査例が紹介されている [3]．

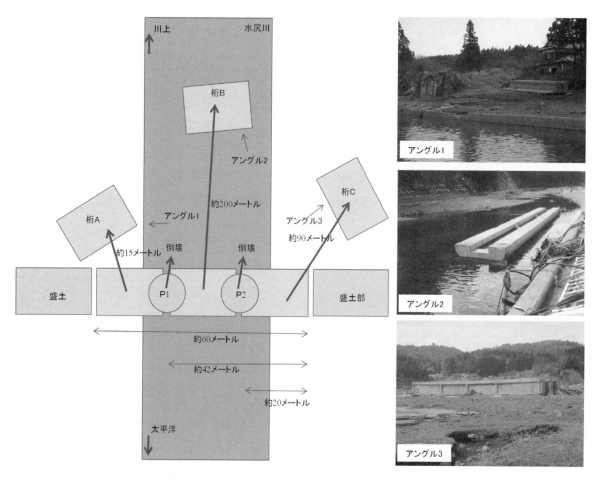

図 4.2.2　水尻川橋梁と流出した桁の位置関係

　一方，これほどの重量物を数百 m も移動させる津波の作用に対して，コンクリート構造物の使用性や安全性，あるいは修復性をレベル 2 地震動に対する場合と同様に確保することは容易ではない．中央防災会議「東北地方太平沖地震を踏まえた地震・津波対策に関する専門調査会報告」[4]の中で，津波対策を構築するにあたっては，2 つのレベルの津波を想定する必要があるとされている．一つは，住民避難を柱とした総合的防災対策を構築する上で想定する津波であり，発生頻度は極めて低いものの，発生すれば甚大な被害をもたらす最大クラスの津波（レベル 2 津波）であり，もう一つは，津波の内陸への侵入を防ぐ海岸保全施設等の建設を行う上で想定する津波であり，レベル 2 津波に比べて発生頻度は高く，津波高さは低いものの大きな被害をもたらす津波（レベル 1 津波）である．つまり，津波に関しては，レベル 1 津波がレベル 2 地震動に相当するものであり，レベル 1 津波も偶発作用に分類され，構造物はこの津波に耐えるように設計される必要があり，一方で，レベル 2 津波に対しては，その構造物が機能不全となることを前提に，避難により沿岸地域の住民の命を守るなど，別の対策が必要となる．この例で言えば，レベル 1 津波に対しては，条件によってはレベル 2 地震動と同様の修復性を求め，その性能照査は可能であると思われるが，レベル 2 津波に対しては，レベル 2 地震動に対して構築してきた性能照査の枠組みでは対応が困難となる．つまり，図 4.2.2 に示

す水尻川橋梁に作用した津波に対して，「応答値 ≦ 構造物の限界状態に相当する耐荷力や変形」を確認する照査を適用しようとすると，設計解が見いだせない，あるいは著しく不合理な構造になると予想される．このことが対津波に対する照査の枠組みが提示できない状況を作り出し，単に構造物の配置計画や構造計画での配慮を求めることに終始してきた要因であると言える．

図4.2.3　流出を免れた橋梁の一部を利用した緊急仮設橋の例（2011年東北地方太平洋沖地震）

(1)　令和2年7月豪雨前の鎌瀬橋　　　　　　(2)　令和2年7月豪雨直後の鎌瀬橋　　　　　　(3)　令和3年1月　緊急仮設橋

図4.2.4　流出を免れた橋梁の一部を利用した緊急仮設橋の例（令和2年7月豪雨）

　図4.2.3と図4.2.4は，それぞれ2011年東北地方太平洋沖地震で被害を受けた橋梁と令和2年7月豪雨で被害を受けた熊本県球磨川にある橋梁である．津波により橋台背面の盛土が完全になくなり，また，上部構造が洪水の作用を受けて流出している．一方で，下部工が残ったことにより，それを活用することで，緊急仮設橋梁を短期間に架けることができている．これにより，道路ネットワークの機能性が短期間に回復され，被災地の復興工事のための車両が通行できるようになっている．今回の改訂にあたり，偶発作用として，津波や洪水など，地震動以外を想定するにあたり，その作用のレベル（例えば，前述のレベル2津波）によっては，構造物の部分的な損壊を防ぐことは極めて困難である一方で，被災後の復旧を容易にするように損壊部位を抽出・選定し，その位置で確実に破壊を誘導することにより，構造物全体の倒壊を防ぎ，かつ図4.2.3や図4.2.4に示されるように，災害後の救助・救急活動に貢献する緊急仮設構造の設置など，早期の機能性の回復が実現できる，いわゆるレジリエンスに配慮した設計と性能照査の枠組みを構築することにした．

　ただし，このような枠組みの構築にあたり，構造物の部分的な損壊に伴う構造物利用者の人命をどのように確保するべきであるのかが議論となった．結果として，今回の改訂では，「津波や洪水の作用を受ける構造物など，偶発作用を受けるときにその利用者がいないと仮定できる場合」との条件を付すことにした．断層変位の場合には，地震の発生から断層変位を構造物が受けるまでの時間があまりに短く，部分的な損壊を許容する部位に人がいないことを想定することが難しく，これが断層変位を付属資料にした理由の一つになっている．もちろん，津波や洪水の発生時でも，例えば避難のために橋梁が利用される可能性はあり，前記の「利用者がいないと仮定できる」条件を完全に確保することは難しい．しかし，それを理由として，極めて大きな作用を受けたときの構造物の壊れ方について，何も想定しないでいることは技術者としての責任を

果たしていないとの判断のもと，今回，部分的な損壊を許容した設計と性能照査の枠組みを提示した．

　なお，図4.2.3や図4.2.4の状態を意図的に作り出すには，大きな作用を受けた際に，構造物内で損壊する部材が意図した位置で確実に生じるように，その部材の耐力を最も小さくし，それを照査する必要がある．一方，必ず照査が必要なわけではなく，構造計画での対応でも，レジリエンスに配慮した設計は可能な場合がある．図4.2.5は，2016年の熊本地震で被災した阿蘇長陽大橋（全長276mのPC4径間ラーメン箱桁）である．左の写真にあるように，橋台周辺の地盤が橋軸直角方向に地すべりを起こし，その影響を受けて橋台が横移動・沈下している．中央の写真は，沈下が生じた橋台の背面側から撮影したものである．完全に上部工と橋台の支持部（支承部）が分離していることが分かる．一方で，張出し工法で施工されるラーメン構造では，橋台が上部工を支持するまで片持ちの状態で施工されるため，橋台が沈下したとしても，大きな損傷を免れる可能性がある．結果として，図4.2.5の右の写真に示されるように，橋台を取り除き，別途，再構築することで，ラーメン本体は，補修後，再利用されている．今回の改訂でも，このような大規模な地盤変状は照査の対象とすることができていないが，図4.2.5のような例を蓄積し，構造計画に反映させていくことで，頑健性を有するコンクリート構造物の設計が可能になると期待される．

図4.2.5　2016年熊本地震で被災した阿蘇長陽大橋と修復後の様子

4.2.3　構造物の損傷状態を表現するための構成部材・要素の損傷レベルの組合せ

　前記した部分的な損壊を許容した設計と性能照査の枠組みを構築するにあたり，構造物の損傷状態と，それを構成する部材・要素の損傷レベルの使い分けを明確にする必要がある．例えば，2017年版のコンクリート標準示方書において，以下の記述がなされている．

　「橋梁やラーメン構造物のように多数の部材で構成された構造物から塑性化を考慮する部材を選定する場合には，点検により損傷を速やかに発見でき，修復のしやすさを考慮する必要がある．すなわち，部材に塑性ヒンジを設ける場合には，損傷の発見が容易であり，修復が速やかに行える部材から塑性ヒンジ箇所を選定するのがよい．一般的には，地中部での損傷は地上部での損傷に比べると発見や修復に要する時間と工費が増大する場合が考えられるため，地上部の部材から優先して選定するのがよい．開削トンネルの側壁等のように外周が地盤と接する部材は，補修が困難であるため，このような部材以外として，例えば中柱や中床版等から塑性化を考慮する部材を選定するのがよい．柱とはりが剛結されたラーメン構造の橋梁等では，はりに塑性化が生じると短時間の修復が困難となるため，主として柱でエネルギー吸収できるような構造とし，はりの塑性化は軽微に留めるのがよい．基礎を有する構造物の場合には，基礎の修復も困難なことから，主たる塑性化を橋脚に設け，基礎は副次的な塑性化に留めるのがよい．一方，大水深のダム湖に立脚する橋脚や水深の深い河川や海上に架かる橋梁の橋脚等では，水中部に塑性ヒンジを設けると地震後に速やかに損

傷を発見することが困難であったり，損傷を発見しても修復に時間を要したりする可能性が高い．したがって，このような場合には制約条件を踏まえて限界状態を適切に設定するのがよい（2017 年版コンクリート標準示方書 標準 5 編 2.2.3 構造物の耐震構造計画）．」

　今回の改訂では，上記の例で言えば，地上部の部材にのみ塑性ヒンジが発生しており，地中部の応答は弾性状態に留まることを照査するようにした．つまり，構造物に要求する性能に応じて，構造物に許容する損傷状態を定め，その構造物の損傷状態を各構成部材・要素の損傷レベルの組合せで表現し，計算された応答値に対して，各構成部材・要素が想定する損傷レベルに留まっていることを照査することにした．

　この考えは，2017 年に改訂された道路橋示方書の考えを参考にしている．道路橋示方書は，2017 年に全面的に改訂されており，限界状態設計法および部分係数法が導入された．特に大きな変更となっているのは，橋梁形式や上部構造の主たる使用材料によって適用基準を使い分けるのではなく，鋼部材とコンクリート部材をどのように組み合わせた場合にも橋として求められる性能が明確となるように道路橋示方書の編構成（共通編，鋼橋・鋼部材編，コンクリート橋・コンクリート部材編，下部構造編，耐震設計編）が見直されたことである．新しい道路橋示方書の中では，耐震性能の概念は使われなくなり，1) 橋の耐荷性能，2) 橋の耐久性能，および 3) 橋の使用目的との適合性を満足するために必要なその他性能の 3 つの性能のみが規定されている．新たな材料や構造の採用が容易となるように，荷重や抵抗値のばらつきも考慮したうえで設計状況に対して橋や部材の限界状態を超えないことを確実に達成できるように，従来の許容応力度法が廃止され，部分係数法が導入されている．例えば，改訂された道路橋示方書では，PC 構造や PRC 構造などの区分はなく，橋の性能を確保するための各構造や部材の状態が規定されることになり，鋼部材も含めて，使用する材料や構造形式に関係なく，統一的に部材の限界状態に相当するものを定めることになる．橋を構成する各パーツの状態をコントロールすることで，要求性能を満足する橋の状態を確保している．従来のコンクリート部材や鋼部材はもちろんのこと，複合部材や新しい形式を柔軟に取り組んだ設計が可能となる点が改訂の画期的なポイントであった．

　道路橋示方書では，橋の限界状態として，橋としての荷重を支持する能力に関わる観点および橋の構造安全性の観点から橋の限界状態 1～3 を規定している．

・橋の限界状態 1

　橋としての荷重を支持する能力が損なわれていない限界の状態

・橋の限界状態 2

　部分的に荷重を支持する能力の低下が生じているが，橋としての荷重を支持する能力に及ぼす影響は限定的であり，荷重を支持する能力が予め想定する範囲にある限界の状態

・橋の限界状態 3

　これを超えると構造安全性が失われる限界の状態

　部材等の終局強度を評価する方法は，ある程度確立されている一方で，橋全体系をシステムとして捉えて，橋の限界状態 2 や 3 を評価する方法に標準的な考え方は確立されていない．そこで，一般には橋を構成する構造や部材で橋の限界状態を代表させることになる．道路橋示方書は，橋の下の階層として，上部構造，下部構造，および上下部接続部の 3 つの構造を規定しており，それぞれについて，限界状態 1～3 を表 4.2.1 のように定めている．実際には，上記の上部構造，下部構造，および上下部接続部は，複数の部材によって構成されている．そこで，上部構造，下部構造，よび上下部接続部の限界状態をそれらの部材等の限界状態で代表させる場合には，部材等の限界状態を適切に設定し，上部構造，下部構造または上下部接続部の限界状態に応じて適切に組み合わせることで，上部構造，下部構造または上下部接続部の限界の状態を代表させる

ことになる．部材等の限界状態 1～3 は，**表 4.2.2** のように定められている．

表 4.2.1　上部構造，下部構造，および上下部接続部の限界状態の力学的な解釈例 [5]

限界状態 1	部分的にも荷重を支持する能力の低下が生じておらず，耐荷力の観点からは特別の注意なく使用できる限界の状態	・ 挙動等に可逆性を有するとみなせる限界の状態 ・ 構成する部材等に残留変位が残らないとみなせる限界の状態 ・ 橋としての荷重を支持する能力を低下させる変位や振動程度に至らない限界の状態
限界状態 2	部分的に荷重を支持する能力の低下が生じているものの限定的であり，耐荷力の観点からは予め想定する範囲にあり，かつ特別な注意のもとで使用できる限界の状態	一部の部材等に損傷や残留変位が生じているものの，組み合わせる状況において求める橋の荷重支持能力を確保するために必要な強度や剛性を確保できる限界の状態
限界状態 3	これを超えると部材等としての荷重を支持する能力が完全に失われる限界の状態	落橋しないとみなせる限界の状態

表 4.2.2　部材等の限界状態の力学的な解釈例 [5]

限界状態 1	部材等としての荷重を支持する能力が確保されている限界の状態（特段の注意なく使用できるとみなせる限界の状態）	・ 挙動等に可逆性を有するとみなせる限界の状態 ・ 部材機能を低下させる変位や振動程度に至らない限界の状態 ・ 橋の機能を低下させる変位や振動程度に部材が至らない限界の状態
限界状態 2	部材等としての荷重を支持する能力は低下しているものの予め想定する能力の範囲にある限界の状態（特別な注意のもとで使用できるとみなせる限界の状態）	・ 部材として最大強度点を超えず，かつ，十分な塑性変形能が残存するとみなせる限界の状態 ・ 組み合わせる状況に対して求める橋の機能に影響を与える残留変位や剛性低下に達しない限界の状態
限界状態 3	これを超えると部材等としての荷重を支持する能力が完全に失われる状態	・ 部材としての最大強度点を超えない状態 ・ 部材としての変形性能を喪失しない限界の状態

　上記に示したように，道路橋示方書では，（橋の限界状態）→（上部構造，下部構造，上下部接続部の限界状態）→（部材等の限界状態）の階層になっており，橋の限界状態 1～3 を部材等の限界状態によって表現するためには，以下の作業をすることになる．

・ 橋の限界状態 1：上部構造，下部構造，または上下部接続部の状態が**表 4.2.1** の限界状態 1 に達した状態である→上部構造，下部構造，または上下部接続部を構成する各部材等の状態が**表 4.2.2** の部材等の限界状態 1 に達した状態．

・ 橋の限界状態 2：上部構造，下部構造，または上下部接続部の中から塑性化を考慮するものを適切に定めたうえで，塑性化を考慮するものが上部構造，下部構造，または上下部接続部の限界状態 2（**表 4.2.1**）に達した状態，そして，塑性化を考慮しないものが上部構造，下部構造，または上下部接続部の限界

状態 1（**表 4.2.1**）に達しない→上部構造の限界状態 2 は，二次部材を除く上部構造を構成する主要な部材等に着目し，それらが部材等の限界状態 2 を超えない限界の状態（**表 4.2.2**）であり，下部構造または上下部接続部の限界状態 2 は，下部構造または上下部接続部を構成する部材等が部材等の限界状態 2（**表 4.2.2**）に達した状態.

・ 橋の限界状態 3：上部構造，下部構造，または上下部接続部の状態が**表 4.2.1** の限界状態 3 に達した状態である→上部構造，下部構造，または上下部接続部を構成する部材等が，**表 4.2.2** に示す部材等の限界状態 3 に達した状態.

コンクリート標準示方書は，特定のコンクリート構造物を想定しているわけではないため，道路橋示方書のような橋→上部構造・下部構造・上下部接続部→部材の 3 段階ではなく，構造物と，それを構成する部材・要素の 2 段階とし，構造物の状態は損傷状態，部材の状態は損傷レベルによって表すこととした. そして，構造物の部分的な損壊も表現できるように，構造物の損傷状態 4「偶発作用により構造物全体系が一時的に崩壊するが，人の生命や財産を脅かすような事象が生じず，構造物全体系の早期の復旧が可能な状態」と部材の損傷レベル 4「損傷レベル 4：荷重を支持する能力を失った状態」を設けている. そして，構造物の損傷状態 4 を満足する各部材の損傷レベルの組合せは，「一部の部材に損傷レベル 4 を意図的に誘導し，その他の部材の損傷レベルを小さいものに留めることにより，構造物全体系の早期の復旧が可能となるように，各部材の損傷レベルを組み合わせなければならない」と定めた. 損傷を誘導する部材（犠牲部材）は，偶発作用の特性（その大きさと方向（水平・垂直）等）に応じて行い，例えば，津波による水平荷重を受ける橋梁構造であれば，上部工を犠牲部材に指定し，その上部工の流出によって下部工に大きな力が伝達されなくなることで，下部工や基礎の損傷・倒壊を防ぐことになる.

なお，今回の改訂では，部材毎の損傷レベルを照査することで，構造物の損傷状態が所要の状態に留まっているとみなす方法を規定しているが，従前と同様に，構造物の安全性や修復性を直接確認するための照査も可能にしている. 例えば，構造物に生じる最大応答変位が所定の値以下であることを規定する場合や，偶発作用を受けた後に構造物全体系に生じる残留変位から修復性の可否を判断する場合などである.

4.2.4 構造物を構成する部材・要素間の耐力階層化の必要性

構造物を構成する複数の要素の中で，確実に損傷を誘導する犠牲部材のみに損傷が現れるようにするためには，適切に構成部材・要素の間の耐力を階層化する必要がある. この考えは，耐震設計で用いられてきたキャパシティデザインと同じである [6), 7)]. 当然，犠牲部材が最小の耐力を有しなければならない. しかし，地震被害調査の中では，部材間の耐力の階層化が適切に設けられておらず，意図した損傷状態が実現できていない例を目にすることがある. 例えば，**図 4.2.6** と**図 4.2.7** は，2016 年熊本地震で被害を受けた道路橋である. **図 4.2.6** は，制震ダンパーを用いて耐震補強が施されていた. 本来は，制震ダンパーがその軸方向に伸縮し，そのダンパーが地震エネルギーを吸収することで橋梁の他部材の損傷を防ぐはずが，ダンパーが最大荷重を発現する前に，その取付位置の耐力が不十分なため，定着部が破壊したと思われる. ダンパー取付部が損傷する事例は，2011 年東北地方太平洋沖地震でも複数確認されている. **図 4.2.7** は，鉄筋コンクリート巻立てによる耐震補強により，既存橋脚の曲げ耐力が大きくなったため，地震動を受けた際に橋脚自体の損傷は防ぐことができているが，補強されていないフーチングに当初の設計段階で考慮されていなかった地震時慣性力が橋脚から伝達し，損傷が生じたと思われる. いずれも，橋梁を構成する部材や要素間の耐力が適切に階層化されていなかったために起きた損傷と推定される.

図 4.2.6　制震ダンパー取付部の損傷（2016 年熊本地震）

図 4.2.7　フーチングの損傷（2016 年熊本地震）

橋梁のキャパシティデザイン [6), 7)] の場合には，例えば犠牲部材として鉄筋コンクリート橋脚を選択する場合，橋脚の曲げ耐力を橋梁内で最も小さくし，橋脚のせん断耐力はそれよりも大きくして，曲げ破壊を誘導し，基礎は橋脚が曲げ耐力を発現するまで弾性状態に留まり，その上で，橋脚に生じる塑性変形能 δ_C が応答値 δ_D を上回る（$\delta_D \leq \delta_C$）ことを照査する．一方，レベル 2 津波を想定し，構造物の損傷状態 4 を許容する，例えば，橋梁上部工の流出を許容することで，地震後の早期の復旧を実現しようとする場合には，水平力に対して，上部工の流出に抵抗する支承部の水平耐力 R_b が最小になっていることを照査するのみで，$\delta_D \leq \delta_C$ のような応答値を用いての比較は行わない．これは，例えば，レベル 1 津波に対しては，構造物の損傷状態を 2 や 3 に留めることを応答値との比較で照査し，一方，レベル 2 津波に対しては，その具体的な大きさを定めることなく，R_b よりも大きな作用を受けるとの前提での照査となるからである．

図 4.2.8 には，地震と津波を連続して受ける橋梁について，それを構成する部材間の耐力の階層化の違いにより変化する損傷状態を模式的に表している [8),9)]．今回の改訂では，地震を受けた後に，連続的に津波を受ける，いわゆるマルチハザードの問題は対象外としている．ただ，我が国の沿岸部にあるコンクリート構造物では，このように，レベル 2 地震動を受けた後に，レベル 2 津波を受ける場合があり，地震動に対しては，構造物の損傷状態 2 か 3 までに留めておき，万が一の大津波に対しても，損傷状態 4 が確保されるようにしなければならない．

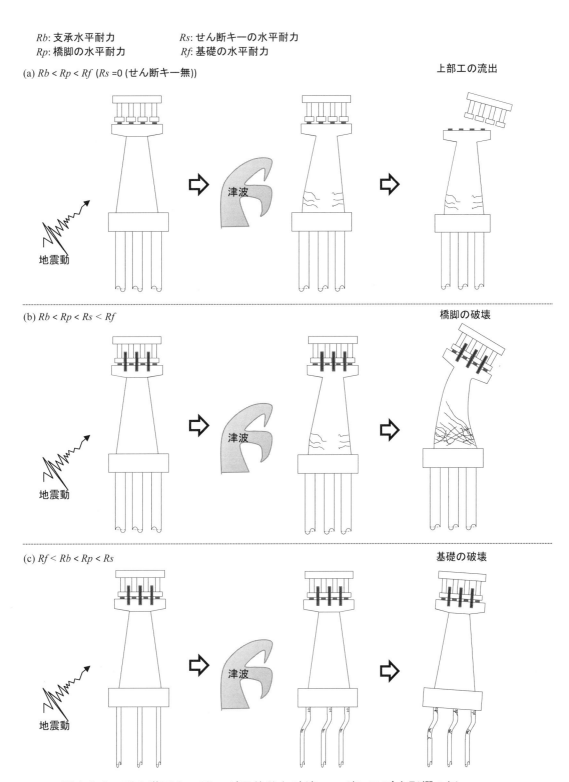

Rb: 支承水平耐力　　　　Rs: せん断キーの水平耐力
Rp: 橋脚の水平耐力　　　　Rf: 基礎の水平耐力

(a) *Rb* < *Rp* < *Rf* (*Rs* =0 (せん断キー無))　　　　　　　　　　上部工の流出

地震動　　　津波

(b) *Rb* < *Rp* < *Rs* < *Rf*　　　　　　　　　　　　　　橋脚の破壊

地震動　　　津波

(c) *Rf* < *Rb* < *Rp* < *Rs*　　　　　　　　　　　　　　基礎の破壊

地震動　　　津波

図 4.2.8　耐力階層化の違いが最終的な破壊モードに及ぼす影響の例

4.2.5　今後の課題

(1) 構造計画の充実

　図 4.2.1 に示すように，主に 2 章に示される構造物の配置計画や構造計画は，今回の改訂において，偶発作用の種別に関係なく提示している．しかし，地震動の影響を考える場合と，例えば，津波や洪水を考える場合では，構造物の配置計画や構造計画における配慮事項に違いがあり，そのため，偶発作用全般に関わる構造物の配置計画や構造計画を 2 章に示し，各偶発作用に特有の問題は，作用別に 8 章以降に列挙する形が

望ましいと考えている．現状，地震の影響に対して蓄積されてきた構造物の配置計画や構造計画の知見に比べて，他の偶発作用に対する知見は限定されている．一方で，2011年東北地方太平洋沖地震や2016年熊本地震以降，津波や断層変位の影響を考慮したコンクリート構造物の設計例も増えてきており，その際に配慮された構造物の配置計画や構造計画の内容を集めるなどして，**図4.2.1**に示す「照査に用いる偶発作用」と「応答値の算定」と併せて，これらも作用種別毎にその詳細を8章以降に示すようにしたい．

(2) 照査対象とする偶発作用の拡張とマルチハザードの視点

今回の改訂では，従来のレベル2地震動に加えて，いくつかの条件付きながら，津波や洪水，あるいは衝突の影響を偶発作用の照査対象とした．一方で，津波や洪水が引き起こす可能性のある洗掘の影響は照査の対象とできずにおり，また，断層変位の影響も付属資料の扱いにとどまっている．偶発作用が引き起こす影響の大きさを鑑みると，今後，考慮すべき偶発作用の範囲をさらに拡げる必要がある．例えば，2016年熊本地震で見られたような大規模な斜面崩壊や地盤変状，ミサイル等による衝撃的な爆発，あるいは大規模火災などがそれらの候補である．

また，今回の改訂では，単独の偶発作用のみを対象としているが，実際には，レベル2地震動の影響を受けた後に，津波が作用したり，洪水の作用を受けながら，その途中に流木の衝突を受けたりする，いわゆるマルチハザードの考慮が必要である．マルチハザードには，短時間の間に複数の作用を受ける場合もあれば，かなりの時間差が生じてマルチハザードの影響が顕在化する場合もある．例えば，洪水により生じた洗掘の影響により，地震時の保有水平耐力が小さくなり，洪水からかなりの時間が経った後の地震動作用時にその影響が顕在化するなどである．マルチハザード解析を含め，シナリオベースな偶発作用のモデル化，さらには，その評価に介在する不確定性の処理方法なども体系化する必要がある．

(3) 構造物の損傷状態を各部材の損傷レベルの組合せで表現する設計体系の耐久設計や既存コンクリート構造物の維持管理あるいは改築への適用

今回の改訂では，津波などの極めて大きな偶発作用を受ける構造物では，部分的な損壊を防ぐことは難しく，一方で，早期の復興が可能なようにその損壊する部位・部材を特定できるようにするため，構造物の損傷状態を構造物の各構成部材や要素の損傷レベルの組合せで表現する体系とした．この考えは，既存コンクリート構造物の補修・補強設計，また改築などを行う際にも，適用できるものである．構造物に許容する損傷状態を要求性能から定め，既存の部位や部材，あるいは新たに構築する部材について，それぞれどのような損傷レベルに抑えることで，構造物の損傷状態が満足されるのかを確認するのである．今後，この設計体系を活用した補修・補強，あるいは改築の設計例を増やしていければと考えている．

参考文献

1) Orcesi, A, Connor, A.O., Diamantidis, D, Sykora, M., Wu, T., Akiyama, M., Alhamid, A.K., Schmidt, F., Pregnolato, M., Li, Y., Salarieh, B., Salman, A.M., Bastidas-Arteaga, E., Markogiannaki, O. and Schoefs, F. : Investigating the Effects of Climate Change on Structural Actions, Structural Engineering International, Vol.32, No.4, pp.563-576, 2022.

2) Chock, G.Y.K.: Design for tsunami loads and effects in the ASCE 7-16 Standard. ASCE Journal of Structural Engineering, Vol.142, No.11, 04016093, 2016.

3) 土木学会地震工学委員会：東日本大震災による橋梁等の被害分析小委員会報告書，2015.

4) 中央防災会議：東北地方太平洋沖地震を教訓とした　地震・津波対策に関する専門調査会　中間とりまとめ～今後の津波防災対策の基本的考え方について～，2011.

5) 日本道路協会：道路橋示方書・同解説　Ⅰ共通編，丸善出版，2017.

6) Priestley, M.J.N., Seible, F., and Calvi, G.M.: Seismic design and retrofit of bridges. New York, USA: John Wiley & Sons, Inc., 1996.

7) Akiyama, M., Matsuzaki, M., Dang, D.H. and Suzuki, M.: Reliability-based capacity design for reinforced concrete bridge structures, Structure and Infrastructure Engineering, Vol.8, No.12, pp.1096-1107, 2012.

8) Ishibashi, H., Akiyama, M., Frangopol, D.M., Koshimura, S., Kojima, T. and Nanami, K.: Framework for estimating the risk and resilience of road networks with bridges and embankments under both seismic and tsunami hazards, Structure and Infrastructure Engineering, Vol.17, No.4, pp.494-514, 2021.

9) Akiyama, M., Frangopol, D.M., and Ishibashi, H.: Toward life-cycle reliability-, risk- and resilience-based design and assessment of bridges and bridge networks under independent and interacting hazards: emphasis on earthquake, tsunami and corrosion, Structure and Infrastructure Engineering, Vol.16, No.1 pp.26-50, 2020.

4.3　衝突作用に対する照査

4.3.1　序　　論

　近年，極端な気象変動に伴う集中豪雨や大規模地震に伴い，落石や土石流などの斜面災害が多発している．また，竜巻飛来物や火山噴石の家屋への衝突も報告されている．一方，人為的な災害として，自動車，船舶，航空機衝突などの事例も後を絶たない．

　これまで国内外において，衝突を受ける構造物の設計法やその考え方が数多く提案されている．土木学会では，「土木構造物共通示方書 性能・作用編」[1]において，低速度衝突，高速度衝突および爆発を対象に衝撃作用の考え方がとりまとめられている．また，「防災・安全対策技術者のための衝撃作用を受ける土木構造物の性能設計 –基準体系の指針–」[2]においても，各種防護構造物の性能照査設計法の基本的な考え方の他，実験や数値解析による性能照査事例がとりまとめられている．日本建築学会では，「建築物の耐衝撃設計の考え方」[3]において，各種建築物を対象に人為的災害を中心とした耐衝撃設計の考え方をとりまとめている．国外では，国際標準化機構において「ISO 10252:2020, Bases for design of structures - Accidental actions（構造設計の基本−偶発作用）」[4]が発行されており，偶発作用を受ける土木・建築構造物の性能評価法について整理されている．

　今回の改訂では，これらの設計法を参考に偶発作用としての「衝突」に対応する項目についてとりまとめた．なお，衝突荷重を外力とする防護構造物の設計は，衝突荷重を静的荷重に置き換えて許容応力度法にて実施されることが多い．このような設計上の作用として設定される「衝突」は，偶発作用とは異なることから，標準 5 編の対象から除外している．

4.3.2　衝撃作用と構造物の応答

　石川らによる衝撃作用と構造物の応答の概要[5]を示す．**表 4.3.1** に示すように，衝撃作用の発生原因の多くは，自然災害や人為的ミスによる事故・事件であり，発生確率は大きくない．衝撃荷重を考慮すべき構造物として，落石を想定したロックシェッドや原子力発電関連施設などが挙げられる．また，発生の可能性がゼロではないテロ攻撃や甚大な偶発作用に対して，電力，ガス，石油，水道などの重要インフラ施設の防護は検討課題である．

　物体が物体に衝突すると衝撃荷重が生じる．衝撃現象とは，衝突，衝撃力の発生，そして衝撃応答の 3 つの過程を指している．衝突体は，固体と流体（液体，気体）に分類できる．衝突体が固体である場合を衝突荷重と呼び，流体の場合は衝撃的荷重または爆風圧荷重と呼ぶ．これらの衝撃荷重が作用したとき，構造物の応答は極めて短時間に起こる．

　衝撃荷重のモデル化（波形形状，最大値，作用時間）は容易でない．例えば，同じ高さから同じ質量の物体が落下する場合でも，衝突体の形と大きさ（空気抵抗，接触面積），硬さ（接触時間），衝突する位置の被衝突体の変形特性によって接触時間や最大荷重が変化する．衝突荷重は，衝突する物体と被衝突体（構造物）の特性の相互関係によって，衝突時に初めて決まるものである．

　構造物の設計における衝突体の条件（大きさ，質量，硬さ，および衝突速度）の概略を**表 4.3.2** に示す．固体の衝突体の大きさ，質量および硬さは定性的な記載に留めており，流体の衝突については圧力（水圧，風圧）で評価している．衝撃荷重の特性として，衝突体の質量と衝突速度は，以下のような特徴がある．

① 土木構造物（落石覆工，砂防ダム，擁壁，防波堤，護岸構造物，港湾施設，橋脚など）の設計対象となる衝撃荷重は，衝突体の質量が数 100 kg〜数 1000 ton 程度，衝突速度が数 m/s〜数 10 m/s 程度である．

② 建築構造物（高層ビル，家屋，原子力発電関連施設など）の場合，衝突体（航空機など）の質量は数 100

ton 程度，衝突速度は数 100 m/s 程度である．

③ 軍用施設あるいはテロ攻撃を想定する場合には，ミサイル，砲弾，銃弾などが対象となる．衝突体の質量は数 g～数 10 kg と小さいが，衝突速度は数 100 m/s～数 1000 m/s と大きい．

表 4.3.1　衝撃荷重と対象構造物の例[5]

衝撃荷重の種類		対象構造物の例
自然的	落石，岩盤崩落	落石覆工（ロックシェッド）
	土石流	砂防ダム
	崩壊土砂	擁壁，家屋
	波浪，津波	防波堤，護岸構造物，港湾施設
	直下地震	橋脚，建物
	竜巻	家屋，ビル建物
人為的	車両の衝突事故	道路の分離帯，路側帯のガードフェンス
	重量物の落下事故	工場，建設現場
	高所からの落下物	高層マンション，高層ビル
	航空機の落下事故	原子力発電関連施設，高層ビル
	船舶の衝突事故	防波堤，護岸構造物，橋脚
	テロによる攻撃	社会基盤施設・建物，官庁関連施設建物
	ミサイル，砲弾	航空機シェルター

表 4.3.2　衝突体の分類と特性[5]

衝突体の分類，種類		特性			
		大きさ	質量	硬さ	衝突速度
固体	落石	中～大	～数 10 ton	硬	数 10 m/s
	車両	小～大	～数 ton	柔	数 10 m/s
	航空機	中～極大	～数 100 ton	柔	数 100 m/s
	固形落下物	小	～数 10 kg	硬	数 10 m/s
流体	波浪，津波	---	---	---	数 m/s
	竜巻	---	---	---	数 10 m/s
	爆発（火薬，爆薬，ガス）	---	---	---	数 1000 m/s

　固体による衝突荷重が構造物に作用すると，構造物あるいは部材全体が応答する全体応答と，部材の一部に破壊が生じる局部応答が起こる．一般には，衝突体の大きさと質量が大きい場合には，全体応答となる．一方，衝突体の大きさと質量が大きい場合（全体応答）を除いて，衝突体が硬くて衝突速度が大きい場合には，局部応答を引き起こす．

　全体応答では，部材に曲げ破壊あるいはせん断破壊が生じる．局部応答では，**図 4.3.1** に示すように，表面破壊，貫入，裏面剥離，あるいは貫通などの局部破壊が生じる．多くの土木構造物では，大きな固体が衝突して構造物の全体応答を引き起こす場合が問題となるため，コンクリート標準示方書の改訂では，固体衝突による全体応答に対して性能を照査することとした．なお,設計において局部応答が想定される場合には，部材の局部的な変形や破壊が生じても，構造物の崩壊や機能の損失を引き起こさないことを確認する必要が

ある.

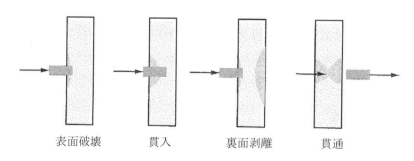

表面破壊　　　貫入　　　裏面剥離　　　貫通

図 4.3.1　局部破壊の区分 [5]

　日本建築学会 [3] では，**表 4.3.3** に示すように，載荷速度による分類と検討方法が整理されている．表中に示した動的載荷領域が，大きな固体が衝突して構造物の全体応答を引き起こす場合と考えて，コンクリート標準示方書では，衝突作用に対して構造物の非線形動的応答解析による照査を行うこととした.

表 4.3.3　載荷速度による分類 [3]

分類	定義	区分	検討方法
衝撃載荷領域	衝撃荷重の作用時間が，対象部材の固有周期に比べて，極めて短い場合	$\dfrac{t_d}{T_n} < 0.064$	エネルギー評価 / 力積評価
動的載荷領域	衝撃荷重の作用時間と対象部材の固有周期が，比較的近い場合	$0.064 \leq \dfrac{t_d}{T_n} < 6.4$	線形解析の場合には，エネルギー評価/力積評価によって応答の上界が評価できる．非線形解析では動的解析が必須となる.
準静的載荷領域	衝撃荷重の作用時間が対象部材の固有周期に比べて，極めて長い場合	$6.4 < \dfrac{t_d}{T_n}$	エネルギー評価 / 力積評価

注）t_d は衝撃荷重の作用時間，T_n は対象部材の固有周期である.

4.3.3　衝突作用のモデル化

　コンクリート標準示方書では，固体による衝突荷重を時刻歴衝突力波形でモデル化し，構造物の非線形動的応答解析を行うこととした．しかし，衝突体の形状，質量，衝突速度，および衝突箇所における構造物表面の変形特性などによって荷重の特性（波形形状，最大値，作用時間）が大きく異なるため，荷重モデルを決めることは容易でない.

　普通自動車，大型自動車，列車，船舶，飛行機などの衝突荷重をモデル化する際には，構造物側の接触部分の変形特性のみならず，衝突体の塑性変形も考慮する必要がある．以降では，これらの衝突による荷重モデルと落石の事例を紹介する．なお，標準5編では，普通自動車および大型自動車による衝突は偶発作用として位置づけていないが，ここではモデル化の考え方の参考として，それらの衝突に対する荷重モデルについても記載した.

(1) 普通自動車の衝突[3]

普通自動車の前面衝突試験による荷重の時刻歴波形を**図4.3.2**と**表4.3.4**に示す. 簡易的に, 最大荷重 F, ピーク時間 t_p, 作用時間 t_{end} によって三角波にモデル化される.

衝突条件を表す指標として運動量 P（車体質量 m × 衝突速度 v）を用いると, 最大荷重 F およびピーク時間 t_p は式（4.3.1）〜（4.3.2）で与えることができる.

$$F = 23.11\,P + 37.45 \tag{4.3.1}$$

$$t_p = -3.65 \times 10^{-4} P + 3.92 \times 10^{-2} \tag{4.3.2}$$

さらに, 作用時間 t_{end} は, 荷重時刻歴の力積（= 作用時間 t_{end} × 最大荷重 $F / 2$）が運動量 P と等しいものとして, 式（4.3.3）のように求める.

$$t_{end} = \frac{2P}{F} = \frac{2mv}{F} \tag{4.3.3}$$

車体質量 m と衝突速度 v を仮定すれば運動量 P が計算でき, 式（4.3.1）〜（4.3.3）を用いて三角波による普通自動車の衝突荷重の時刻歴波形が得られる. 衝突荷重の作用位置や作用面積は, 衝突車種の車高, 車幅, 構造物との位置関係等を考慮して設定する.

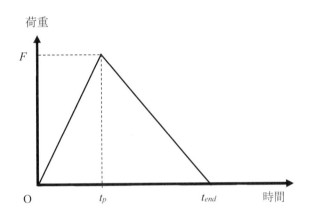

図4.3.2　普通自動車の衝突作用のモデル化[3]

表4.3.4　普通自動車の衝突作用の特性[3]

車種	車体質量 m (ton)	衝突速度 v (km/h)	運動量 P (kN·s)	最大荷重 F (kN)	ピーク時間 t_p (s)	作用時間 t_{end} (s)
A	1.8	56.2	28	670	0.036	0.083
B	1.2	39.8	13	370	0.038	0.072
	1.3	56.3	20	540	0.031	0.074
	1.3	56.2	19	430	0.031	0.090
C	1.6	56.0	26	680	0.025	0.075
D	1.4	56.5	21	480	0.028	0.089

(2) 大型自動車の衝突[3]

大型自動車の衝突作用の一例として, 有限要素法による衝突シミュレーション解析の結果を**図4.3.3**と**表4.3.5**に示す. 解析はフォードトラックモデルを仮定しており, 車体総質量は8.9 ton である.

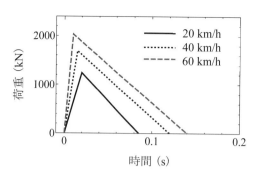

図 4.3.3　大型自動車の衝突作用のモデル化 [3]

表 4.3.5　大型自動車の衝突作用の特性 [3]

衝突速度 （km/h）	力積 （kN·s）	最大荷重 （kN）	ピーク時間 （s）	作用時間 （s）
20	52	1240	0.02	0.085
40	101	1690	0.015	0.12
60	142	2030	0.01	0.14

（3）列車の衝突 [3]

　FEM による列車の非弾性衝突シミュレーション解析を基にして，**図 4.3.4** と**表 4.3.6** の三角形モデルが提案されている．衝突シミュレーションに用いた車両は，ステンレス製，全長 20 m，車両質量 26.3 ton であり，剛壁に対して列車を正面衝突させている．

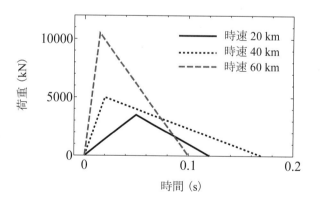

図 4.3.4　列車の衝突荷重のモデル化 [3]

表 4.3.6　列車の衝突作用の特性 [3]

衝突速度 （km/h）	力積 （kN · s）	最大荷重 （kN）	最大荷重時の時間 （s）	作用時間 （s）
20	210	3500	0.05	0.12
40	434	5000	0.02	0.17
60	531	10,500	0.015	0.10

　荷重の作用位置，作用面積，および入射角度は，列車の高さ，幅，構造物との位置関係などを考慮して設定する必要がある．この衝突シミュレーションの列車の例であれば，線路面から1m程度上方の位置に水平荷重が与えられる．

(4) 船舶の衝突荷重モデル[6]

　船舶の衝突は，荷重の作用時間が比較的長いことと，船舶の塑性変形特性を考慮して，**図4.3.5**の台形モデルが用いられる．例えば，質量が500〜300,000 ton の船舶が速度 18 km/h で剛壁に対して垂直に衝突する場合には，**図4.3.6**の時刻歴荷重モデルと式（4.3.4）〜（4.3.10）を用いて，最大荷重および作用時間が求められる．

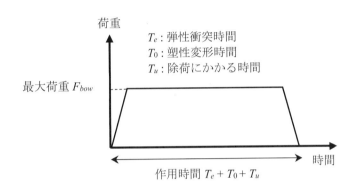

図4.3.5　船舶の衝突作用のモデル化

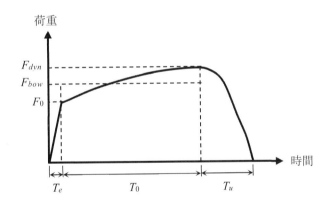

図4.3.6　船舶の衝突作用のモデル化（その2）[6]

$$F_{bow} = F_0\,\overline{L}\left\{\overline{E}_{imp} + \left(5.0 - \overline{L}\right)\overline{L}^{\,1.6}\right\}^{0.5} \qquad \text{ただし，} \quad \overline{E}_{imp} \geq \overline{L}^{\,2.6} \tag{4.3.4}$$

$$F_{bow} = 2.24\,F_0\left(\overline{E}_{imp}\,\overline{L}\right)^{0.5} \qquad \text{ただし，} \quad \overline{E}_{imp} < \overline{L}^{\,2.6} \tag{4.3.5}$$

$$T_0 = 1.67\frac{S_{\max}}{v_r} \tag{4.3.6}$$

$$\overline{L} = \frac{L_{pp}}{275} \tag{4.3.7}$$

$$\overline{E}_{imp} = \frac{E_{imp}}{1425} \tag{4.3.8}$$

$$E_{imp} = \frac{1}{2}mv_r^2 \tag{4.3.9}$$

$$S_{max} = \frac{\pi E_{imp}}{2F_{bow}} \tag{4.3.10}$$

ここに,

F_{bow}	：最大荷重（MN）
T_0	：塑性変形時間（s）
F_0	：荷重の基準値（= 210 MN）
E_{imp}	：塑性変形による吸収エネルギー（MN·m）
L_{PP}	：船舶の長さ（m）
m	：船舶の質量（10^6 kg）であり，貨物や燃料等の付加質量を含む.
v_r	：船舶の衝突速度（= 5 m/s）

　弾性衝突時間 T_e,除荷にかかる時間 T_u,荷重の作用位置,作用面積,および入射角度は,船舶の高さ,幅,構造物との位置関係などを考慮して設定する必要がある.なお,港湾内では船舶の速度が低減されるため,簡易的に,荷重の大きさを半分に低減してもよい.また,衝突直角方向の荷重は,衝突方向荷重の半分としてもよい.

　船舶の衝突速度が 18 km/h（= 5 m/s）のとき,衝突荷重の計算例を**表 4.3.7** に示す.

表 4.3.7　船舶の衝突作用の特性 [6]

船舶の分類 (Class of ship)	船舶の長さ (m)	船舶の質量 (ton)	最大荷重, F_{bow} (kN)
Small	50	3,000	30,000
Medium	100	10,000	80,000
Large	200	40,000	240,000
Very Large	300	100,000	460,000

(5) 飛行機の衝突 [3]

　衝突時の運動エネルギーが衝突体の変形による内部エネルギーとして吸収されるものとして,時刻歴荷重は式（4.3.11）〜（4.3.12）のように示されている.

$$F(t) = F_c(x) + m(x)v_c^2(t) \tag{4.3.11}$$

$$x = \int_0^t v_c(\tau)d\tau \tag{4.3.12}$$

ここに,

$F(t)$	：時間 t における衝突荷重
$F_c(x)$	：先端から距離 x における静的最大圧縮荷重
$m(x)$	：先端から距離 x における単位長さあたりの質量
$v_c(t)$	：時間 t における衝突速度

衝突荷重の計算例として，小型飛行機（Cessna210A, LearJet23A）の時刻歴荷重を**図** 4.3.7 に示す．さらに，三角形モデルを用いて簡単化した最大荷重と作用時間を**表** 4.3.8 に示す．

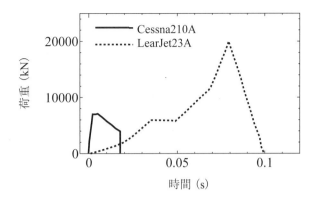

図 4.3.7　飛行機の衝突作用のモデル化 [3)]

表 4.3.8　飛行機の衝突作用の特性 [3)]

機体の全長 (m) L	機体の質量 (kg) M	衝突速度 (km/h) v	最大荷重 (kN) $F = 2mv / t$	作用時間 (s) $t = L / v$
8.5	1000	180	588	0.170
		200	726	0.153
	2000	180	1176	0.170
		200	1452	0.153

(6) 落石の衝突 [7)]

ロックシェッドの設計に用いられる落石荷重のモデル [7)] を紹介する．**図** 4.3.8 のように 2 つの弾性物体 1 と物体 2 が速度 v_1 と $-v_2$ で衝突するとき，物体間に作用する力 P と 2 つの物体重心間の距離 δ の関係は式（4.3.13）で表される．

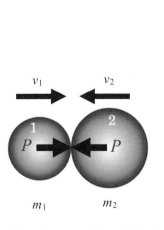

図 4.3.8　2 物体の衝突 [7)]

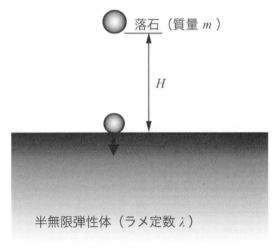

図 4.3.9　落石と半無限弾性体の衝突 [7)]

$$\frac{1}{2}\left\{\left(\frac{d\delta}{dt}\right)^2 - v_0^2\right\} + \left(\frac{m_1+m_2}{m_1 m_2}\right)\int_0^\delta P\,d\delta = 0 \tag{4.3.13}$$

ここに，

P 　　　　　：物体間に作用する力

δ 　　　　　：物体重心間の距離

v_0 　　　　　：2 物体の衝突速度 $(= v_1 + v_2)$

v_1 　　　　　：物体 1 の速度

v_2 　　　　　：物体 2 の速度

m_1 　　　　　：物体 1 の質量

m_2 　　　　　：物体 1 の質量

P と δ の関係は，接触面の形状によって異なる．球体同士が接触する場合は，式 （4.3.14）〜（4.3.16）で表される．

$$P = \sqrt{\frac{16 r_1 r_2}{9\pi^2 \left(k_1+k_2\right)^2 \left(r_1+r_2\right)}}\, \delta^{\frac{2}{3}} \tag{4.3.14}$$

$$k_1 = \frac{1-v_1^2}{\pi E_1} \tag{4.3.15}$$

$$k_2 = \frac{1-v_2^2}{\pi E_2} \tag{4.3.16}$$

ここに，

r_1 　　　　　：物体 1 の半径

r_2 　　　　　：物体 2 の半径

E_1 　　　　　：物体 1 のヤング係数

E_2 　　　　　：物体 2 のヤング係数

v_1 　　　　　：物体 1 のポアソン比

v_2 　　　　　：物体 2 のポアソン比

式 （4.3.14）〜（4.3.16）に基づき，図 4.3.9 に示すように，比重 2.6 の剛な球体が高さ H から自由落下し，半無限の弾性体（半径 r と質量が無限，ポアソン比が 0.25）であるクッション材に衝突したとき，最大変形に達したときの接触力は式 （4.3.17）〜（4.3.18）で表される．

$$P_{\max} = 2.108 \left(mg\right)^{\frac{2}{3}} \lambda^{\frac{2}{5}} H^{\frac{3}{5}} \alpha \tag{4.3.17}$$

$$\alpha = \sqrt{\frac{T}{D}} \tag{4.3.18}$$

ここに，

P_{max} 　　　　：最大荷重 (kN)

m 　　　　　：落石質量 (10^3 kg)

λ 　　　　　：ラメ定数 (kN/m²)

H　　　　：落下高さ（m）

g　　　　：重力加速度の大きさ（= 9.8 m/s²）

T　　　　：敷砂層厚（m）

D　　　　：落石の直径（m）

　この算定式は，サンドクッションを緩衝材としたロックシェッドの設計に用いられている．式（4.3.17）〜（4.3.18）による落下高さと衝突力の関係を図 4.3.10 に示した．

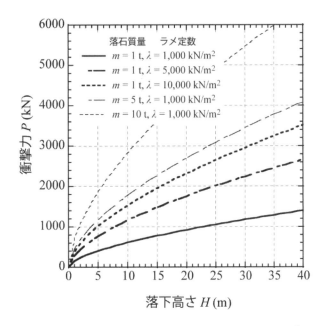

図 4.3.10　落石の落下高さと衝突荷重の関係 [7]

　理論上，接触面の半径が落石半径に達する限界落下高さ H_{lim}（m）は式（4.3.19）で表される．

$$H_{lim} = 0.0133\,\lambda \tag{4.3.19}$$

　衝突荷重の評価式は，いくつかの仮定をもとにして導かれたものである．実際の落石衝突挙動は弾性挙動ではなく，落石の質量，形状，落下高さ，敷砂の種類などの影響を受ける．また，敷砂層の厚さとして落石直径と同程度であることが想定されていることから，仮に敷砂層厚が落石直径より小さい場合には，衝突荷重を式（4.3.20）で補正する．

$$P_{\max} = P_{\max,1000}\left(\frac{T}{D}\right)^{-0.5} \tag{4.3.20}$$

ここに，

$P_{max,1000}$　：λ = 1000 kN/m² を仮定した場合の落石の最大衝突力

T　　　　：敷砂層厚（m）

D　　　　：落石直径（m）

　一般に，落石防護工のロックシェッドでは，衝撃力の緩衝や分散を目的として緩衝材が用いられる．緩衝材としては，砂，砕砂，山砂などの敷砂が多く用いられているが，古タイヤ，発泡スチロールなどが用いら

れる場合もある．また，敷砂，鉄筋コンクリート版と EPS を組み合わせた多層緩衝構造も使用されている．

緩衝材が構造物上にある場合，**図 4.3.11** に示すように，落石は緩衝材に貫入していく．その際に，緩衝材は弾塑性変形を生じて，砂などの粒状体の場合には緩衝材の流動も生じる．このような過程で衝撃力は応力として緩衝材中を伝播し，構造物表面に到達することで外力として作用する．この応力の伝播過程で，衝撃力は空間的・時間的に分散し，緩衝材内部の減衰作用や緩衝材自体の破壊・移動によりエネルギーが逸散され，構造物との直接衝突の場合に比べて衝撃力の最大値は非常に小さく，作用時間が長くなる．

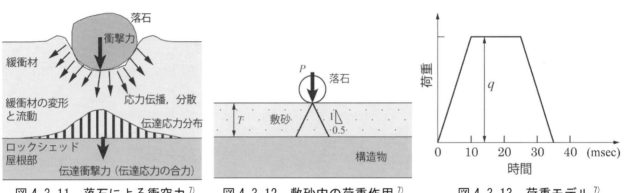

図 4.3.11　落石による衝突力 [7]　　図 4.3.12　敷砂内の荷重作用 [7]　　図 4.3.13　荷重モデル [7]

図 4.3.12 のように，敷砂上面に作用する集中荷重 P が砂層厚 T に対して 1 : 0.5 の角度に分散すると仮定すれば，構造物には敷砂厚 T を直径とする円形等分布荷重が作用する．すなわち，衝突力として式 (4.3.21) の分布圧 q が与えられる．

$$q = \frac{4P}{\pi T^2} \tag{4.3.21}$$

荷重の時刻歴波形は，**図 4.3.13** の台形モデルが提案されている．

4.3.4　コンクリートと鋼材のひずみ速度依存性

コンクリートや鋼材などの建設材料は，ひずみ速度が大きくなると静的載荷の場合とは異なった力学特性を示す．衝突荷重を受ける構造物の応答を評価する場合には，ひずみ速度依存性を適切に考慮することが重要である．以下に，ひずみ速度を考慮したコンクリートと鋼材の応力-ひずみ関係を紹介する．

(1)　コンクリート材料のひずみ速度依存性 [7]

コンクリートの圧縮強度と引張強度に対して，ひずみ速度が与える影響をそれぞれ**図 4.3.14** と**図 4.3.15** に示す．ひずみ速度がコンクリートの材料特性を変化させるメカニズムは未だ明らかではないが，コンクリートのひずみ速度効果は，動的載荷時の強度を静的載荷時の値で除した動的増加率として定義されることが多い．既往の研究で提案されているコンクリートのひずみ速度効果の評価式を**表 4.3.9** と**表 4.3.10** に示す．試験方法，作用応力，ひずみ速度，試験体の形状・寸法・強度あるいは含水率などの相違によって，実験結果を回帰した評価式がそれぞれ提案されている．

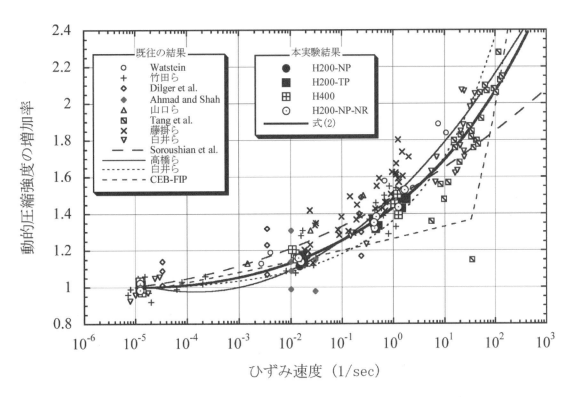

図 4.3.14　コンクリートの動的圧縮強度の増加率とひずみ速度の関係 [7]

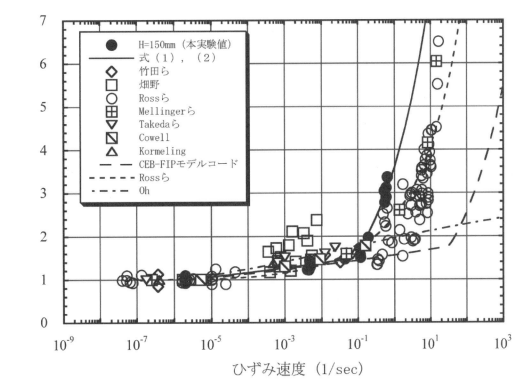

図 4.3.15　コンクリートの動的引張強度の増加率とひずみ速度の関係 [7]

表4.3.9　コンクリートの動的圧縮強度の増加率に関する評価式 [7]

提案者	評価式
Dilger et al.	$\dfrac{f'_{cd}}{f'_c} = 1.38 + 0.08 \times \log_{10} \dot{\varepsilon}$ $\qquad \dot{\varepsilon} \geq 1.6 \times 10^{-5}\,(1/\sec)$
Soroushian et al.	$\dfrac{f'_{cd}}{f'_c} = 1.48 + 0.16 \times \log_{10} \dot{\varepsilon} + 0.013 \times (\log_{10} \dot{\varepsilon})^2$
Martin	$\dfrac{f'_{cd}}{f'_c} = 1.563 \times \dot{\varepsilon}^{0.059}$
高橋ら	$\dfrac{f'_{cd}}{f'_c} = 1.49 + 0.268 \times \log_{10} \dot{\varepsilon} + 0.035 \times (\log_{10} \dot{\varepsilon})^2$
CEB-FIB	$\dfrac{f'_{cd}}{f'_c} = \left(\dfrac{\dot{\varepsilon}}{\dot{\varepsilon}_0}\right)^{1.026\alpha} \qquad \dot{\varepsilon} \leq 30\,(1/\sec)$ $\dfrac{f'_{cd}}{f'_c} = \gamma\, \dot{\varepsilon}^{\frac{1}{3}} \qquad\qquad \dot{\varepsilon} > 30\,(1/\sec)$ ここで，$\quad \alpha = \dfrac{1}{5 + 0.9 f'_c}$ $\gamma = 10^{(6\alpha - 0.5)}$ $\dot{\varepsilon}_0 = 30 \times 10^{-6}\,(1/\sec)$
白井ら	$\dfrac{f'_{cd}}{f'_c} = 0.9783 + 0.0217 \times \left(\dfrac{\dot{\varepsilon}}{\dot{\varepsilon}_0}\right)^{0.277}$ ここで，$\quad \dot{\varepsilon}_0 = 3 \times 10^{-5}\,(1/\sec)$
藤掛ら	$\dfrac{f'_{cd}}{f'_c} = \left(\dfrac{\dot{\varepsilon}}{\dot{\varepsilon}_0}\right)^{0.006\left[\log\left(\frac{\dot{\varepsilon}}{\dot{\varepsilon}_0}\right)\right]^{1.12}}$ ここで，$\quad \dot{\varepsilon}_0 = 1.2 \times 10^{-5}\,(1/\sec)$

注）　f'_{cd}　：動的載荷におけるコンクリートの圧縮強度

　　　f'_c　：静的載荷におけるコンクリートの圧縮強度

　　　$\dot{\varepsilon}$　：ひずみ速度

表 4.3.10　コンクリートの動的引張強度の増加率に関する評価式[7]

提案者	評価式
CEB-FIB	$$\frac{f_{td}}{f_t} = \left(\frac{\dot{\varepsilon}}{\dot{\varepsilon}_0}\right)^{1.016\delta} \qquad \dot{\varepsilon} \leq 30\,(1/\text{sec})$$ $$\frac{f_{td}}{f_t} = \lambda\,\dot{\varepsilon}^{\frac{1}{3}} \qquad \dot{\varepsilon} > 30\,(1/\text{sec})$$ ここで，$\delta = \dfrac{1}{10 + 0.6 f'_c}$ $$\lambda = 10^{(7\delta - 0.5)}$$ $$\dot{\varepsilon}_0 = 3 \times 10^{-6}\,(1/\text{sec})$$
Ross ら	$$\frac{f_{td}}{f_t} = \exp\left[0.00126\left(\log_{10}\frac{\dot{\varepsilon}}{\dot{\varepsilon}_0}\right)^{3.373}\right]$$ ここで，$\dot{\varepsilon}_0 = 1 \times 10^{-7}\,(1/\text{sec})$
藤掛ら	$$\frac{f_{td}}{f_t} = \left(\frac{\dot{\varepsilon}}{\dot{\varepsilon}_0}\right)^{0.0371} \qquad \dot{\varepsilon} \leq 7.22 \times 10^{-2}\,(1/\text{sec})$$ $$\frac{f_{td}}{f_t} = 0.0433\left(\frac{\dot{\varepsilon}}{\dot{\varepsilon}_0}\right)^{0.3363} \qquad \dot{\varepsilon} > 7.22 \times 10^{-2}\,(1/\text{sec})$$ ここで，$\dot{\varepsilon}_0 = 2.0 \times 10^{-6}\,(1/\text{sec})$
Oh	$$\frac{f_{td}}{f_t} = 1.95 - 3.32 \times \left(\frac{1 - \dot{\varepsilon}^{\frac{1}{8}}}{2.2 + 3.2 \times \dot{\varepsilon}^{\frac{1}{8}}}\right)$$

注）f_{td} : 動的載荷におけるコンクリートの引張強度

　　f_t : 静的載荷におけるコンクリートの引張強度

(2) 鋼材のひずみ速度効果[7]

　金属材料のひずみ速度依存性は，材料の結晶の転移急増および転移速度の応力依存性によるものと考えられている．有限要素法等による金属材料の衝撃応答解析では，金属材料の動的構成則として Johnson and Cook モデルや高橋モデルがよく用いられている．

　Johnson and Cook モデルでは，金属材料の降伏後の挙動を塑性ひずみ速度と温度の関数として，式 (4.3.22) で表している．

$$\sigma_p = \left(\sigma_0 + B\varepsilon_p^{\,n}\right)\left(1 + C\ln\frac{\dot{\varepsilon}_p}{\dot{\varepsilon}_0}\right)\left[1 - \left(\frac{T - T_r}{T_m - T_r}\right)^m\right] \tag{4.3.22}$$

ここに，

　　　　σ_p　　　　: 降伏後の応力

　　　　$\dot{\varepsilon}_p$　　　　: 塑性ひずみ速度

　　　　T　　　　: 温度

　　　　T_r　　　　: 基準温度

　　　　$\dot{\varepsilon}_0$　　　　: 基準ひずみ速度

　　　　σ_0　　　　: 基準温度 T_r および基準ひずみ速度 $\dot{\varepsilon}_0$ で計測された降伏応力

　　　　ε_p　　　　: 塑性ひずみ

T_m　　　　　：鋼材の融点

　式（4.3.22）のパラメータσ_0, B, C, n, mは，材料試験によって与えられる．例として，低炭素鋼の材料パラメータを**表4.3.11**に示す．

表 4.3.11　Johnson and Cook モデルにおける鋼材の材料定数 [7]

硬度	質量密度 (kg/m³)	比熱 (J/kg K)	融点 (K)	σ_0 (MPa)	B (MPa)	n	C	m
F-83	7890	452	1811	290	339	0.40	0.055	0.55

　高橋モデルでは，鉄筋および鋼板を対象とした高速引張試験結果に基づき，ひずみ速度が鋼材の応力-ひずみ関係に及ぼす影響を**図4.3.16**および**表4.3.12**に示すような簡易モデルを提案している．

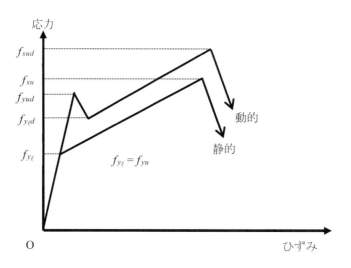

図 4.3.16　高橋モデルによる鋼材の応力-ひずみ関係 [7]

表 4.3.12　高橋モデルのパラメータ [7]

材料特性値	評価式	式中の係数
上降伏点	$\dfrac{f_{yud}}{f_{yu}} = 10^{m+c_1}$	$m = 0.3796 \log_{10} \dot{\varepsilon} - 0.2579$，　$c_1 = 0.993$
下降伏点	$\dfrac{f_{y\ell d}}{f_{y\ell}} = a_2 + b_2 \log \dot{\varepsilon}$	$a_2 = 1.202$，　$b_2 = 0.040$
引張強度	$\dfrac{f_{sud}}{f_{su}} = a_3 + b_3 \log \dot{\varepsilon}$	$a_3 = 1.172$，　$b_3 = 0.037$
破断ひずみ	$\dfrac{\varepsilon_{sud}}{\varepsilon_{su}} = a_4 + b_4 \log \dot{\varepsilon}$	$a_4 = 1.044$，　$b_4 = 0.013$

参考文献

1)　土木学会：土木構造物共通示方書，性能・作用編，2016.

2)　土木学会：防災・安全対策技術者のための衝撃作用を受ける土木構造物の性能設計，構造工学シリーズ

22，2013.

3)　日本建築学会：建築物の耐衝撃設計の考え方，丸善出版，2015.

4)　ISO: Bases for design of structures - Accidental actions, ISO 10252:2020, 2020.

5)　石川信隆，大野友則，藤掛一典，別府万寿博：基礎からの衝撃工学　構造物の衝撃設計の基礎，森北出版，2009.

6)　The European Union: Eurocode 1 -Actions on structures-, Part 1-7: General actions - Accidental actions, 2010.

7)　土木学会：防災・安全対策技術者のための衝撃作用を受ける土木構造物の性能設計－基準体系の指針－，構造工学シリーズ22，丸善出版，2013.

4.4　津波・洪水に対する照査

　前回の改訂では，コンクリート構造物に及ぼす津波の影響の評価方法が詳細に検討され，構造物に作用する津波波力の算定方法，および算定された津波波力に対するコンクリート構造物の安全性の照査事例が付属資料として取りまとめられた．この中で，コンクリート構造物の設置地点における津波の浸水深さと流速をパラメータとし，当該構造物に作用する津波波力を比較的簡便に算定する方法が整理された．構造物に及ぼす津波の影響は，津波による水位変動が構造物にどのように作用するのかによって大きく異なる．例えば，津波の先端部の水塊が構造物に衝突する場合と，津波による水塊の移動に構造物が完全に飲み込まれる場合で構造物に作用する津波波力の方向，大きさ，作用時間が大きく異なるため，構造物に対する津波の作用に応じて，津波波力の算定式を適切に選択する必要がある．この付属資料では，各機関が発行している津波設計に関するガイドライン・マニュアル類が整理されており，それぞれの機関で使用される津波波力の種類，算定式，適用範囲がまとめられた．このとき，津波波力の種類として，構造物の設置位置における津波の状態の観点から，津波先端荷重，津波非先端荷重，越流時荷重，漂流物荷重が取り上げられた．

　これらの方法を用いてコンクリート構造物に及ぼす津波の影響を津波波力として評価できると，津波の影響に対する構造物の要求性能の設定方法と要求性能に対する照査方法が必要となる．地震の震源等が特定できれば，津波シミュレーション等を行うことによってコンクリート構造物の設置地点にどのような津波が到達するのか，また，対象としている津波と構造物の設計で用いる津波との関係が整理されると，例えばハザードマップにおける津波浸水深さを利用できる可能性もある．しかし，前回の改訂時は，これらの方法について，構造物全般に対する包括的な考え方を提示するのは時期尚早との結論であった．これは，地震の影響はすべて構造物に直接的に作用するが，津波の影響は構造物と津波の影響の相互作用があり一律に定まらないこと，さらに，津波の影響に対する構造物の要求性能についてコンセンサスが得られていないことがその理由であった．

　今回の改訂では，上記の課題に関する状況は大きく変わっていなかったが，近年の地震や津波，ならびに豪雨に伴う洪水により河川内の橋梁が流出するなど，偶発作用によりコンクリート構造物に被害が生じている状況に鑑み，従来の耐震設計および耐震性に関する照査の枠組みを拡張して，津波，ならびに洪水などの偶発作用についても同様の枠組みの中で考えることとした．つまり，今回の改訂では，想定される偶発作用に対して，コンクリート構造物の要求性能のうち，特に使用性，安全性，ならびに復旧性に対する照査を行う場合の標準的な方法を示した．このとき，設計の前提として，偶発作用に対しては構造計画や構造物の配置計画の段階で十分に配慮することとし，その上で，従来の地震動に加えて，必要な情報が入手できた場合は，列車・船舶や落石・土石流の衝突とともに，津波と洪水に対する構造物の性能照査を行うこととした．ただし，現状の技術レベルでは，津波あるいは洪水などの偶発作用を受ける間の一時的な機能の損失を防ぐことが難しい場合があることから，津波や洪水を受けるときに構造物の利用者がいないと仮定できる場合に限り，部分的な構造物の損壊や流出を許容する照査の枠組みとした．この場合，早期の復旧が可能となるように損傷レベル4となる部材（犠牲部材）を選定し，これらの犠牲部材以外は構造物の再構築時に利用できる損傷レベルに留める必要があることを解説に加えた．

　また，2章2.2「偶発作用に対する構造物の配置計画および構造計画」において，偶発作用の影響を受ける構造物の設計における基本を示しており，可能な限り，津波の影響を受けない位置に構造物を配置する必要があることを解説している．また，偶発作用としては，津波や洪水などの流体力を作用として考慮するが，**解説 図**3.2.1に示すように，津波や洪水による洗掘，ならびに漂流物の衝突等の作用については構造物の配置計画・構造計画で考慮することとしている．

　その他，3 章「偶発作用に対する照査の原則，ならびに構造物および部材の損傷レベルとその組合せ」，4 章「照査に用いる偶発作用」，5 章「解析モデル」，6 章「応答値の算定」，7 章「偶発作用に対する照査」については，従来の耐震設計および耐震性に関する，地震動に対する照査の方法と同じ枠組みとし，特に 10 章において，津波・洪水の作用の設定，波力のモデル化，応答解析，ならびに津波・洪水を受けるコンクリート構造物の構造細目を示した．

　これらは前回改訂時に検討された内容を踏襲したものであり，今回の改訂の中では，他の偶発作用と同様の枠組みで構造物の計画，設計，および照査を行う場合の標準的な方法を示した．今後の改訂においては，国内外の取組み[1,2]を参考にして，以下のような検討が引き続き必要である．

・コンクリート構造物の耐津波設計

　津波や洪水の影響を受ける構造物の要求性能の考え方，限界状態の設定，一般的な設計手順の提案

・流体‒構造連成シミュレーションを用いた設計手法の高度化

　構造物に作用する津波波力の精度や信頼性の向上，津波作用下における構造物の挙動の追跡と評価

・津波波力の算定式

　構造物の種類，津波と構造物の相互作用に対して提案された津波波力算定式におけるパラメータの設定方法，算定式の適用範囲の明確化

　理論モデル，室内実験，現地計測による津波波力の算定方法の検討

　津波による漂流物が引き起こす作用，引き波の作用の評価

参考文献

1) 日本地震工学会：津波荷重の評価技術と体系化の心得に関する研究委員会成果報告書，2022.

2) ASCE: Minimum Design Loads and Associated Criteria for Building and Other Structures, ASCE 7-22, 2022.

4.5　断層変位に対する対応

4.5.1　序　　論

　近年，重要構造物や原子力発電所などの重要施設を中心に，構造物や施設に対する断層対策の必要性について議論される機会が増えている．例えば，最近では大阪府豊中市から大阪市を経て岸和田市に至る上町断層に対する対策や（文献1～4），熊本地震で被災した断層変位によって被災した橋梁等の復旧（文献5～7）などが挙げられる．しかし，これまでに国内でコンクリート構造物を実際に設計する際に断層変位の影響を直接考慮した事例（文献8～10）はいくつかあるものの，それほど多くはないのが実情である．そこで，付属資料3編では，断層変位の影響を受けることが想定されるコンクリート構造物については，必要に応じて強震動とは別に断層変位を算定し，これをコンクリート構造物に強制変位として与えて得られた応答値から，各部材等の損傷状態を照査するまでの設計手順を記載することとした．ここで，必要に応じてと記載したのは，全てのコンクリート構造物を対象に断層変位を考慮した設計を行うのではなく，断層変位によって大きな損傷や崩壊が生じると人命を脅かす恐れのある構造物や，復旧に時間を要する構造物，代替することができない構造物など，断層変位によって構造物に致命的な損傷が生じると経済社会に大きな影響を及ぼすと考えられる構造物を優先的に設計検討する必要があると考えるためである．

　なお，付属資料の記載によって，その他のコンクリート構造物に対する断層変位の設計検討を妨げるものではない．また，各構造物の設計を実施するにあたっては，構造物ごとに適用すべき基準類があることから，詳細については適用する基準類によるものとした．

4.5.2　断層変位を考慮した構造物の設計

　「2章　断層変位を考慮した構造物の設計フロー」[11]では，図4.5.1に示す断層変位対策のための調査から断層変位を考慮した設計までのフローを用いて概説した．はじめに建設地点のコンクリート構造物が断層変位の影響を受けるか，受けないかについては，建設地点近傍の断層調査を行ったうえでその影響の有無を判断することとしている．当該構造物が断層変位の影響を受けると判断した場合は，現在の設計方法や解析方法の範囲あるいは新しい手法の一部を応用するなどして照査を行っているのが現在の解析技術の水準といえる．例えば，断層変位の設定に必要となる断層パラメータについては，断層の活動度，活動履歴，断層の長さ・方向，1回あたりのずれ量などがあり，文献調査，資料調査，地形調査，地表踏査，物理探査，ボーリング調査などに基づいて設定される．これらの調査結果には，最新の測定器具を駆使しても不確実性を回避することはできないことに留意する必要がある．

　「3章　断層変位の設定」では，断層変位の評価方法として，i）地質調査結果による方法，ii）解析による方法，iii）確率論的断層変位ハザード解析による方法について概説した．さらに，地盤変状解析によって構造物に強制変位を考慮する設計断層変位を算定する方法について概説した．

　「4章　断層変位に関する応答解析」では，構造物と地盤を一体とした連成解析による方法，構造物と地盤を個別に行う方法，ならびに構造物周辺のモデル化について概説した．ここでは，図4.5.2に示すような「くいちがいの弾性論」により変状評価領域の境界変位を算定したのち，境界変位を変状評価領域の有限要素モデルに静的に作用させる方法を紹介している[12]．

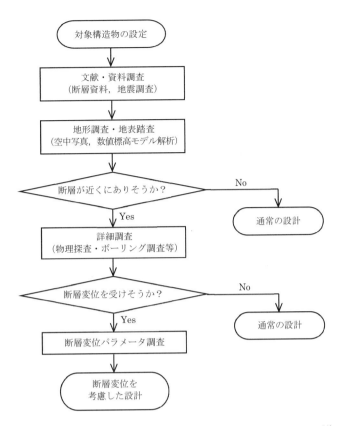

図 4.5.1 断層変位を考慮した構造物設計フローの例 [11]

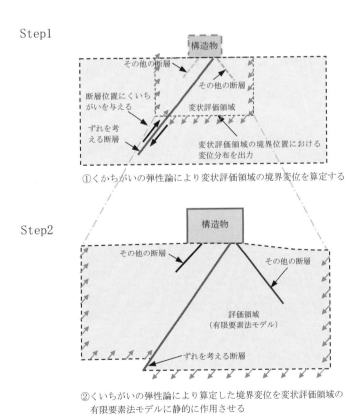

図4.5.2 断層のずれによる地盤の変状評価のイメージ [12]

　断層変位に対するコンクリート構造物の応答解析は，各構造物の要素に与える強制変位に対して損傷状態を把握するものとしている．しかしながら，照査結果には想定する強制変位の信頼性に由来する不確実性が伴う．このようなことから，断層変位についての構造物照査は複数の照査方法とその結果を比較するなどして構造物設計の信頼性を高めるのがよいといえる．ここでは，参考文献としていくつかの事例をあげるものとした [13]〜[16].

　断層変位を想定したコンクリート構造物の構造細目を「5 章」に記している．断層変位を想定して鉄筋コンクリート構造物を設計する場合,所要の性能が得られるような構造細目を定めておく必要がある．一般に，断層変位を想定する場合は，強震動の影響も考慮して設計されると考えられるが，その場合は ［設計編：標準］5 編 8.4「地震動を受けるコンクリート構造物の構造細目」を満足する必要があるものとした．

参考文献

1) 堺市南海高野線連続立体交差事業鉄道構造形式検討委員会：堺市南海高野線連続立体交差化事業鉄道構造形式の検討にかかる提言，2017.6.

2) 竹村恵二：活断層変位に対する高架橋検討，上町断層変位被災を考えるシンポジウム，地域地盤環境研究所，2018.10.

3) 高田佳彦：阪神高速大和川線道路トンネルの上町断層の最大級シナリオ地震動を考慮した耐震設計，上町断層変位被災を考えるシンポジウム資料集，地域地盤環境研究所，2018.10.

4) 向井寛行：上町断層を横切るシールドトンネルにおける対策事例，上町断層変位被災を考えるシンポジウム資料集，地域地盤環境研究所，2018.10.

5) 平敷健太，福原茂，湊康彦：推定活断層を踏まえた阿蘇大橋の橋梁設計について，平成 30 年度九州国土交通研究会，I 部門，2018.

6) 九州橋梁・構造工学研究会：2016 年熊本地震被害調査・分析報告書，2019.12.

7) 鵜林保彦，西田秀明，山田浩司，草道香成，長尾賢二，藤本大輔：国道 325 号 新阿蘇大橋の設計と施工，橋梁と基礎，Vol.55，No.4，pp.7-12，2021.4.

8) 森重龍馬：山陽新幹線の特殊工事（土と基礎に関連して），構造物設計資料，No.23，pp.27-34，日本国有鉄道，1970.9.

9) 畔取良典，長瀧元紀，泉谷透，北田奈緒子：鉄道シールドトンネルに対する断層変位対策の一事例，平成 18 年土木学会年次講演会講演概要集，pp.187-188，2006.

10) 常田賢一，渡邉武，平石浩光：道路橋における活断層変位対策の検討，地震工学シンポジウム論文集，Vol.28，土木学会，2005.

11) 土木学会地震工学委員会：耐震基準小委員会　断層変位 WG　研究成果報告書，土木学会，2021.

12) 原子力安全推進協会敷地内断層評価手法検討委員会：原子力発電所敷地内断層の変位に対する評価手法に関する調査・検討報告書，2013.9.

13) 坂下克之，畑明仁：断層変位を受ける地中線状構造物の挙動に関する基礎的検討，土木学会論文集 A1（構造・地震工学），Vol.72，No.4，pp.I -297-309，2016.

14) 佐々木智大，樋口俊一：断層変位を受けるボックスカルバートの損傷メカニズムに関する研究，大林組技術研究所報，No.82，pp.1-10，2018.

15) 川島一彦：動的解析における衝突のモデル化に関する一考察，土木学会論文集，第 308 号，pp.123-126，1981.

16) 室野剛隆, 弥勒綾子, 紺野克明：断層交差角度に着目した橋梁の挙動特性に関する基礎的研究, 第 27 回
地震工学研究発表会梗概集, p.26, 2003.

5．既設構造物の性能評価に関する改訂事項

5.1 標準12編「既設構造物の性能評価と補修，補強，改築設計の基本」の概要

5.1.1 既設構造物に対する編の新設の経緯

　今回の示方書改訂にあたっては，設計編に既設構造物の性能照査を組み込み，新設構造物の設計と既設構造物の評価をシームレスにできるようにすることが方針の一つとしてあげられた．そのため，設計編の中に既設構造物の性能評価や補修，補強設計に関する標準として，12編「既設構造物の性能評価と補修，補強，改築設計の基本」（以下，既設標準という）を追加した．

　従来の設計編は，構造物を新設する際の設計について規定されており，既設構造物の性能評価，補修や補強などの対策については，維持管理編にて規定されていた．今回の改訂では，維持管理時点で行う既設構造物の性能評価の結果，何らかの対策が必要になった場合には，設計編に立ち戻って補修，補強，改築の設計を行い，対策後再び維持管理へ受け渡す過程を明確にしたものである．

　既設標準の内容は，既設構造物の性能評価や補修，補強，改築設計を行う場合の考え方を主に示しており，具体的な照査方法の記載はしていない．これは，補修，補強には様々な工法が提案・開発されており，個別に性能照査式が設定されていたり，仕様が定められていたりするものが多いこと，既設構造物の設計・施工時期が幅広く，適用された構造細目もまちまちであるため照査式の適用条件を満たす場合とそうでない場合，多種多様のケースがあることから，個別具体的な手法を全て網羅することが難しかったためである．

5.1.2 余裕率の導入

　構造物の性能は，時間とともに変化し，構造物の状態や社会の要求に基づき，補修や補強といった対策が施されたり，新しい機能を付与するための改築がなされたりする．この間の構造物が保有する複数の性能を，総合的かつ合理的に把握する必要があるが，これまでのコンクリート標準示方書には，具体的な方法は示されていなかった．既設標準では，対策の前後における構造物の性能を連続的に評価する指標として余裕率を導入し，力学作用に対する余裕率と環境作用に対する余裕率を用いて性能を視覚的に把握する方法を採用した．余裕率の活用の方法などは，既設標準の解説に詳しく記述されている．基本的な部材を用いた余裕率の具体的な計算方法を5.2に示す．

5.1.3 改　　築

　従来の示方書では明示されていなかった，構造物の目的及び機能の変更のために実施する対策として「改築」を規定した．この用語については，他にも日常的に使われる用語として「改良」，「改造」など，同種の用語が多数存在しており，示方書としてどの用語を採用するか，意見が分かれた．特に「改築」という用語が建築では建築基準法で使用されており，「建築物の全部又は一部を除却した場合，又は災害等により失った場合に，これらの建築物又は建築物の部分を，従前と同様の用途・構造・規模のものに建て替えること．」として扱われている．そのため，改築という用語に違う意味を与えることが適切ではないのではないかとの意見もあった．しかし，鉄道に関する技術上の基準を定める省令においても「改築」という用語が使われているが，その意味としては鉄道構造物等維持管理標準[1]において「構造形式を部分的あるいは全体的に変更する措置．あるいは構造物の一部を取り壊して作り替える措置．」とされており，国の解釈の時点で一致していない状況である．また，道路では，特に用語として明確な定義がなされていない．そのため，この示方書では，「改築」を採用することとした．

5.1.4　既設標準の構成と主な内容

(1)　全体構成

　既設標準の構成は，本編と同様とし，本編と異なる扱い，すなわち新設設計と異なる扱いに着目した記述を基本としている．内容については，コンクリートライブラリー第101号「連続繊維シートを用いたコンクリート構造物の補修補強指針」，コンクリートライブラリー第150号「セメント系材料を用いたコンクリート構造物の補修補強指針」を参考に記載した．

(2)　既設構造物に対する要求性能の確保

　既設構造物の補強，改築にあたり，杭，フーチング，地中梁といった土中の部位部材に対策を施す場合，地盤の掘削が必要となる．特に杭部材への対策は現実的ではない．また，既設構造物を使用しながら補強，改築を行う場合には，線路，道路を受ける部材は，列車，自動車の走行面以外の面のみから補強，改築を行う必要がある．このように，既設構造物の補強，改築においては，部位部材により施工が非常に困難な箇所が存在する．一方，構造物の性能照査においては，一般に構造物を構成する各部材が各種限界状態に至らないことを確認する．前述の施工が困難な箇所とそうでない箇所を同一視して補強，改築設計を行い，いたずらに施工困難箇所へ対象を拡げることは，非常に不経済な設計を行っていることとなる．そこで，既設標準では，補強，改築設計においても新設設計と同様の要求性能の確保を基本とするものの，最低限確保すべき要求性能は安全性であること，安全性の確保にあたっては一部部材が限界状態に達しても構造系全体で安全性が確保できればよいとしている．

(3)　性能評価，照査の方法

　性能評価，照査の方法として簡便な方法は，示方書に示されている照査式を活用することである．しかし，既設構造物においては，照査式の前提条件である構造細目が満たされていない場合や，鉄筋の断面欠損のような変状が生じているなど，照査式をそのまま活用することができない場合も多い．このような場合においても，設計者は照査式の適用可能性を判断し，必要に応じて安全側の設定をして性能評価，照査を行ってきた．今回，既設標準において，照査式を活用した性能評価，照査を用いることを可能としているが，この手法では変状が生じている既設構造物の挙動を的確に評価できていないため，正確に評価をするためには実験や数値解析による評価方法を用いる必要がある点に留意が必要である．

5.2　基本的な RC 部材を用いた余裕率の算定

5.2.1　対象部材

　単純支持されたせん断補強筋を有する鉄筋コンクリートはり部材（**図 5.2.1**）を対象として，余裕率の算定方法を示す．**表 5.2.1** に初期の設計条件などの設定値を示す．この章の計算例では，設計耐用期間を通じて，鋼材の腐食が起こらず，設計荷重に対して曲げ破壊とせん断破壊が起こらない状態を想定する．さらに，セメント種類を変えた場合，設計荷重を増加させ，かつ炭素繊維シートにより補強を施した場合，また，環境作用を増加させ，かつひび割れ注入と表面改質剤を塗布する補修を施した場合の余裕率も計算する．

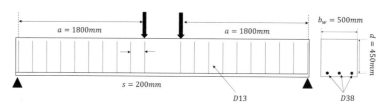

図 5.2.1　対象とした RC はり部材

表 5.2.1　初期の設計条件などの設定値

設計耐用期間		年	50
設計荷重（P=2V：V はせん断力）		kN	100
コンクリートの単位体積重量		kN/mm^2	24.0
水セメント比		％	45.0
鉄筋腐食発生限界濃度	普通ポルトランドセメント	kg/m^3	2.05
	高炉セメント		1.93
初期塩化物イオン濃度		kg/m^3	0.3
表面塩化物イオン濃度		kg/m^3	2.0
中性化残り		mm	25.0
鉄筋の設計降伏強度		N/mm^2	300
コンクリートの設計圧縮強度		N/mm^2	23.0
設計かぶり厚さ		mm	50.0
かぶりの施工誤差		mm	0.0

5.2.2　力学作用に対する限界値の計算

　設計曲げ耐力は，式（5.2.1）となる．

$$M_{ud} = \frac{A_s f_{yd}(d - 0.416x)}{\gamma_b} = 370 \, kN \cdot m \tag{5.2.1}$$

　設計せん断耐力は，式（5.2.2）となる

$$V_{yd} = V_{cd} + V_{sd} = 164 + 149 = 312 \, kN \tag{5.2.2}$$

5.2.3　環境作用に対する限界値の計算

（1）塩害環境下における鋼材腐食

　塩化物イオン濃度の設計値は次式により求める．

$$C_d = \gamma_{cl} C_0 \left(1 - erf\left(\frac{0.1c}{2\sqrt{D_d t}} \right) \right) + C_i = 1.3 \cdot 2.0 \left(1 - erf\left(\frac{0.1 \cdot 50}{2\sqrt{D_d t}} \right) \right) + 0.3 \tag{5.2.3}$$

設計拡散係数 D_d は，次式により求める.

$$D_d = \gamma_c D_k + \lambda(w/l)D_0 = 1.0 \cdot D_k + \lambda\left(\frac{w}{l}\right) \cdot 1.5 \cdot 400 \tag{5.2.4}$$

普通ポルトランドセメントの拡散係数 D_k は式（5.2.5）となる.

$$\log_{10} D_k = 3.0(W/C) - 1.8$$
$$D_k = 0.35 \tag{5.2.5}$$

鉄筋応力度の増加量 σ_{se} は式（5.2.6）となる.

$$\sigma_{se} = \frac{M}{A_s(d - x/3)} = \frac{90 \times 10^6}{3420 \times (450 - 129.2/3)} = 64.7\ N/mm^2 \tag{5.2.6}$$

ひび割れ幅とひび割れ間隔の比 w/l は次式となる.

$$\frac{w}{l} = \left(\frac{\sigma_{se}}{E_s} + \varepsilon'_{csd}\right) = \frac{64.67}{200000} + 150 \times 10^{-6} = 4.73 \times 10^{-4} \tag{5.2.7}$$

式（5.2.7）より得られた w/l を，式（5.2.4）に代入すると，塩化物イオンに対する拡散係数は次式となる.

$$D_d = 1.0 \cdot 0.35 + 64.7 \cdot 1.5 \cdot 400 = 0.693 \tag{5.2.8}$$

D_d を，式（5.2.3）に代入すると，塩化物イオン濃度の設計値が時間の関数として表される.

$$C_d = 1.3 \cdot 2.0\left(1 - erf\left(\frac{0.1 \cdot 50}{2\sqrt{0.639t}}\right)\right) + 0.3 \tag{5.2.9}$$

式（5.2.9）が鉄筋腐食発生限界濃度 2.05kg/m³ になる時の t を求めると次式となる.

$$t = 110\ 年 \tag{5.2.10}$$

(2) 中性化に伴う鋼材腐食に対する照査

中性化深さの設計値は次式により表される.

$$y_d = \gamma_{cb}\alpha_d\sqrt{t} = 1.15 \cdot \alpha_k\beta_e\gamma_c \cdot \sqrt{t} = 1.15 \cdot \alpha_k \cdot 1.6 \cdot 1.0 \cdot \sqrt{t} \tag{5.2.11}$$

中性化速度係数の特性値 α_k は次式となる.

$$\alpha_k = \gamma_p \times \alpha_p = 1.1 \times (-3.57 + 9.0W/C) = 0.53 \tag{5.2.12}$$

中性化深さの設計値は次式となる.

$$y_d = 1.15 \cdot 0.53 \cdot 1.0 \cdot 1.0 \cdot \sqrt{t} = 0.61\sqrt{t} \tag{5.2.13}$$

設定した中性化残りは 25mm なので，鋼材腐食発生限界深さ y_{lim} は次式となる.

$$y_{lim} = c_d - c_k = 50 - 25 = 25\ mm \tag{5.2.14}$$

y_{lim} に達する時の年数は次式となる.

$$0.61\sqrt{t} = 25 \tag{5.2.15}$$
$$t = 1700\ 年$$

5.2.4　余裕率の計算

5.2.2 と 5.2.3 において求めた設計応答値，設計限界値，時間を用いて余裕率を計算する．

曲げ破壊に対する余裕率は以下のようになる．

$$M_S = \left(\frac{R_d - S_d}{S_d}\right) \times 100 = \left(\frac{370 - 90}{90}\right) \times 100 = 311\,\% \tag{5.2.16}$$

せん断破壊に対する余裕率は以下のようになる．

$$M_S = \left(\frac{R_d - S_d}{S_d}\right) \times 100 = \left(\frac{312 - 50}{50}\right) \times 100 = 524\,\% \tag{5.2.17}$$

塩分環境下での鋼材腐食に対する余裕率は以下のようになる．

$$M_D = \left(\frac{T_{Rd} - T_{Sd}}{T_{Sd}}\right) \times 100 = \left(\frac{108.7 - 50}{50}\right) \times 100 = 117\,\% \tag{5.2.18}$$

中性化を伴う鋼材腐食に対する余裕率は以下のようになる．

$$M_D = \left(\frac{T_d - T_d}{T_d}\right) \times 100 = \left(\frac{1700 - 50}{50}\right) \times 100 = 3300\,\% \tag{5.2.19}$$

なお，鋼材腐食に対する余裕率は，時間以外の指標により表すことができる．

塩分環境下の鋼材腐食に対しては，鋼材腐食発生限界濃度と塩化物イオン濃度の設計値により表すことができる．50 年経った時の塩化物イオン濃度の設計値は，式（5.2.9）の t に 50 を代入すると 1.68 となる．それゆえ，余裕率は次式で表される．

$$M_D = \left(\frac{R_d - S_d}{S_d}\right) \times 100 = \left(\frac{C_{lim} - C_d}{C_d}\right) \times 100 = \left(\frac{2.05 - 1.68}{2.05}\right) \times 100 = 18\,\% \tag{5.2.20}$$

中性化を伴う鋼材腐食に対しては，鋼材腐食発生限界深さと中性化深さの設計値とにより表すことができる．50 年経った時の中性化深さの設計値は，式（5.2.13）の t に 50 を代入すると 4.3mm となる．それゆえ，余裕率は次式で表される．

$$M_D = \left(\frac{R_d - S_d}{S_d}\right) \times 100 = \left(\frac{y_{lim} - y_d}{y_d}\right) \times 100 = \left(\frac{25 - 4.3}{4.3}\right) \times 100 = 481\,\% \tag{5.2.21}$$

安全性に関する余裕率と耐久性に関する余裕率の相関図を**図 5.2.2** に示す．**図 5.2.2 (a)** は，環境作用に関する余裕率を時間により表した場合，**図 5.2.2 (b)** は，環境作用に対する余裕率を，塩化物イオン濃度と中性化深さで表した場合の関係である．

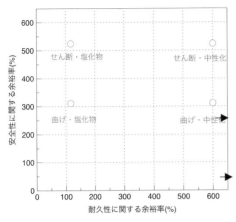

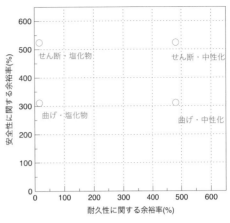

(a) 時間により表した場合　　　　　　(b) 耐久性照査の指標を用いた場合

図 5.2.2　安全性に関する余裕率と耐久性に関する余裕率の相関図

5.2.5　新設設計におけるセメント種類の影響

セメントに，普通ポルトランドセメントと高炉セメントB種を用いた場合の計算結果を**図 5.2.3** に示す．拡散係数が異なるため，塩化物イオンの侵入に伴う鋼材腐食に対する余裕率に差が現れている．

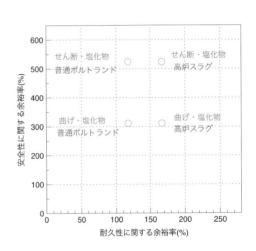

図 5.2.3　セメント種類の影響

5.2.6　設計荷重を増加させ，かつ補強を施した場合

供用時に設計荷重が 2 倍に引き上げられたとした場合の結果が**図 5.2.4** に示されている．断面力が増加することで破壊に対する余裕率が低下し，また，ひび割れ幅の増加により塩化物イオンの侵入に伴う鋼材腐食に対する余裕率が低下している．

ここで，低下した余裕率を引き上げるために，炭素繊維シートにより曲げ補強を行った場合を想定する（**図5.2.5**）．具体的には，はりの下面に炭素繊維シート（ヤング係数 245GPa，引張強度 3400MPa，シートの厚さ 0.167mm）1 枚を引張力作用面に接着して補強する場合を想定する．破壊形式は剥離を伴わない曲げ圧縮破壊である．図には，塩化物イオンの侵入に伴う鋼材腐食に対する余裕率と曲げ耐力の対する余裕率の変化を示す．

5.2.7　環境作用を変化させ，かつ補修を施した場合

コンクリート表面塩化物イオン濃度を 8.0kg/m^3 とした厳しい環境に変化した場合を想定する．この場合，式（5.2.3）より8.9 年で腐食する．この場合の耐久性に関する余裕率は次式となる．

$$M_D = \left(\frac{T_{Rd} - T_{Sd}}{T_{Sd}}\right) \times 100 = \left(\frac{8.9 - 50}{50}\right) \times 100 = -82\,\% \tag{5.2.22}$$

設計耐用期間を満たさないので余裕率は負の値となる．

そこで，ひび割れ注入と表面改質剤による補修を想定する．ここでは，ひび割れ注入材によりひび割れ幅が 0 になると考え，シラン系表面含浸剤を塗布することで，塩化物イオンの拡散係数が無塗布の場合と比べ

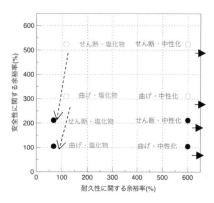

図 5.2.4   設計荷重の増加による余裕率の変化

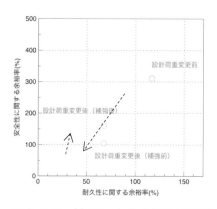

図 5.2.5   補強による余裕率の変化

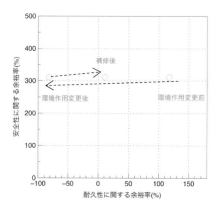

図 5.2.6   環境作用の変化と補修による余裕率の変化

て 35%に低下すると考えることにする．その結果，53.2 年で腐食する．

$$M_D = \left(\frac{T_{Rd} - T_{Sd}}{T_{Sd}}\right) \times 100 = \left(\frac{53.2 - 50}{50}\right) \times 100 = 11 \% \qquad (5.2.23)$$

一例として，曲げ破壊に対する余裕率と鋼材腐食に対する余裕率の推移を示すと**図 5.2.6** のようになる．

参考文献

1) 鉄道総合技術研究所：鉄道構造物等維持管理標準・同解説（構造物編）コンクリート構造物，p.90，2007.

6．今後の課題

今回の改訂作業を通じて得られた今後の主たる課題を各 WG ごとに列記する．

① 構造設計 WG

(1) 応力度制限に関する標準編への記載

応力度制限は，使用性のみならず，安全性や復旧性等，すべての性能に関する照査規定の前提となっている可能性がある．本編の各性能照査の章で記載すべき事項と，標準への値の記載など検討する必要がある．

(2) 部材詳細および高強度材料

重ね継手の力学機構を定量的に評価することができれば，重ね継手長さやあき重ね継手に対する合理的な規定の設定や照査法の確立につながるものと考えられる．

鉄筋先組工法やプレキャスト工法において，ユニット間の鉄筋継手に重ね継手を用いる場合，鉄筋の配筋精度により，重ねて継ぐ鉄筋全てを密着させるのが困難な場合が多い．そのような場合，あき重ね継手を採用することで継手部の鉄筋の台直しが不要となり，施工の省力化および品質低下のリスク低減となる．今後，あき重ね継手を模擬した実験，そして解析による再現を試み，あき重ね継手の力学機構や妥当性について評価し，土木構造物への適用可否を検討する必要がある．

ラーメン構造の接合部の安全性や復旧性の確保や配筋合理化には，接合部に関する照査法の構築が必要である．コンクリート標準示方書［設計編］の構造細目の規定は，面部材の記載が一部あるが，棒部材中心の記載となっているため，面部材に棒部材の構造細目を適用しているが実情である．そのため，横方向鉄筋，継手（重ね継手），配力筋などの面部材特有の記載を増やすことで，面部材での配筋仕様がより合理的になると考えられる．

2020 年度の JIS G 3112 改正により高強度鉄筋に関する規定が追加されたのに伴い，JIS 規格に適合した鉄筋の強度範囲が広くなった．今後，高強度鉄筋での定着長や照査式の適用に関する研究および知見が深まり，示方書においても定量的な評価ができるような手法が追加されることが望ましい．

(3) プレキャストコンクリート

工場でコンクリート製品を製作する場合，型枠寸法や配筋の管理が現場での施工に比べて容易であることから，現場施工よりも施工誤差が小さくなっている可能性がある．この施工誤差の小ささを製品設計に反映できる仕組みを設けることができれば，製品メーカに施工誤差低減に向けた技術開発インセンティブを与えることができ，さらなる設計・製作の合理化につながると期待される．

プレキャストコンクリート構造物にどのような可とう性を与えるかは設計条件次第であるが，一層の充実を図るのであれば可とう性のケースをある程度整理し，それらの設計において配慮が必要な点をまとめる必要があると考えられる．

② 耐久設計 WG

中性化と水の浸透に伴う鋼材腐食の照査においては，細孔溶液の pH 低下を包含した照査式の導入についての検討，水掛かりの影響を照査式に導入することの検討などが今後の課題である．塩害環境下における照査については，長期のデータをさらに蓄積して新たな照査方法の有効性を継続的に検証するとともに，浸せき法における NaCl 濃度や共存イオンが拡散係数に与える影響を明確にし，設計へ反映させることが望まれる．凍害の照査では，内部損傷を評価する相対動弾性係数と水セメント比の関係は空気量によらないものとなっているが，一方で，コンクリートの耐凍害性は空気量に大きく依存すること，また施工中に生じる空気量のロスによって耐凍害性が低下する

ことが知られている．よって，現場における空気量のばらつきやロスなどを陽な形で考慮し，適切に凍害抵抗性を確保するように水セメント比ならびに空気量を設定することが課題である．また，スケーリングに対しては，抵抗性に関する試験方法の制定が望まれる．

　今回の改訂作業では，アルカリシリカ反応に対する照査の導入に向けた検討を行い，具体的な改訂案を作成した．審議の結果，現状の技術で膨張量の特性値を精緻に予測することは難しいこと，コンクリートの自由膨張率と構造物中での膨張率の関係，これらの膨張率と構造物あるいは部材の性能の関係は定量的な評価が難しいこと，設計応答値を確実に予測できる状況にはないことから導入を見送った．今後のさらなる知見の蓄積が必要である．

　初期ひび割れの照査については，変動係数の設定方法やヤング係数などの影響の精査，最大ひび割れ幅の予測手法の精度向上などが今後の課題である．

③　偶発作用設計 WG

(1)　構造計画の充実

　今回の改訂では，主に標準 5 編 2 章に示される構造物の配置計画や構造計画は，偶発作用の種別に関係なく提示している．しかし，地震動の影響を考える場合と，例えば，津波や洪水を考える場合では，構造物の配置計画や構造計画における配慮事項に違いがあり，そのため，偶発作用全般に関わる構造物の配置計画や構造計画を 2 章に示し，各偶発作用に特有の問題は，作用別に 8 章以降に列挙する形が望ましい．2011 年東北地方太平洋沖地震や 2016 年熊本地震以降，津波や断層変位の影響を考慮したコンクリート構造物の設計例も増えてきており，その際に配慮された構造物の配置計画や構造計画の知見を集めるなどして，偶発作用の種別毎にそれらを示すようにしたい．

(2)　照査対象とする偶発作用の拡張とマルチハザードの視点

　津波や洪水が引き起こす可能性のある洗掘の影響は照査の対象とできずにおり，また，断層変位の影響も付属資料の扱いにとどまっている．偶発作用が引き起こす影響の大きさを鑑みると，今後，考慮すべき偶発作用の範疇をさらに拡げる必要がある．例えば，2016 年熊本地震で見られたような大規模な斜面崩壊や地盤変状，ミサイル等による衝撃的な爆発，あるいは大規模火災などがそれらの候補である．また，今回の改訂では，単独の偶発作用のみを対象としているが，実際には，レベル 2 地震動の影響を受けた後に，津波が作用したり，洪水の作用を受けながら，その途中に流木の衝突を受けたりする，いわゆるマルチハザードの考慮が必要である．マルチハザード解析を含め，シナリオベースな偶発作用のモデル化，さらには，その評価に介在する不確定性の処理方法なども体系化する必要がある．

(3)　構造物の損傷状態を各部材の損傷レベルの組合せで表現する設計体系の耐久設計や既存コンクリート構造物の維持管理あるいは改築への応用

　今回の改訂では，早期の復興が可能となるように，損壊する部位・部材を特定するため，構造物の損傷状態を構造物の各構成部材や要素の損傷レベルの組合せで表現する体系とした．この考えは，既存コンクリート構造物の補修・補強設計，また改築などを行う際にも適用できるものである．今後，この設計体系を活用した補修・補強，あるいは改築の設計例を増やしていく必要がある．

④　既設 WG

(1)　照査式適用にあたっての既設構造物の評価方法の具体化手法（例えば，材料強度の設定，安全係数の設定，劣化度合いのモデル化手法など）

　実務では主に照査式を用いた既設構造物の評価（改築）が行われているが，既設構造物の材料強度設定方法，安

全係数の設定方法，中性化や鉄筋腐食状況の反映方法などは定まっていない．今後はこれらを明示し，統一的な既設構造物評価手法の確立が望まれる．

(2)　照査式の適用方法，応用方法などの具体的事例の明示

　この示方書の照査式については適用範囲が個別に存在する．しかし，既設構造物は各照査式の適用範囲外のものも多数存在する．特に鉄筋腐食や断面欠損などの変状がある場合，照査式に適用にあたっては慎重な判断が必要である．一方，照査式による設計は簡易であり実用性が高い．よって，既設構造物への照査式の適用方法（適用可否，応用方法など）を確立することが望まれる．

(3)　補修，補強技術の具体的な提示，性能照査法の明示

　補修，補強工法は多種多様にあるため，この示方書では明示をしていない．一方，実務者にとっては，どのような補修，補強工法があり，どのように適用するかを明示してあることで業務が効率化される．今後は適用事例が多い工法を中心に示方書でも明示することが望まれるが，コンクリートライブラリーなどの充実化での対応も考えられる．

(4)　余裕率を用いた補修，補強，改築設計例の充実

　今回新たに余裕率の概念を明確化したが，それをどのように活用して補修，補強，改築を進めるかは，付属資料8編にて簡易に1例を示したのみである．今回の改築事例について検討内容をさらに詳述するほか，単純な補修補強，相当な変状が生じた場合の補修補強などについても紹介することで，余裕率の活用方法の理解が進むことが期待される．

CL162

維持管理編

［維持管理編］

目　　次

1. 改訂の全体概要

(1) 改訂の基本方針

今回の改訂にあたり，以下の点を改訂の基本方針として掲げた.

・コンクリート標準示方書［維持管理編］（以下，［維持管理編］）の更なる定着を図るため，［維持管理編］の根幹に関わるような変更は，極力，加えないこととする.

　［維持管理編］は 2001 年に初の性能照査型の示方書として制定され，以来，今回で 4 度目の改訂が行われることとなった. この間に維持管理に対する基本的な考え方が整理され，その具体的な枠組みが明確にされてきたが，2018 年版では［本編］，［標準］，［標準附属書］，および［付属資料］の 4 編構成に変更された. 今回の改訂でもこの全体構成は保持しつつ（**図 1.1.1**），かつ，維持管理の手順，用語の定義などについても大きな変更はできるだけ加えないこととし，その上で，維持管理に携わる実務者が主たる読者であることを意識して，［維持管理編］の更なる定着を目指すこととした.

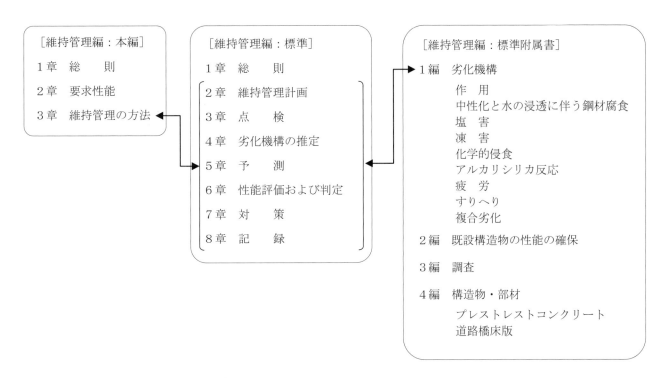

図 1.1.1　［維持管理編：本編］，［維持管理編：標準］，［維持管理編：標準附属書］の関係（［本編］解説 図 1.1.1）

・既設構造物の性能評価に関しての記述を充実させ，［設計編］との連係を強化する.

　これまで，構造物を新設する際の性能照査は［設計編］，すでに完成して供用が開始されている既設構造物の性能評価は［維持管理編］が担ってきたが，この 2 つの行為には共通する部分も多く，また，既設構造物に対して従来の単純な補修，補強にとどまらないような大規模な対策を実施する例も増え，上記のような単純な分類が困難な例も増加してきた. そのため，今回の改訂にあたっては従来以上に設計編部会との連携を密に行い，両編の所掌範囲を明確にするとともに，構造物の性能について，および，維持管理という行為によって設計耐用期間にわたって構造物の性能を確保するための考え方を述べる新たな編を［標準附属書］2 編として追加した. 一方，2018 年版の［標準附属書］3 編「要求性能レベルの変更」は，その内容の大部分が設計行為にあたることから，2022 年版では削除した.

　これらも含めた 2018 年版と 2022 年版の［維持管理編］の構成の変更を**図 1.1.2** に示す.

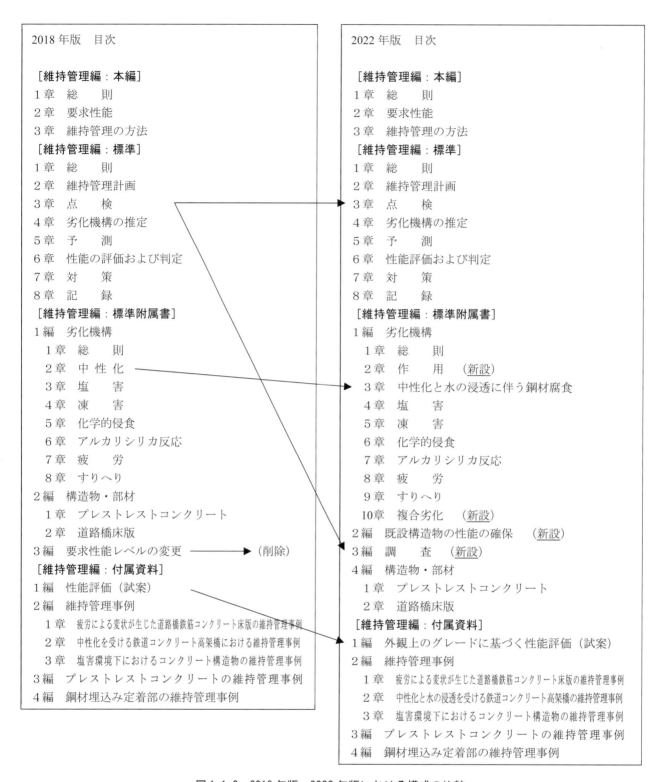

図 1.1.2   2018 年版，2022 年版における構成の比較

（2）　［標準］のスリム化

　2013 年版［維持管理編：劣化現象・機構別］には，水掛かり，ひび割れ，鋼材腐食の各章が新設された．劣化機構の特定が困難ではあるが何らかの対応が必要とされる場合などに，現象面からの適切な対応を図れる内容として，実務的は有益であるとの評価を得ていたが，これらが劣化機構の章と並列で設けられていることについては，劣化機構を明らかにした上で維持管理を実施してゆくという［維持管理編］の大原則と矛盾するという一面も存在していた．そのためこれらの劣化現象についての章の内容は 2018 年版では全て［標

準］に取り込まれた．また［標準］3章には実績のある様々な調査方法を列挙してきたが，それら全てが［標準］で紹介するべき基本的な手法とはいえなかった．さらに，読者に役に立つ内容を改訂のたびに加筆してきた結果，［標準］の内容がかなり冗長なものとなってきていた．

　そのため，［標準］のスリム化を図ることとし，また，［標準］から削除される内容については，いずれも維持管理を実施する上で非常に有用な情報であるため，そのほとんどを［標準附属書］に，例えば新設した1編2章や3編に移設して残した．

(3) 定期の診断における性能評価の位置付け

　ルーチンワークとして実施する定期の診断については，その実施の都度，詳細な性能評価を実施するのは現実的ではない．そのため，定期の診断の主目的を，構造物が「あるべき状態，もしくは事前に想定した状態」から逸脱しているか否かを判定すること，とした．そのためには維持管理の開始前の段階で，設計耐用期間にわたる構造物の状態の変化を，しっかりと想定しておかなければならない．それに基づき，維持管理限界を含む綿密な維持管理計画を策定する必要があるため，［標準］2章の記述を大幅に充実化し，初期点検の実施と維持管理計画の策定の順序を変えるなどの修正を行った．さらに，構造物全体の性能と個別の部材，位置，構成材料の維持管理限界との関係を事前に適切に設定しておくことが重要になるため，その際にも［標準附属書］2編の内容を参考にするとよい．

　また，定期の診断において日常点検，定期点検を実施した結果，何らかの想定外の事象が生じていることが明らかになり，かつ，維持管理計画で定めた標準調査のみからは構造物の性能評価が実施できない場合には，従来は詳細調査を追加して実施することとしていたが，今回の改訂では定期の診断は一旦完了し，臨時の診断を改めて実施するように，維持管理のフローを変更している．

　なお，従来まで［標準］で取り扱ってきた予防維持管理，事後維持管理，観察維持管理，という維持管理の方針についての記述は，2022年版では［標準］から削除した．これは2013年版で導入された「維持管理限界」という概念が浸透し，性能照査型の維持管理が定着したためであり，これら3つの維持管理の方針という定性的な概念と，定量的，もしくは半定量的な維持管理限界という概念とを両立させるのが困難になってきたためである．ただし，予防維持管理，事後維持管理という概念自体はフィロソフィーとしては今なお有効であると判断し，［本編］の用語の定義にこれらに関する記述を残すこととしている．

　また，設計編部会との協議の結果，2018年版までの「性能の評価」という表現は全て「性能評価」に改めている．

(4) 目的を意識した対策の分類

　2018年版［維持管理編］では，対策を点検強化，補修，補強，供用制限，解体・撤去に分類していたが，これを今回の改訂で点検強化，作用の制限，劣化への抵抗性の改善および力学的な抵抗性の改善，解体・撤去，という分類に改めた．補修と補強の区分が，会計上の資産価値が向上するか否か，という工学的とはいえない判断基準をもとにしていたのに対し，今回の改訂では性能をより意識して，対策の目的をもとにした分類を行うこととした．ただし，この改訂によって補修，補強という概念がなくなるわけではなく，それらの上位概念として，作用の制限，劣化への抵抗性の改善および力学的な抵抗性の改善，が導入されたものとしてご理解いただきたい．また［設計編］との連携についての議論を重ねた結果，対策の設計は新設の［設計編：標準］12編に従うものとしている．

(5)　[標準附属書]への追加事項

・1 編 2 章「作用」

　2018 年版では「作用」を把握することの重要性を喚起した．今回はそれをさらに推し進め，[標準附属書] 1 編 2 章を追加した．特に 2.3.2 は「水の作用」であり，代表的な作用で，様々な劣化機構に大きく関わる「水」を取り上げて，維持管理の各プロセスにおいて考慮すべき "留意事項" について解説した．この部分は，上述したように 2013 年版で「水掛かり」として新設された章の内容が 2018 年版では [標準] に分散された形で取り込まれていた部分にも相当する．作用は，各劣化機構に共通する事項であり，劣化機構の推定に先立って作用を把握しておくことが重要であることから，各劣化機構を取り扱う章の前に，2 章としてこの章を置くこととした．

・1 編 10 章「複合劣化」

　複数の劣化機構が同時に生じることにより劣化速度が大きくなる複合劣化については，無数の組み合わせがあるものの，ここでは比較的発生例が多い塩害と中性化，塩害と凍害，塩害とアルカリシリカ反応，および，凍害とアルカリシリカ反応の 4 つの組み合わせを取り上げることとした．なお，塩害，凍害と疲労との組み合わせについては，2018 年版以降では「道路橋床版」の章で取り扱っている．

　複合劣化については，劣化のメカニズムが複雑で，同じ劣化機構の組み合わせであったとしても，どちらが卓越しているかなどによって生じる現象や劣化の進行速度が異なるため，パターン化した記述は困難である．したがって，この章に記述したのは最大公約数的な内容にとどまってはいるが，しかしこれらの複合劣化が生じた場合の構造物の維持管理に有用となる事項を紹介できるようにした．

・2 編「既設構造物の性能の確保」

　構造物を維持管理することの目的は，設計耐用期間にわたって構造物の性能を確保することと言っても過言ではない．2018 年版までの [維持管理編] では，性能が陽な形で言及されているのは主に性能の評価および判定の章に限られていたが，本来は性能照査型の維持管理は，その全ての過程において性能を念頭に置きながら実施する必要がある．この編は維持管理計画の策定から対策の設計までにおいて参考とできるよう，[標準] の条文としては記述が難しいものを取りまとめて，独立した編としたものである．

・3 編「調査」

　上述のように，2018 年版までは [標準] 3 章「点検」の後半で紹介されていた調査に関する項目を独立させたものである．さらに 2018 年版 [標準] 3 章には 2013 年版の水掛かり，ひび割れ，鋼材腐食の章のうちの，目視による調査で確認可能な外観上の変状の特徴に関する内容が移設されていた．この部分も [標準] からは削除して，水掛かりに関する内容は上記の 1 編 2 章に移動したが，ひび割れ，鋼材腐食に関するものは，この編に移動させることとした．

　このほか，章の新設ではないが，従来「中性化」だった章を「中性化および水の浸透に伴う鋼材腐食」と改題し，大幅に加筆，改訂を行なっている．

　以上，改訂の全体概要を述べたが，具体の詳細については次章以降を参照されたい．

2．［本編］の改訂の概要

2.1　本編の全体構成

　　［本編］は維持管理における原則，すなわち基本的理念となる事項を示すものであり，時代とともに変遷する内容のものではないとの考えから，基本的に 2018 年版を踏襲した構成としている．

2.2　総　　則

　　［本編］1.1 では，［維持管理編］の全体構成の変更に伴い，各編の位置付けを明確にするとともに，各編の関係を明示した．

　　［本編］1.2 に関しては，維持管理の原則を示している．ここで，［基本原則編］および［設計編］との議論により，2018 年版［維持管理編］で使われていた予定供用期間を設計供用期間に改めることとしたため，これに伴う修正を行っている．また図 2.2.1 に示すように，コンクリート専門技術者あるいは点検担当者と記載されていたものをコンクリートの専門技術者あるいは点検の担当者とし，コンクリートの専門技術者については，コンクリート構造物について十分な知識を有する技術者と位置付けた．

　　［本編］1.3 では，［標準］で維持管理区分を取り扱わず，維持管理限界のみで整理することとなったことに伴い，用語の定義の見出しからは，予防維持管理，事後維持管理，観察維持管理という語は外し，維持管理区分という用語の解説の中で説明することとした．また，維持管理計画に関する用語の定義を見直すとともに，設計供用期間，残存設計供用期間の定義を行った．さらに，初期点検，日常点検，定期点検，臨時点検，調査，標準調査の定義を見直し，詳細調査を用語の定義から削除した．加えて，対策の定義を，点検強化，作用の制限，劣化への抵抗性の改善，力学的な抵抗性の改善，解体・撤去からなるものとし，補修・補強に加え，［設計編］にならい，改築を新たに定義した．

　　これらの用語の定義に伴い，図 2.2.2 に示すように，「耐用期間および供用期間などのイメージ図」を修正した．

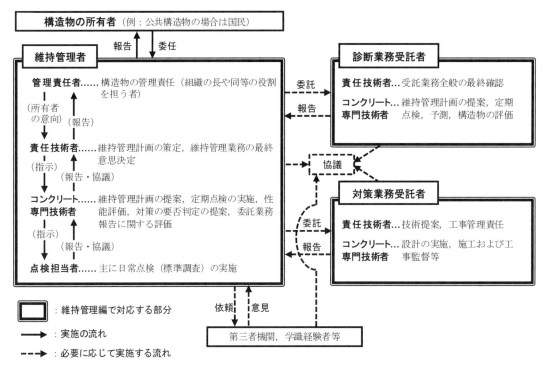

(a) 2018 年版

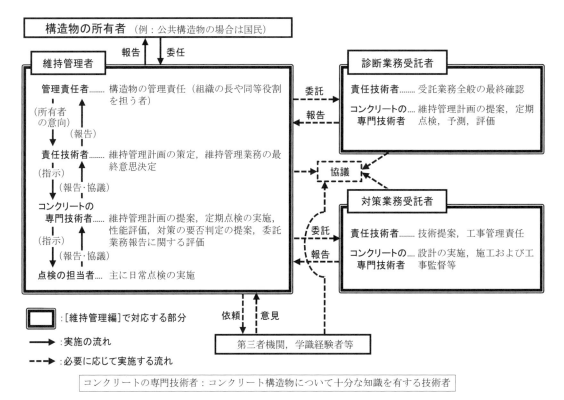

コンクリートの専門技術者：コンクリート構造物について十分な知識を有する技術者

(b) 2022 年版

図 2.2.1　構造物の維持管理体制と技術者の役割についての例（[本編] 解説 図 1.2.1）

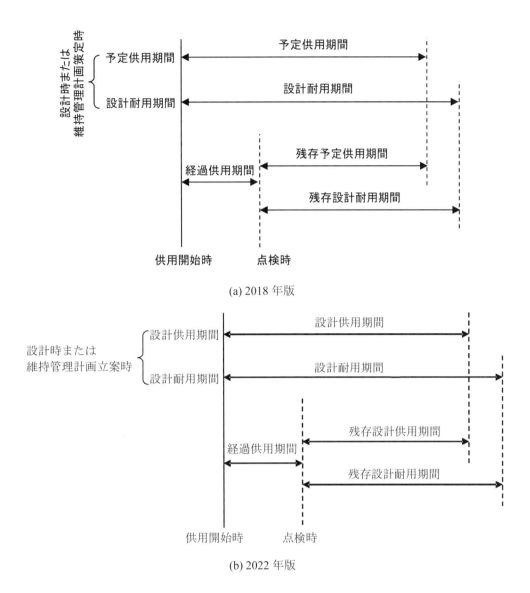

(a) 2018 年版

(b) 2022 年版

図 2.2.2　耐用期間および供用期間などのイメージ図（設計耐用期間が設計供用期間よりも長い場合）

（［本編］解説 図 1.3.1）

2.3　要求性能

要求性能そのものに変更はないものの，上記の用語の定義の修正に伴い，条文，解説を一部修正した．

2.4　維持管理の方法

2.2「総則」に記載した改訂に伴い，解説の一部を修正したが，それ以外は，条文，解説ともに修正は行っていない．

３．［標準］の改訂の概要

3.1　標準の全体構成

　［標準］の目次構成は 2018 年版から変更していない．ただし，2 章「維持管理計画」，3 章「点検」，6 章「性能評価および判定」，7 章「対策」については，条文および解説を大きく変更している．一方，4 章「劣化機構の推定」，5 章「予測」，8 章「記録」については，大きな修正を行っていない．これらの改訂内容の詳細については各章の改訂内容を参照されたい．

3.2　総　　則

　上述の通り，標準の条文および解説を一部大きく変更していることに伴い，図 3.2.1 に示すように標準的な維持管理の流れを示すフロー図を大幅に変更した．

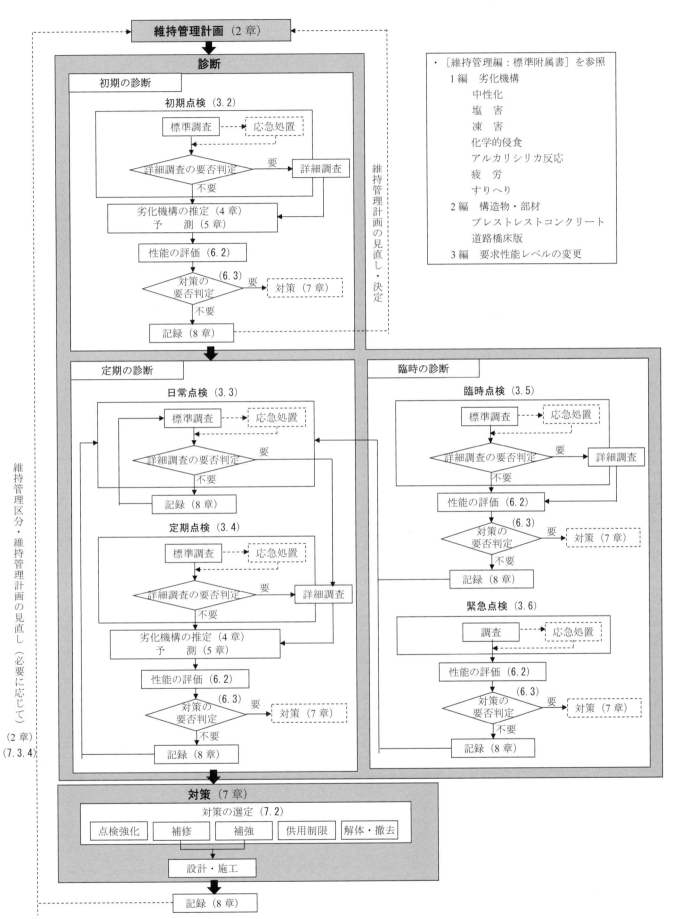

(a) 2018 年版

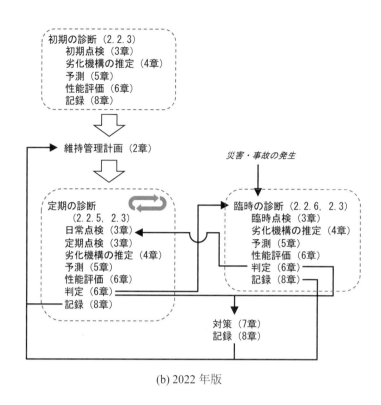

(b) 2022 年版

図 3.2.1　標準的な維持管理の流れ（[標準] 解説 図 1.1.1）

3.3　維持管理計画

3.3.1　主な改訂内容

　2 章「維持管理計画」の構成の変更を表 3.3.1 に示す．[標準] 2 章では，内容の充実を図った．2018 年版 [本編] 3.2 の条文では，維持管理計画として，診断の方法（2022 年版では診断の計画に変更），対策の選定方法（2022 年版では対策の計画に変更），記録の方法等を示すとともに，維持管理限界を定めることを基本としているものの，2018 年版 [標準] 2 章では，維持管理区分および維持管理限界の記載に留まっていた．そのため，[本編] の記述に対応するように，[標準] 2.2 を設けて必要な内容についての記載を充実させた．さらに，[本編] 3.2 の条文に記載のある維持管理計画の見直しに対応するように [標準] 2.4 を新たに設けた．

　[維持管理編] の構成が [本編] と [標準] の形で整理された 2013 年版および 2018 年版では，[本編] 3.3 で診断について記載し，[標準] では，診断を構成する点検，劣化機構の推定，予測，性能の評価および判定，について 3 章～6 章で記載していた．[標準] において，診断に関わる内容を記載する箇所がないため，例えば，点検の章において，診断に関わるような評価についての記述があるなど，体系的な整理としては不十分であった．そのため，これらの記述を整理し，各診断の基本的な考え方については [標準] 2.2 に示し，各診断の手順や相互の位置づけ等について記載する [標準] 2.3 を新たに設けた．

　主な改訂内容を以下に示す．

表 3.3.1　維持管理計画の章構成の変更

2018 年制定　［維持管理編：標準］	2022 年制定　［維持管理編：標準］
2 章　維持管理計画	2 章　維持管理計画
2.1　維持管理計画の策定	2.1　維持管理計画の策定
2.2　維持管理区分	2.2　維持管理計画の内容
2.3　維持管理限界	2.2.1　一般
	2.2.2　構造物の諸条件
	2.2.3　初期の診断
	2.2.4　維持管理限界
	2.2.5　定期の診断の計画
	2.2.6　臨時の診断の方針
	2.2.7　対策の計画
	2.2.8　記録の方法
	2.3　維持管理計画に定める事項の実施
	2.4　維持管理計画の見直し

（1）維持管理区分について

　構造物は，それぞれに重要度，設計供用期間，設計耐用期間，要求性能，環境条件等が異なるため，異なる条件の構造物の維持管理を全て同様の条件で実施することは合理的ではなく，状況に応じた維持管理を実施することが重要であることは，［維持管理編］が制定された 2001 年版から変わらない基本方針である．この基本方針を表現するものとして，2001 年版では「維持管理の区分」を導入し，以降，区分の詳細な説明については改訂がなされるものの，基本的な考え方は 2018 年版まで踏襲されている．一方で，［維持管理編］の構成が［本編］，［標準］，［劣化機構・現象別］となった 2013 年版では，［標準］において，実務で活用できる具体的な判断指標として維持管理限界の考え方が導入された．2013 年版では［標準］3.2 の解説で維持管理限界を説明しており，2018 年版では［標準］2.3 のタイトルとして維持管理限界を明示し，条文と解説が整備された．ただし，2001 年版から導入されている維持管理の区分についても，2.2 に維持管理区分として記載されている．

　2022 年版においても，維持管理の基本方針は何ら変わらないが，基本方針の概念的な位置づけである維持管理区分については［本編］にて扱い，［標準］においては，維持管理区分の記載を削除し，維持管理区分を具体化した維持管理限界のみを用いる整理を実施した．

（2）初期の診断について

　［本編］の初期の診断については，大きな変更は実施していないが，2022 年版［標準］では，初期の診断の具体的な内容について記載した．特に，［本編］で示されている初期の診断の目的の 1 つである，維持管理計画の策定のために必要な資料を得ること，について具体的に記載した．

　設計耐用期間にわたるコンクリート構造物の維持管理計画を策定するためには，構造物の性能の経時変化の予測結果が必要不可欠である．これは，構造物の性能の経時変化の予測結果がなければ，いつ，どんな対策を実施すべきか，さらには，対策の要否の判定の基準となる維持管理限界を定めることができないためである．そのため，初期の診断の結果として，構造物の性能の経時変化の予測結果は必須な情報となる．なお，関連して，**図 3.3.1**（［標準］**解説 図** 2.1.1）に，構造物の諸条件を確認したうえで初期の診断を実施し，その結果に基づいて対策の計画，維持管理限界，定期の診断の計画等を策定する手順の例を示した．

（3）維持管理限界と対策の計画および定期の診断の計画との関係について

　2013年版で始めて導入された維持管理限界については，2022年版［本編］においても，その定義は変更していない．［本編］1.3の解説によれば，維持管理限界は，実務上の管理目標であり，対策の要否を判定するための基準として位置付けられている．2018年版［標準］においても，その基本的な考え方は反映されているものの，特に，対策の要否を判定するための基準としての位置付けが明確に記載されていなかった．

　構造物の維持管理計画は，例えば，軽微な対策を繰り返すことで設計耐用期間にわたり要求性能を満足する状態に保つ場合や，ある程度の性能低下を許容し比較的大規模な対策を 1～数回実施することで設計耐用期間にわたり要求性能を満足する状態に保つ場合等，対策の計画によって維持管理の方針が決定される．すなわち，初期の診断の結果である構造物の性能の経時変化の予測結果に基づき，対策の計画と，その要否を判定するための維持管理限界，さらには，定期の診断において，対策の要否を判定できる情報を取得できるような対応関係になっていることが必要不可欠となる．このような内容を［標準］2.2.4 に記載するとともに，図3.3.1（［標準］解説 図2.1.1）に示すように，対策の計画，維持管理限界の検討，定期の診断の計画を一体として検討する状況を表現した．

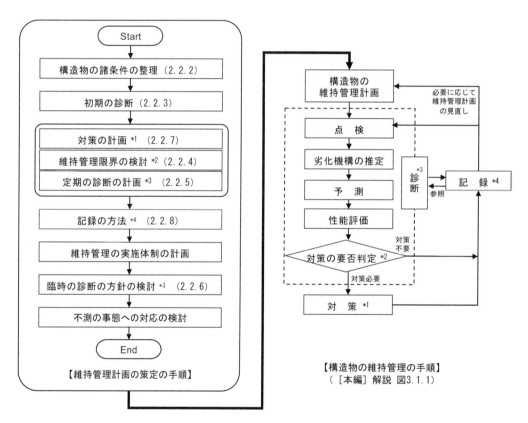

図 3.3.1　維持管理計画の策定の手順の例（［標準］解説 図 2.1.1）

(4) 定期の診断と臨時の診断の位置づけの変更について

　定期の診断の一環として日常点検あるいは定期点検を実施することは変更していないが，日常点検および定期点検を実務の状況にあわせて見直した結果，従来の定期の診断と臨時の診断の位置付けに変更が生じた．

　2018年版までは，日常点検および定期点検において，標準調査を実施した結果，より詳細な情報が必要と判断された場合には，詳細調査を実施することとしていたが，これに対して，いくつかの問題点が指摘された．実務上は，維持管理計画で定めた標準調査で判断ができない場合に実施する点検は，日常点検あるいは定期点検の範疇外となる．さらに，調査は，定期の診断の目的を達成するために実施するものであり，例えば，維持管理限界の指標として鋼材表面の塩化物イオン濃度を用いる場合，定期点検の標準調査として，採取したコンクリートコアを用いて測定する方法等の調査を設定することになる．このとき，重要なことは，調査が詳細であるか，簡易であるかではなく，維持管理計画で想定した標準調査で性能評価を実施し，対策の要否を判定できるか否かである．

　以上の整理に基づき，定期の診断は，供用中の構造物が維持管理計画で想定したとおりの性能を有することを確認するために行い，そのための点検として日常点検および定期点検を位置付けた．定期の診断において維持管理計画の想定と異なる変状が生じている場合は，臨時の診断を実施するように整理した．そのため，臨時の診断については，2018年版までの偶発的な外力が構造物に作用した場合に実施することに加えて，維持管理計画の想定と異なる変状が生じた場合にも実施する診断も含めた．これらのことから，2022年版では詳細調査を削除したが，2018年版までの詳細調査は，基本的には臨時点検の一項目として実施する調査として再整理されたと解釈するとよい．なお，これらの位置付けについては，**図** 3.3.2（［標準］**解説 図** 2.3.1）および**図** 3.3.3（［標準］**解説図** 2.3.2）の定期の診断の手順，臨時の診断の手順に示した．

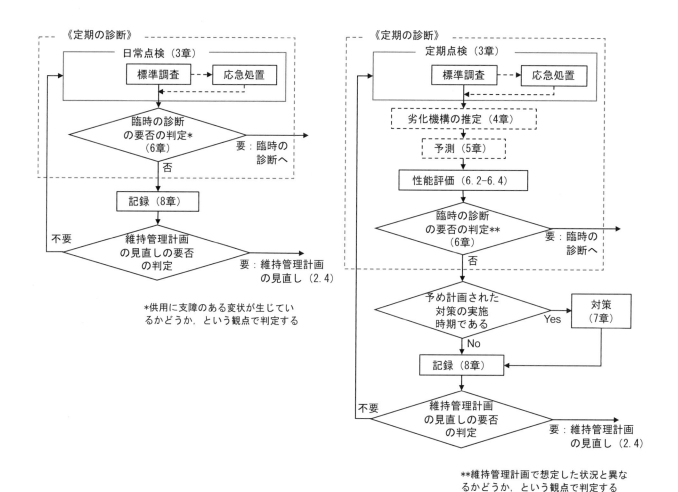

*供用に支障のある変状が生じているかどうか，という観点で判定する

**維持管理計画で想定した状況と異なるかどうか，という観点で判定する

図 3.3.2　定期の診断の手順（［標準］解説 図 2.3.1）

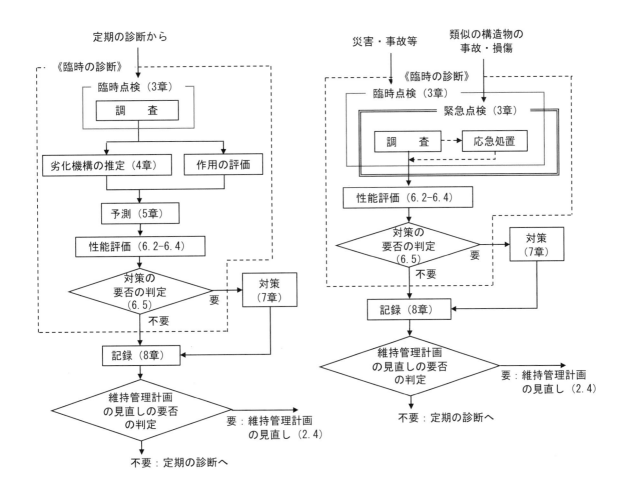

図 3.3.3　臨時の診断の手順（［標準］解説 図 2.3.2）

(5) 臨時の診断の方針について

臨時の診断については，維持管理計画の策定段階では，定期の診断のように綿密な計画を作成することは難しい．ただし，災害等の発生にともなって実施する臨時の診断は，早急に実施することが求められる場合がある．また，災害については，構造物の継続供用の可否判定や利用に対する安全確保等の観点から診断を実施するための規定が，各種インフラあるいは管理者毎に定められていることが多い．そのため，維持管理計画の策定段階では，これらの遵守すべき規定等に基づいて，臨時の診断の方針を定めておくこととした．

3.4　点　　検

3.4.1　主な改訂内容

3 章「点検」の構成の変更を表 3.4.1 に示す．

コンクリート構造物の維持管理で利用できる調査方法については，技術開発が精力的に進められていることから，示方書のユーザの利便性を考えた場合，調査方法を独立した編としてまとめることが適切であると判断し，調査方法に関する記載内容については新設した［標準附属書］3 編に移設した．

さらに，点検に記載されていた内容を見直し，診断に関わる記述については 2 章に移設するとともに，水の作用に関わる点検の留意点については，［標準附属書］1 編 2 章に移設した．また，この 3.3 で示したように，定期の診断と臨時の診断の位置づけの変更に伴う修正を行った．

表 3. 4. 1　点検の章構成の変更

2018 年制定　　［維持管理編：標準］	2022 年制定　　［維持管理編：標準］
3 章　点検	3 章　点検
3.1　総則	3.1　総則
3.2　初期点検	3.2　点検の種類
3.3　日常点検	
3.4　定期点検	
3.5　臨時点検	
3.6　緊急点検	
3.7　点検における調査	3.3　点検における調査
3.7.1　一般	
3.7.2　書類調査	
3.7.3　目視およびたたきによる調査	
3.7.4　非破壊試験器による調査	
3.7.5　局部的な破壊を伴う調査	
3.7.6　実構造物の載荷試験および振動試験による調査	
3.7.7　荷重および環境作用を評価するための調査	
3.7.8　センサを用いたモニタリングによる調査	
3.8　補修・補強の効果確認のための調査	

　具体的な見直し内容については，定期点検を例に取ると，2018 年版では次の 5 つの条文が示されていた．

（1）定期点検は，日常点検では把握できないような構造物全体の劣化，損傷の有無やその程度をより詳細に把握することを目的として実施する．

（2）定期点検の頻度，対象部位，調査項目および方法は，定期点検の目的，維持管理区分や維持管理限界，構造物や部位・部材の重要度，既存の維持管理の記録および劣化予測結果等を考慮して，適切に定めなければならない．

（3）定期点検では，書類調査，目視やたたき等による調査を基本とし，必要に応じて非破壊試験機器を用いる方法や採取したコアによる試験等を組み合わせることを標準とする．

（4）維持管理計画であらかじめ定めた定期点検の標準調査を実施した結果，より詳細な情報が必要と判断された場合には，詳細調査を実施しなければならない．

（5）定期点検で，コンクリート片が落下することによる第三者影響度が問題となるようなコンクリートの浮き等の変状が確認された場合は，速やかに応急処置を実施しなければならない．

　これに対して，2022 年版では，次のように［標準］3.2 の 1 つの条文として記載した．

3.2　点検の種類

（3）定期点検は，定期の診断において，構造物全体における劣化，損傷の有無やその程度を把握することを目的として実施する．

　2022 年版では，2018 年版の条文（1）を修正し，定期の診断において実施するものであることを明確にした．2018 年版の条文（2）の内容は，定期の診断の計画で考慮すべき事項である．また，2018 年版の条文

（3）については，点検で収集すべき情報は性能評価の方法に応じて異なるため，画一的な調査方法を明示することは適切ではないことから，各点検の条文からは削除し，［標準］3.2（1）の解説に，点検における調査項目の選定に関する基本的な考え方を追加した．2018年版の条文（4）の内容は，診断に関わる内容であることから削除し，条文（5）の内容は，点検の種類によらず一般的な事項であることから，［標準］3.1（3）として記載した．

2018年版［標準］3.1の条文については，2022年版［標準］3.2において点検の種類について説明することから，各種点検に関する記載は削除するとともに，診断に関わる内容についても削除した．

各種点検における調査の項目や方法の選定にあたっては，構造物や部位・部材の維持管理限界および性能評価の方法を考慮する必要があることから，その関係性について**図3.4.1**（［標準］**解説　図3.1.2**）のように例示した．

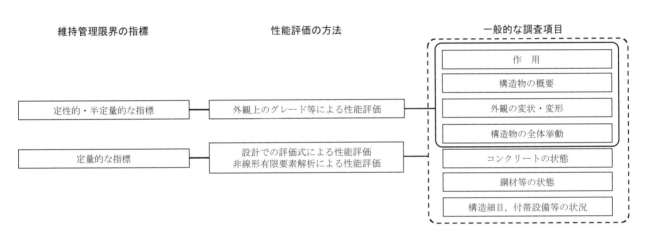

図3.4.1　維持管理限界の指標に応じた性能評価の方法と一般的な調査の項目の関係（例）（［標準］解説　図3.1.2）

3.5　劣化機構の推定

（1）4.1「総則」の修正

［標準］4.1「総則」では，［標準］全体の改訂方針に従って，維持管理計画の策定時に，設計図書や初期診断結果を踏まえて，劣化機構の推定を行うことを解説の冒頭部で強調している．さらに，定期の診断で推定した劣化機構の確認を行い，想定外の変状が見られた場合には，臨時の診断に基づき，再度劣化機構の推定を行うことを説明した．

［標準］**解説　図4.1.1**「劣化機構の推定の概念」は，従来のものでは，どの段階の情報を用いた劣化機構の推定か分かりにくかったため，設計図書，施工記録，点検結果の3つに大きく分類し，それぞれから得られる情報を用いて劣化機構の推定を行うことを，分かりやすく示すための改訂を行った．なお，複合劣化のように，劣化機構の推定が困難な場合についての記述があったが，これについての記述は4.2に移動した．

（2）4.2「劣化機構の推定方法（1）変状が顕在化していない場合」の修正

初期欠陥に関する解説部分で，2018年版の「ひび割れと発生原因との関係」を示す表を削除し，この代わりに**表3.5.1**（［標準］**解説　表4.2.2**）「施工時あるいは竣工後まもなく発生するひび割れの原因と特徴」を挿入した．従来の表では，ひび割れの特徴から，ひび割れの発生時期の特定などが可能，と説明していたが，「不規則」と「網状」の違いや，「収縮」の意味が不明確など，活用するには問題が多かったことから，代表的な初期欠陥の特徴を具体的に示した表に変更した．この表は，2013年版［標準］4.2に掲載されてい

た表をベースに作成している.

表 3.5.1　施工時あるいは竣工後まもなく発生するひび割れの原因と特徴（[標準]解説　表 4.2.2）

ひび割れの発生原因	特徴
セメントの水和熱	拘束された壁状部材（外部拘束）や断面の大きい部材（内部拘束）に発生する. 外部拘束では, 拘束面に直交する方向の貫通ひび割れが等間隔で発生する. 内部拘束では表面ひび割れが発生する.
自己収縮	高強度コンクリートなどで, 自己収縮に伴う網目状の表面ひび割れが発生することがある.
コンクリートの沈下	コンクリート中の鉄筋やセパレータなどの拘束を受けながらコンクリートが沈下するとひび割れが発生する. 例えば, RC 床版では水平鉄筋に沿った沈みひび割れが発生する.
打込み直後の乾燥	打込み直後のコンクリート表面における急速な乾燥に伴い, 網目状の微細なひび割れが発生する.
不適切な施工	コンクリートの急速な打込み, 不適切な打継ぎ処理, 型枠のはらみ, 支保工の沈下などの施工条件は, ひび割れや初期欠陥の原因となる.
乾燥収縮	竣工後のコンクリートの乾燥に伴って長期的に進行する収縮であり, 拘束を受けてひび割れを生じる. RC 床版の疲労劣化の起点となることがある.

(3) 4.2「劣化機構の推定方法（2）変状が顕在化している場合」の修正

　解説中の「iv）劣化機構の特定が困難な場合」において, 今回の改訂で新設された, [標準附属書] 1 編 10 章「複合劣化」を引用して, 複合劣化構造物の維持管理に関する留意点は, そちらの章を参照するように記載した.

　また, 従来は「ひび割れまたは鋼材腐食に対する対応フロー」が示されていたが, ひび割れと鋼材腐食のレベルが異なるなど, フロー図の位置づけが不明確であったため, 内容を大幅に修正し, **図 3.5.1**（[標準] **解説 図 4.2.1**）「劣化機構が特定できない変状が生じた構造物への対応フロー」を挿入した. この図に対しては, 様々な意見があったが, 最終案としては, 維持管理限界を超えているか否か, の判断の後に, 安全性の判断を行い, 当面の大きな危険性が無い場合には, ひび割れ補修や断面修復で対策し, 進行性の危険な変状であれば, 何らかの原因特定とそれに基づく対策を講じることとした.

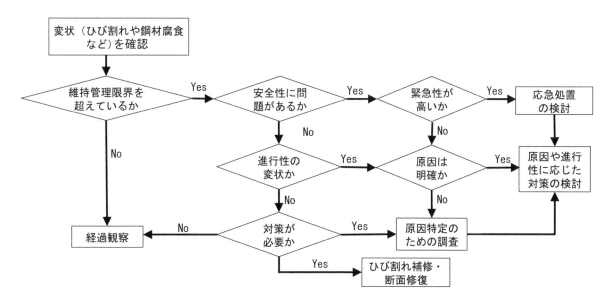

図 3.5.1　劣化機構が特定できない変状が生じた構造物への対応フロー（［標準］解説 図 4.2.1）

3.6　予　　測

　［標準］5章「予測」と［標準］6章「性能評価および判定」は，互いに密接に関わる内容であることから，両者を一つの章に統合した方が分かりやすいのでは，との意見があり，その可能性について検討を行った．この結果，両者を統合することにより，一つの章としてのボリュームが大きくなることや，劣化の進行予測と性能評価を必ずセットで行わなければならないような印象を与えかねず，様々な形態の維持管理が困難になることも危惧されたため，統合は行わないこととなった．ただし，［標準］**解説 図 6.2.1** において，［標準］5章5.2および5.3の位置づけを明記し，二つの章の関係を理解しやすく説明することとした．

　5.3「統計データに基づく劣化予測」の条文に，この予測方法が有効な例として，劣化機構に基づく劣化予測が困難な場合に加えて，外観変状などから簡易的に劣化予測を行う場合を加えた．また，解説の内容が，マルコフ連鎖モデルの説明に偏った記述となっていたことから，他の手法として生存時間解析やハザード関数の概念について，説明を加えた．

3.7　性能評価および判定
3.7.1　性能評価の目的と性能評価および点検の相互関係

　2018 年版では，性能評価の方法として，外観上のグレード等による方法，設計での評価式による方法，非線形有限要素解析による方法が同列に記載されており，相互の関係や使い分けが不明瞭であった．そこで，今回の改訂においては，6.2「性能評価」において，性能評価の方法をどのようにして選択すればよいのかを説明した．維持管理においては様々な場面で，様々な目的で性能評価が行われる．目的によって最適な評価方法は異なるので，まず，性能評価の目的を明確にしておくことが必要である．目的に応じた最適な評価方法を選定したのちに，その評価方法に応じた点検方法を選定する．これらの関係性を**図 3.7.1** のように整理した．

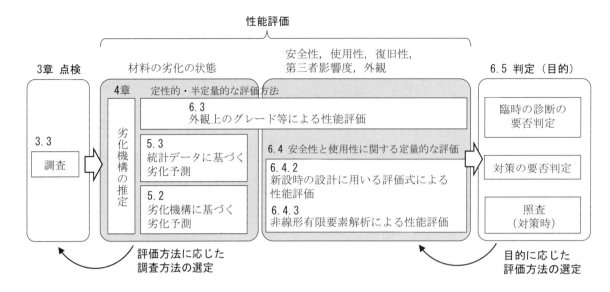

図 3.7.1　性能評価の目的と性能評価および点検の相互関係（［標準］解説 図 6.2.1）

　性能評価は，将来にわたる材料の劣化の状態を評価する部分と，材料の劣化の状態にもとづいて安全性，使用性，復旧性，第三者影響度といった性能を評価する部分に分けられる．前半部分は劣化機構の推定と劣化予測で構成されるが，改訂作業においては，これらを性能評価に含めるべきではないかという意見があった．議論の結果，現状では個別の構造物に対して必ず劣化予測をするわけではないこと，性能評価の中に劣化予測を組み込んだ場合に，ある決まった劣化予測の方法が性能評価と一体となっているような印象を与えることが懸念されたことから，今回の改訂では従来通り，劣化機構を 4 章，劣化予測を 5 章に記載し，6 章「性能評価および判定」では，4 章および 5 章の内容を適宜，参照するという構成とした．そのため，6 章では安全性，使用性に対する評価の方法に関する記述が多くを占めている．復旧性，第三者影響度，外観に対する性能評価については，今回の改訂で議論を尽くせなかったので，その整理は今後の課題である．

3.7.2　設計耐用期間にわたる安全性の確保と余裕

　維持管理においてもっとも重要なことは，安全性が設計耐用期間にわたって確保されることである．安全性の場合，曲げ耐力といった限界値が維持管理限界を下回らないことを確認することで，安全性が確保されている状態であると評価することができる．**図 3.7.2** に示すように，その状態がどのくらいの期間まで保たれるのかを推定し，設計耐用期間と比較することで，耐久性を評価する．このとき，安全性に対する余裕 $R_s(t)$ と，時間に対する余裕 T_D を導入することによって，［設計編］とのシームレス化をはかっている．

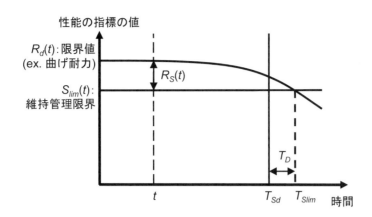

図3.7.2　安全性の評価における対策が必要となるまでの年数と設計耐用期間の関係（［標準］解説 図6.2.2）

3.7.3　外観上のグレード等による性能評価

6.3「外観上のグレード等による性能評価」では，2018年版［付属資料］1編2章「外観上のグレード等に基づく評価」の記述内容のうち，［標準］に引き上げる内容を抽出し，付け加えている．主な追加項目は，外観上のグレード等による性能評価を行うことが優位な場合をいくつか挙げたこと，グレードと評価の対応関係を定める際の注意事項，である．

3.7.4　安全性・使用性の定量的な評価

6.4「安全性・使用性の定量的な評価」では，6.4.1「一般」において，設計での評価式を用いた方法と非線形有限要素解析のいずれの性能評価にも共通してあてはまる事項をまとめた．その多くは2018年版の内容を整理したものであるが，安全係数の設定については，今回，新たに追加した．維持管理の際にはすでに構造物が存在しているため，設計時に設定される安全係数のうち，施工の不確実性に関わるものが再設定できる．そこで，既存の構造物から信頼性の高いデータが得られる場合には，各種の安全係数を変更することができることとした．

非線形有限要素解析による性能評価は，設計での評価式が適用できない状況であっても安全性や使用性を評価することができるが，労力とコストがかかる方法である．このため，設計での評価式の適用性を検討したうえで，可能な範囲で設計での評価式を採用するのが現実的である．今回の改訂では，腐食に伴う鋼材の伸びやヤング係数等の機械的性質の低下が疑われる場合や，鋼材の破断部周辺に集中的にひび割れが進行している場合等，設計での評価式の適用が困難な例を示し，評価方法の選定についての解説を加えている．また，非線形有限要素解析における留意点として，異種材料や異種部材の接合部のモデル化を加えた．これは，断面修復工法や各種接着工法など，異種材料や異種部材の接合が発生する場合の評価を念頭においたものである．

3.7.5　判定

性能評価の結果によって判定する項目として，臨時の点検の要否を追加した．臨時の点検の要否は，定期点検時において確認された変状，劣化速度および作用が想定の範囲内か否か，応答が維持管理限界を超えているか否かにより判定することとし，2章「維持管理計画」の改訂内容との整合をはかっている．

3.8 対　策

3.8.1 主な改訂内容

　7 章「対策」の構成の変更を**表** 3.8.1 に示す．章構成の変更をみると，大きな変更を実施している印象を与えるが，対策のうち，対策を実施するための構造物の性能照査が必要な場合と，それ以外の場合を整理するために全体の構成を整理したことと，コンクリートライブラリー150「セメント系材料を用いたコンクリート構造物の補修・補強指針」の構造物の補修・補強標準を参考に内容の充実を図ったことが主な改訂である．主な改訂内容を以下に示す．

表 3.8.1　対策の章構成の変更

2018 年制定　　　［維持管理編：標準］	2022 年制定　　　　　［維持管理編：標準］
7 章　対策	7 章　対策
7.1　総則	7.1　総則
	7.2　調査
	7.3　目標とする性能
	7.3.1　一般
	7.3.2　性能評価
	7.3.3　目標とする性能の設定
	7.4　設計
7.2　対策の種類と選定	7.4.1　対策の種類と選定
7.3　補修および補強	7.4.2　作用の制限，抵抗性の改善を実施するための構造物の性能照査
7.3.1　一般	
7.3.2　補修および補強の設計	
7.3.3　補修および補強の施工	7.5　施工
	7.5.1　一般
	7.5.2　施工計画
	7.5.3　施工
	7.5.4　品質管理
	7.5.5　検査
7.3.4　補修および補強後の維持管理	7.6　対策後の維持管理

（1）調査について

　対策の種類の選定や，工法の選定，設計・施工の実施にあたっては，対策が必要と判定されるまでに実施した定期の診断の結果や臨時の診断の結果だけでは不十分な場合も多い．また，対策の種類の選定，工法の選定，設計・施工のそれぞれの段階で必要となる情報は，質・量ともに異なるとともに，構造物の置かれた状況に応じて情報の取得のしやすさも異なる．そのため，対策の検討を始める段階で全体の調査の計画を策定し，必要に応じて修正していくことが対策の実施においては重要となる．このようなことを整理して記載するために［標準］7.2 を新たに設けた．

（2）補修および補強について

　2018 年版では，補修は「第三者への影響の除去あるいは，外観や耐久性の回復もしくは向上を目的とした対策．ただし，供用開始時に構造物が保有していた程度まで，安全性あるいは，使用性のうちの力学的な性能を回復させるための対策も含む．」，補強は「供用開始時に構造物が保有していたよりも高い性能まで，安全性あるいは，使用性のうちの力学的な性能を向上させるための対策」と定義しており，これについては，

2022年版でも変更していない．これらの用語は，対策で対象とする耐久性や安全性等に関する性能の項目と，その対象とする性能の回復もしくは向上の程度，および実際に選定される各工法の組合せによって定義されている．すなわち，対策の目的である性能の項目および性能の水準と，それを実現するための手段である工法が一体となった定義であるため，対策の設計を体系的に整理することが難しい状況にあった．さらに，交通量を規制する，水掛りを制限する等の対策を実施する場合，対策を実施するための構造物の性能照査においては作用の設定に反映することになるが，2018年版までは設計の対象が補修と補強だけであり，これらの対策の効果を明示的に設計に考慮する体系になっていなかった．

　以上のことから，2022年版では，補修や補強という用語を用いた説明に代えて，対策の目的である「目標とする性能」と，それを実現するための手段としての対策を分けて整理することとした．

　目標とする性能については，対策の設計の前提条件でもあることから，［標準］7.3を新たに設けたが，2018年版［標準］7.3.2の条文に記載があり，その基本的な考え方は2022年版においても変更は無い．

　対策の種類としては，2018年版までは，点検強化，補修，補強，供用制限，解体・撤去と表現してきたものを，2022年版では，点検強化，作用の制限，劣化への抵抗性の改善，力学的な抵抗性の改善，解体・撤去とした．具体的には，供用制限は作用の制限に含め，補修および補強に代わる用語として，2018年版の工法の分類等で用いられてきた，劣化への抵抗性の改善，力学的な抵抗性の改善を用いただけであり，基本的な考え方の変更は無い．なお，この変更は，対策の設計を一般化し体系的に整理するための手段であり，補修および補強の概念を［維持管理編］から削除しているわけではない．そのため，［標準附属書］の劣化機構によっては，例えば，目標とする性能を満足する対策の種類に選択肢がないような場合には，劣化への抵抗性の改善等の一般化した表現の方がわかりにくいこともあり，そのような場合には，補修や補強を用いた整理のままとしている．

（3）対策の種類と選定について

　基本的な考え方は2018年版と変更していないが，前述のように対策の種類の分類を変更したことから2018年版［標準］**解説 表**7.2.1を削除し，その代わりとして**図 3.8.1**（［標準］**解説 図**7.4.1）に示すような選定の流れの例を追加した．対策の選定にあたっては，対策を実施するための構造物の性能照査を実施する場合（図中では 性能照査型の対策 と表記）と，点検強化，解体・撤去の3つの流れに分けた．このうち，点検強化，解体・撤去については，2018年版と同様に［標準］7.4.1の解説のみとし，性能照査型の対策の場合は［標準］7.4.2以降の記載に従って実施することとした．なお，実務的には，［標準］7.4.2に示す性能照査または見なし規定による判断を実施せずに対策を施す場合もあるが（補足的な対策の実施等），これについては，対策実施前の性能照査等による検証に代えて，対策の効果を適切に把握し続けることが重要であるため，点検強化として整理することとした．さらに，予算等の制約により設計時の要求性能を満足する対策の実施が困難な事例もでてきており，その具体的な対応について記載することは状況に応じて異なるために難しいが，対策の選定の流れとして，そのような場合には，前提条件の変更の可否等を判断し，例えば，要求性能の水準を下げる等の条件の変更を実施した上で，対策の選定を再度実施するという流れを示すこととした．

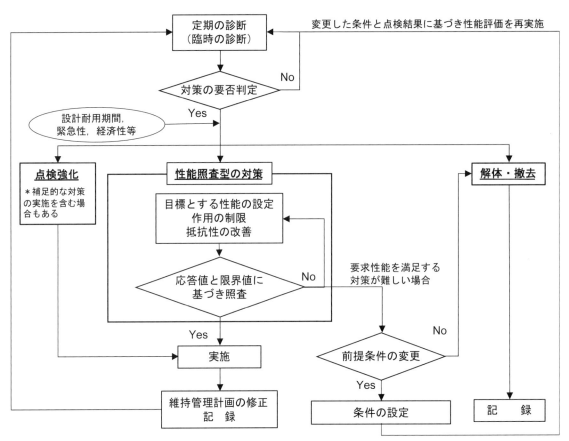

注：「7.4対策の種類と選定」の選定の参考例であり，「6.5判定」の結果で実施する応急処置や「7.2調査」等などを含めた厳密な手順を示したものではない

図 3.8.1　対策の選定の流れの例（［標準］解説 図 7.4.1）

(4) 作用の制限，抵抗性の改善を実施するための構造物の性能照査

　2018 年版［標準］7.3.2 に該当する箇所であり，対策を実施するための構造物の性能照査の方法については，［設計編：標準］12 編が新設されたことから，条文（2）において，そちらを参照することとした．なお，対策の工法によっては，既存の指針類や，仕様規定でその適用と効果が確認されている技術もあることから，この対応として条文（3）を追加した．このように，具体的な性能照査の方法については参照先を明示したことから，2022 年版［標準］7.4.2 の解説の記載内容については，2018 年版に基づき整理した．

　2013 年版［劣化現象・機構別］の 2 章～4 章に記載されていた内容は，2018 年版では［標準］の該当箇所に移設され，2018 年版では独立した章として記載されることは無くなった．2018 年版［標準］7.3.2 の解説にも，「作用としての水の対策について」，「ひび割れの補修について」，「鋼材腐食の補修について」，「発生原因が特定できない損傷や劣化に対する補修について」，「力学的性能に関する補修，補強について」，として記載がなされた．2022 年版では，「作用としての水の対策について」は［標準附属書］1 編の 2 章で扱い，「発生原因が特定できない損傷や劣化に対する補修について」は前述したように点検強化として整理し，それ以外の項目については，原則として［標準附属書］1 編および関連する指針類等を参照して対策を実施するための構造物の性能照査を実施することとして整理した．

　対策工法の選定については，2018 年版では［標準］解説 表 7.3.1，解説 表 7.3.3，解説 図 7.3.1 を用いて解説が記載されていたが，劣化機構別の内容は［標準附属書］1 編の各章で記載されること，各種対策工法の指針類等の整備が進んでいることを踏まえて，2022 年版では**表 3.8.2**（［標準］**解説 表 7.4.1**）に，対策の目的，対策の方法，対策工法等および参照する技術情報を一覧表として整備した．さらに，対策工法の

選定において考慮すべき事項については記述の内容を充実させるとともに，留意事項の例を**表 3.8.3**（［標準］**解説 表** 7.4.2）としてまとめた．

表 3.8.2　対策の目的に応じた対策工法等の例（［標準］解説 表 7.4.1）

対策の目的		対策の方法	対策工法等	標準附属書および指針類
作用の制限	力学的な作用の制限	使用条件の変更	作用荷重の制限	
	劣化に関わる作用の制限	環境条件の変更（水処理の変更）	排水処理	標準附属書1編2章 作用
抵抗性の改善	力学的な抵抗性の改善	部分の交換	打換え工法 取替え工法	標準附属書4編1章 プレストレストコンクリート CL95 コンクリート構造物の補強指針（案） CL101 連続繊維シートを用いたコンクリート構造物の補修補強指針 複合構造シリーズ 09 FRP 接着による構造物の補修・補強指針（案） CL160 コンクリートのあと施工アンカー工法の設計・施工・維持管理指針（案）
		断面の追加補強材の追加	増厚工法 巻立て工法 接着工法	
		部材の追加	増設工法	
		応力の導入	プレストレス導入工法	
		免震	免震工法	
	劣化への抵抗性の改善	部材の表面保護	表面処理工法（表面被覆工法，表面含浸工法）	CL119 表面保護工法設計施工指針（案） CL137 けい酸塩系表面含浸法の設計施工指針（案）
		ひび割れの修復	ひび割れ被覆工法 ひび割れ注入工法 ひび割れ充填	CL150 セメント系材料を用いたコンクリート構造物の補修・補強指針
		断面欠損部の修復	断面修復工法	CL119 表面保護工法設計施工指針（案）
		電気化学的防食	電気防食工法 脱塩工法 再アルカリ化工法 電着工法	CL 157 電気化学的防食工法指針

表 3.8.3　工法選定上の留意事項の例（［標準］解説 表 7.4.2）

大項目	小項目	留意事項
劣化状態	劣化状態	工法適用時の主たる劣化機構における劣化過程や外観上のグレード等
	複合劣化の発生状況	複合劣化（複数の劣化機構の可能性）の有無およびその状況
構造物条件	構造形式	適用対象部材の構造形式
	環境条件	適用対象部材の置かれる環境条件
対策の効果	期待する効果	工法適用に期待する効果
	効果発揮の前提条件	既設部と対策部の接合
	効果の持続性	工法適用効果の持続性
施工方法	供用状態	構造物を供用しながらの施工の必要性や可否
	施工の効率性	施工数量（前処理を含む），資機材調達，仮設足場等の必要性や設置の容易性，施工可能時間等を踏まえた作業工程（施工の効率性）
維持管理性	維持管理の容易さ	工法適用後の維持管理の容易さ等
環 境 性	環境配慮上の制約	粉塵や騒音等の発生に関する制約
経 済 性	コスト	ライフサイクルコスト等

3.9　記　　録

　2018 年版から構成や内容に関する大きな改訂は行っていないが，昨今のデジタル技術の進歩に伴い，電子地図上に構造物の位置をプロットし，点群データなどにより 3D マップを作成した上で，部位，部材の補修履歴をひも付けする技術等が開発されている旨付記した．

4．［標準附属書］1 編 劣化機構 の改訂の概要

4.1　編の全体構成

　この編は**表 4.1.1** に示す通り，2018 年版では［標準附属書］1 編「劣化機構」は 8 章構成としていたが，2022 年版では 10 章構成に変更した．新たに 2 章「作用」を設けることで，これまで［標準］の各章に分散していた各種作用，とりわけ水の作用に関する記述を集約することにより，作用の把握が劣化機構の推定や劣化機構を踏まえた維持管理の実施にとって重要であることを明示するとともに，水の作用に関する留意事項を陽に記載した．また，近年，劣化が急速に進行する機構として問題となっている複合劣化について一定の知見が得られたことを契機に 10 章「複合劣化」を新たに設け，実務上重要な課題に対応できるよう配慮した．また，従来の「中性化」については，［設計編］とのつながりを意識し，同じタイトル「中性化と水の浸透に伴う鋼材腐食」を用いることとした．新設あるいは変更された各編および各章の内容については，次節以降に示すそれぞれの該当箇所を参照されたい．

表 4.1.1　　［標準附属書］1 編に関連する章構成の変更

2018 年制定　維持管理編 ［標準附属書］1 編 劣化機構	2022 年制定　維持管理編 ［標準附属書］1 編 劣化機構
1 章　　総則	1 章　　総則
2 章　　中性化	2 章　　作用（新設）
3 章　　塩害	3 章　　中性化と水の浸透に伴う鋼材腐食（変更）
4 章　　凍害	4 章　　塩害
5 章　　化学的侵食	5 章　　凍害
6 章　　アルカリシリカ反応	6 章　　化学的侵食
7 章　　疲労	7 章　　アルカリシリカ反応
8 章　　すりへり	8 章　　疲労
	9 章　　すりへり
	10 章　複合劣化（新設）

　また，［本編］，［標準］での用語の見直しに伴い，この編における条文，解説で用いる用語も見直し，各章で共通する表の記載内容も統一することとした．例えば，2018 年版までは補修，補強，供用制限と分類していた行為に対し，劣化に関わる作用の制限，力学的な作用の制限，劣化への抵抗性の改善，力学的な抵抗性の改善，といった具体的な目的を表す分類に変更することで，外観上のグレード，劣化過程と対策の例，補修に期待する効果と工法の例に関する表を一律に見直した．以下に［標準附属書］1 編 4 章「塩害」における対策に関する表の例を**表 4.1.1〜4.1.4** として掲載する．

表 4.1.1 外観上のグレード，劣化過程と対策の例（2018 年版 [標準附属書] 1 編 解説 表 3.4.1）

外観上のグレード	劣化過程	点検強化	補修	供用制限	解体・撤去
グレード I	潜伏期	○	○**		
グレード II	進展期	○	○		
グレード III-1	加速期前期	◎	◎		
グレード III-2	加速期後期	◎	◎*	○	
グレード IV	劣化期		○*	◎	◎

◎：標準的な対策（◎*：力学的な性能の回復を含む）

○：場合によっては考えられる対策（○*：力学的な性能の回復を含む），○**：予防的に実施される対策

表 4.1.2 外観上のグレード，劣化過程と対策の例（[標準附属書] 1 編 解説 表 4.4.1）

| 外観上のグレード | 劣化過程 | 点検強化 | 補修・補強，供用制限 | | | | 解体・撤去 |
			劣化に関わる作用の制限	力学的な作用の制限	劣化への抵抗性の改善	力学的な抵抗性の改善	
グレード I	潜伏期	○	○**		○**		
グレード II	進展期	○	○**		○**		
グレード III-1	加速期前期	◎	○		◎		
グレード III-2	加速期後期	◎	○	○	◎	○	
グレード IV	劣化期		○	◎	○	○	◎

◎：標準的な対策

○：場合によっては考えられる対策，○**：予防的に実施される対策

表 4.1.3 補修に期待する効果と工法の例（2018 年版 [標準附属書] 1 編 解説 表 3.4.2）

期待する効果	工法例	関連指針
塩化物イオンの浸透量の低減	表面処理	CL119, CL137
塩化物イオンの除去	脱塩，断面修復	CL107, CL119, CL123
鋼材の防食	電気防食	CL107
力学的な性能の回復	断面修復，その他	CL119, CL123, CL95, CL101

CL：土木学会コンクリートライブラリー

表 4.1.4 補修に期待する効果と工法の例（[標準附属書] 1 編 解説 表 4.4.2）

期待する効果		工法例	関連指針
劣化に関わる作用の制限	塩化物イオンの浸透量の低減	表面処理	CL119, CL137
力学的な作用の制限		供用制限等	
劣化への抵抗性の改善	塩化物イオンの除去	脱塩，断面修復	CL157, CL119, CL123
	鋼材の防食	電気防食	CL157
力学的な抵抗性の改善	力学的な性能の回復	断面修復，その他	CL119, CL123, CL95, CL101

CL：土木学会コンクリートライブラリー

4.2 総 則

　上述のように，この編において章の新設，変更が生じたため，新たな内容も含めてこの編の骨子を条文，解説に記載した．それ以外の内容に大きな変更はない．

4.3 作　用

4.3.1　主な内容

（1）作成の概要

2 章「作用」は，今回の改訂で新設した章である．維持管理では，コンクリート構造物に影響を与える作用に着目することが重要である．作用に着目することは，劣化機構の解明，点検箇所で着目すべき箇所の選定，対策方法の選定等，維持管理の多くの場面で役立つ．今回の改訂では，これらのメッセージを的確に伝えるために「作用」を一つの章として独立させることとした．また，この章では「水の作用」についても記述した．水の作用は複数の劣化機構に影響しかつ影響の程度が大きいことから，各劣化機構を横断的にみることが重要であり，このメッセージを伝えるためにも作用について束ねたこの章に記述することとした．

（2）構成

2 章「作用」は，2.1「総則」，2.2「作用の種類と劣化機構」，2.3「作用の特性の把握とその情報の活用」の 3 節構成とした．2.1 では作用について概説するとともに作用に着目することの重要性を示し，2.2 では作用の種類と劣化機構との関係についてまとめた．また，2.3 では作用の特性の把握方法や留意点を示すとともに，「水の作用」について記述した．

（3）水の作用

水の作用は，コンクリート構造物の複数の劣化機構に関わり，かつ劣化への影響の程度も大きいことから，コンクリート構造物の維持管理においては水の作用に着目することが重要である．［維持管理編］においても 2013 年の改訂で水の影響が陽な形で取り上げられ，2018 年の改訂では［標準］や［標準附属書］において詳細な解説がなされるようになった．その一方で，2018 年の改訂では水に関する記述が各所に分散した結果，水について束ねた章節がなく，目次を見た際に水に着目することの重要性や水に関する記述の記載箇所が読み取れないといった課題があった．

このような背景をもとに，今回の改訂では水の作用について取り纏める 2.3.2 を設け，その重要性を伝えるとともに，読者に読みやすくなるようにした．また，今回の改訂では［標準］では詳細すぎる記述を削除する方針としたことにより，2018 年版［標準］にあった水に関する具体的な記述が大幅に削除された．しかしながら，2018 年版［標準］に記載されていた水に関する事項は維持管理を行う上で極めて有益なものであったことから，これらの事項をまとめて 2.3.2 の中で記述することとした．したがって，2018 年版と比べて構成が大きく変わったものの，2.3.2 での水の作用に関する記述の多くは 2018 年版［標準］に記載されていた内容になっている．また，水の作用への対策は実務において高い効果を発揮することが多いことから，実務に役立てるために対策方法の例や留意点を記述した．

4.3.2　作成に際して議論となった事項，今後の課題

（1）概要

作成における議論の中で，作用に着目することの重要性は早い段階から提起され，作用について束ねた記述を行う方向で検討が進められ，結果として［標準附属書］1 編 2 章「作用」として纏められることになったが，具体化させる過程では様々な議論が交わされた．以下にこれらの概略を記す．

（2）構成および記述内容

　作用全般についてまとめた記述を行うこと，その上で水の作用についてもまとめることが早い段階でほぼ確定した．しかしながら，作用全般についての記述は，［標準］と重複する可能性があること，各作用の説明では［標準附属書］1 編のそれぞれの劣化機構の説明と重複する可能性があることが懸念された．これらについては，作用に着目することの重要性および着目するにあたり必要な事柄を伝えることに主眼を置いて骨格を形成することとした．また，水の作用のみを詳しく記述することの是非に関する意見が出された．これについて検討した結果，作用の中でも例えば塩化物イオンの作用は［標準附属書］1 編 4 章「塩害」で詳しく記述されていることから，2 章「作用」でも記すと記述が重複することに加え，記述箇所が分散することによって読みにくくなることもあるので，［標準附属書］1 編の各劣化機構の章で述べている作用についてはそちらを参照することとし，複数の作用に関わり，かつその影響の程度が大きい水について 2 章「作用」の中で記述することとした．

（3）示方書の中での記載位置

　作用については，当初は［標準附属書］作用編として独立させて記載することを検討したほか，性能に関する記述と合わせて，［標準附属書］作用・性能編とすることも検討したが，作用と性能のみを組み合わせることに対する懸念の声もあり，最終的にはとして［標準附属書］1 編「劣化機構」の中に 2 章「作用」として配置することとした．その際，「劣化機構」というタイトルの編の中に「作用」が含まれることへの違和感を指摘する声もあったが，各劣化機構に対して維持管理を行う上で作用を理解することが重要であること，作用の中で記述している水の作用が各劣化機構に大きく影響していることから，この編の 3 章以降の各劣化機構の前に 2 章として配置することとした．なお，記述内容が拡充した際には作用編として独立させることもあり得るが，これについては将来の検討に委ねることとした．

4.4　中性化と水の浸透に伴う鋼材腐食

4.4.1　主な改訂内容

（1）改訂の概要

　2018 年の改訂では，［設計編］で導入された「中性化と水の浸透に伴う鋼材腐食に対する照査」を受けて，章のタイトルは「中性化」のままでありながら，条文や解説内では極力「中性化と水の浸透に伴う鋼材腐食」と表記するように変更し，中性化自体が劣化ではなく，中性化することに加えて水の存在が劣化（鋼材腐食）を進行させていることを明記するとともに，水掛かりに関する点検や評価についても記述が変更された．

　今回の改訂では，この考え方を基本にした上でさらに深度化させることとし，タイトルを「中性化と水の浸透に伴う鋼材腐食」に変更して劣化の位置づけをより明確にするとともに，新設された 2.3.2「水の作用」との棲み分けおよび連携を図った．また，劣化予測では中性化と水の浸透を考慮した劣化予測式を例示した．

（2）総則

　解説において，［設計編］との考え方の共通点および相違点に関して記述した．すなわち，劣化機構について共通した認識を記した上で，［設計編］ではこれから建設される構造物が対象であることから，細孔溶液の pH 低下に伴う鋼材腐食の進行が顕著にならない程度に留めることとし，構造物の性能に影響しない程度の鋼材腐食深さに限界状態を設定するとともに，水の浸透に伴う鋼材腐食深さが限界状態に達しないように照査がなされていること，［維持管理編］では，鋼材近傍において細孔溶液の pH 低下を生じている例もみられる

ことから，この影響も考慮した体系としていることを記述した．なお，この記述は［設計編］と［維持管理編］とで同様の書き方とし，思想が整合していることを示している．

潜伏期の定義について，2018 年版と同様に「中性化と水の浸透によって鋼材に腐食が発生するまでの期間」としたが，［設計編］において水の浸透により鋼材腐食がごくわずかではあるが進行していくとされたことを踏まえ，2018 年版では潜伏期は存在しないことになるとしていた．しかし，このごくわずかな鋼材腐食は実務上問題にならないことから，鋼材腐食がわずかに進んだとしても細孔溶液の pH 低下を生じないうちはコンクリート構造物の劣化への影響がほとんどないとみなし，潜伏期にあるとしてよいこととし，その旨を追記した．

（3）維持管理計画

［標準］において，維持管理計画では構造物の諸条件，初期の診断の結果，維持管理限界，定期の診断の計画，臨時の診断の方針，対策の計画，記録の方法を明示するとされたことを踏まえ，これらの項目を意識した記述に変更した．

（4）診断

全体構成および解説表の記述箇所や記述内容を，［維持管理編］全体の統一改訂に合わせ改訂した．解説表として記されている調査の項目の例では，水の供給の有無に関する調査の方法を追記した．水掛かりについて，2018 年版では解説表として「構造物表面の水掛かりの区分」および「水掛かりを受ける部位の区分例」が記載されていたが，これらは他の劣化機構にも関係する内容であることから，新設された 2.3.2「水の作用」にて記述することとした．

（5）予測

a）概要

構造物の性能の将来予測では，従来から中性化の進行予測が主体的に記載され，鋼材腐食の進行予測は文章での記述に留まっていた．これは，維持管理の実務における利便性や鋼材腐食の進行予測に関する知見が十分でなかったこと等によると考えられる．その一方で，中性化の進行のみで予測を行うと，鋼材腐食が進行しにくい乾燥した環境下で鋼材腐食が早期に生じるとの予測結果になることが実務上の課題としてあげられてきた．

そこで，本改訂では，鋼材腐食の進行予測として中性化と水の浸透を考慮した予測式を例示することとした．この予測式は，その内容が解説に記述されているものの，提案に関する思想や導出方法までは示されていないため，「b）劣化予測式の提案に関する思想や導出方法」にて述べる．

なお，従来から用いられてきた中性化の進行予測は，中性化残りの減少により鋼材腐食速度が高くなる時期を把握するのに有用であること，および鋼材の腐食ひび割れの発生予測を行う際に必要であることから，引き続き記述することとした．前者で活用する際には，中性化残りが小さくかつ水掛かりのある環境では，鋼材の腐食が進行しやすくなるので，そのような箇所の抽出や腐食発生の危険性の判断に用いることもできることを解説に記述し，水掛かりとの関係を考慮することの必要性を示した．

b）劣化予測式の提案に関する思想や導出方法

・劣化予測式の考え方

　コンクリート中の鋼材腐食は，中性化の進行に伴い保護層である鋼材表面の不動態被膜が破壊され，溶存酸素を含む水が鋼材位置まで浸透することで生じるものと考えられている．ただし，中性化が十分に進行しておらず不動態被膜が健全な状態で存在であっても，鋼材位置まで水が到達した際には，ごく僅かではあるが腐食は進行する[1]．中性化の進行に伴う不動態被膜の破壊は鋼材位置の pH が 11.5 以下になると始まり[2]，その後 pH の低下に伴って腐食速度が増加する[3]．完全に中性化した箇所では，コンクリート中の細孔溶液の pH が 8.0 程度まで低下することもあるが[4]，約20℃の腐食環境では，pH が 9.5〜10 まで低下すると腐食速度が一定となることが示されている[3]．

　そこで本劣化予測式では，図 4.4.1 に示すように，鋼材位置の pH が 11.5 以上の場合，ごく僅かな腐食速度により鋼材腐食が少しずつ進行し，pH が 11.5 を下回ると，不動態被膜の破壊が始まることで pH の低下に伴い腐食速度が増加し，最終的に pH が 9.5 まで低下した際に最大の腐食速度になるものと仮定した．また実際の鋼材腐食の進行には，溶存酸素を含む水の供給条件が大きく影響するため，［設計編］の中性化と水の浸透に伴う鋼材腐食に対する照査における考え方を踏襲し，鋼材腐食速度が鋼材位置への水の到達回数に依存するものと考えることとした．

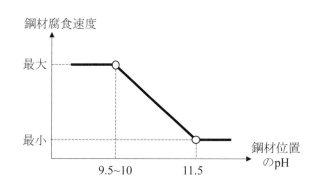

図 4.4.1　鋼材腐食速度と鋼材位置の pH との関係の概念図

・劣化予測式の概要

（i）腐食ひび割れ発生までの任意の供用期間（$t \leq t_{cr}$，ただし t_{cr} は腐食ひび割れ発生時の供用年数（年））における鋼材腐食深さの予測式は，示方書設計編の水分浸透照査式と同様に，鋼材位置への水の到達 1 回あたりの鋼材腐食深さ $s_{1\text{-}time}$ に対して，鋼材位置への水の年間到達回数 N_w を乗じる形とした．

$$s(t) = \sum_{i=1}^{t} (s_{1\text{-}time} \cdot N_w) \quad (t \leq tcr) \qquad\qquad (4.4.1)（［標準附属書］1 編 式（解 3.3.3））$$

　ここに，$s(t)$：供用期間 t（年）における鋼材腐食深さの予測値（mm），$s_{1\text{-}time}$：鋼材位置への水の到達 1 回あたりの鋼材腐食深さ（mm），N_w：鋼材位置への水の年間到達回数．

（ii）上記の予測式に対し，実際の鋼材腐食機構をより正確に表現するため，水分浸透照査式の考え方を踏襲した上で，中性化の進行に伴う鋼材位置の細孔溶液の pH 低下による鋼材腐食速度の増加を表現可能な形へと拡張した．具体的には，中性化の進行度に応じて $s_{1\text{-}time}$ が変化することを以下のように表現した．

$$s_{1\text{-}time} = F_w \cdot (s_a + I \cdot s_b) \qquad\qquad (4.4.2)（［標準附属書］1 編 式（解 3.3.4））$$

　ここに，I：鋼材の不動態被膜の状態を表す指標（$0 \leq I \leq 1$）．

　F_w は，コンクリートへの水掛かり状況により分類することができ，その値は水掛かりによる鋼材腐食状況

の違いに関する調査結果をもとに定める．なお，調査結果がない場合の F_w の目安値は，**解説 表** 2.3.2 に示されている水掛かりの分類 0 で 0.1，分類 I で 1.0，分類 II で 1.3，分類 III で 0.7 とするのがよい．s_a は鋼材位置付近の細孔溶液の pH が 11.5 以上の時の鋼材位置への水の到達 1 回あたりの鋼材腐食深さであり，鈴木らの報告 [5] を参考に未中性化時の腐食速度を 5.1×10^{-4}（mm/年）に設定し，この値を時間あたりの腐食速度（mm/時間）に換算した上で，降雨 1 回あたりの鋼材への水の作用時間を 24 時間と仮定して求めた 1.4×10^{-6}（mm）を目安値とすることとした．なお，［設計編］では，水の作用時間を 12 時間と仮定しているが，降雨後に浸透した水が乾燥により逸散するには，現実には 12 時間以上の時間を要すると考えられるため，本予測式では水の作用時間を便宜的に 12 時間の 2 倍とした．s_b は，腐食速度の最大値が裸鉄筋の腐食速度と同程度であるとの仮定を採用している「鉄道構造物等維持管理標準・同解説（構造物編）コンクリート構造物」[6] を参考にして，鋼材位置付近の細孔溶液の pH が 9.5 まで低下した際の最大腐食速度を 8.0×10^{-3}（mm/年）に設定した上で，これを右辺第 1 項と同様に水分到達 1 回あたりの鋼材腐食深さに換算した値である，2.2×10^{-5}（mm）を目安値とすることとした．

（iii）上記の式（4.4.2）中の I は，中性化の進行に伴う pH 低下による鋼材の不動態被膜の状態を表す指標であり，I が中性化の進行度に応じて $0 \leq I \leq 1$ の範囲で変化することで，pH 低下に伴う鋼材腐食速度の増加を表現した．この I は，任意の供用期間における中性化深さの関数として次式により求めることとした．

$$I = \frac{\alpha\sqrt{t} - D_N}{D_I} \qquad (0 \leq I \leq 1)$$

(4.4.3)（［標準附属書］1 編 式（解 3.3.5））

ここに，α：中性化速度係数（mm/√年），D_N：かぶりから D_I を減じた距離（mm），D_I：かぶりコンクリートの pH 分布を考慮した，かぶりから定まる中性化残り（mm）．

D_I は，鋼材位置付近の細孔溶液の pH が 11.5 になった際の pH9.5 から pH11.5 までの距離（**図 4.4.2**）であり，かぶりコンクリートの pH 分布を考慮した，かぶりから定まる中性化残りと定義した．

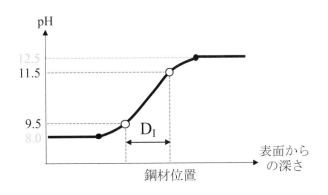

図 4.4.2 D_I **の概念図**

（iv）鋼材腐食が開始する中性化残りとしては，一般に 10mm の一定値が用いられることが多いが，pH 分布の傾きは中性化が進むほど緩やかになると考えられるため，本劣化予測式では，腐食開始時（厳密には腐食速度が増加し始める際）の中性化残りを一定とせず，かぶりによって変化するものと仮定した．既往研究 [7-10] から pH 分布のデータを収集し，表面から pH11.5 までの距離を見かけのかぶりと便宜的にみなした上で，見かけのかぶりと D_I との関係を整理した結果，見かけのかぶりと D_I との間には極めて良好な関係性が認められたことから，D_I をかぶりの関数として次のように定式化した．

$$D_I = 0.4c + 0.6 \tag{4.4.4}$$

ここに，c：かぶり（mm）．

　ただし，かぶりが小さい場合，表層部の品質が低下することが報告されている[11]．上記の D_I を定式化する際に用いた既往研究の pH 分布は，そのほとんどが無筋供試体の結果であるため，上記の D_I には，かぶりが小さい場合の品質低下の影響は考慮されていない．同一のかぶり，中性化深さにおいて，かぶりコンクリートの品質のみ異なる場合，pH 分布の傾きは，品質が低いほど小さくなると考えられる．したがって，例えばかぶりが 10mm の場合，上式により求められる D_I は 4.6mm となるが，現実の鉄筋コンクリートでは品質低下によりこの値よりも大きくなる可能性がある．そこで本劣化予測式では，かぶりが小さい場合の品質低下の影響を考慮するため，最終的に次式に示すように D_I がかぶりに応じてトリリニアに変化するものとした．

$$D_I = \begin{cases} c & (c < 10) \\ 10 & (10 \leq c \leq 23.5) \\ 0.4c + 0.6 & (c > 23.5) \end{cases} \tag{4.4.5}$$

　（v）［設計編］の中で求められる鋼材位置への水の年間到達回数は，設計における安全側の評価を担保するため，6 都市の 10 年分の降水量記録から求めた全ての回帰曲線を包含する形になっている．本劣化予測式では，より正確な劣化進行の予測を行うため，安全側の評価を担保する余裕分を除去した 6 都市の平均的な降雨特性を表現するため，式の形（$N_w = a \cdot exp(b \cdot T)$）を残した上で，次式に示すように係数を維持管理に最適化した値に修正した．

$$N_w = 211 \cdot exp(-0.1 \cdot c^2 / q^2) \tag{4.4.6}（［標準附属書］1 編 式（解 3.3.5））$$

　（vi）腐食ひび割れ発生後（$t > t_{cr}$）の鋼材の不動態被膜の状態を表す指標 I と水分浸透速度 q は以下のように考えることができる．ひび割れが鋼材まで貫通している場合には，かぶりコンクリートの中性化残りが 0mm になるより前に鋼材周辺が中性化する場合もある[12]．そこで，腐食ひび割れ発生後は，中性化が鋼材位置まで瞬時に進行すると仮定し，その時点の中性化深さによらず，不動態被膜の状態を表す指標 I が $I = 1$ になるものと仮定した．腐食ひび割れが水分浸透に及ぼす影響については，ひび割れを有する場合，水はひび割れ中を優先的に浸透する[13]ことやひび割れが吸水を促進する[14]ことが報告されていることから，ひび割れ後の水分浸透速度係数を 2 倍にすることでひび割れが水分浸透に及ぼす影響を考慮することとした．なお，水分浸透速度を変化させたことによる予測値の変動は，1～2 倍の差に対して，2～5 倍の差は相当に小さいことを確認しており，ひび割れ後の水分浸透速度係数を 2 倍にすることで予測精度が向上することを確認している．以上より，腐食ひび割れ発生後（$t > t_{cr}$）の鋼材腐食深さは，次式により求めることができる．

$$s(t) = \sum_{i=1}^{t} \left(5.0 \cdot 10^{-3} \cdot exp(-0.025 \cdot c^2 \cdot q^2)\right) \quad (t > t_{cr}) \tag{4.4.7}$$

（6）評価および判定

　条文の記述内容を，［維持管理編］全体の統一改訂に合わせ改訂した．

（7）対策

　全体構成および解説表の記述内容を，［維持管理編］全体の改訂方針に合わせ改訂した．解説では，対策の目的を作用の制限と抵抗性の改善とに分け，対策の目的がわかるようにした．対策方法の一つとして水の浸

透の制御が重要であるが，水の浸透を制御する方法として，水の浸透を抑制する方法とコンクリートを滞水状態にすることで酸素の透過を抑制する方法，いわば正反対の対策方法があることを記述し，対策の思想を定めることの重要性を示した．その上で，中性化と水の浸透に伴う鋼材腐食は一般に大気中にある構造物が該当し，このような構造物では常に滞水させることが容易ではないことから，ここでは水の浸透を抑制することを基本とした旨を記述し，その後は広く用いられている水の浸透を抑制する方法について扱うこととした．

(8) 記録

引用箇所の項番号変更に対応したのみで，実質的な内容は 2018 年版から変わっていない．

4.4.2 改訂に際して議論となった事項，今後の課題

潜伏期の定義について，潜伏期が存在しないとの考え方が実務に即しているかが議論になり，［設計編］との整合性も考慮した結果，前述の 4.4.1 (2) に記した結論に至った．

鋼材腐食の進行予測式を例示するかについて議論がなされたが，中性化残りを予測する式のみを提示すると，コンクリートが乾燥している方が湿潤であるよりも中性化が進行しやすくなるため，結果として乾燥している方が鋼材腐食の可能性が高いと判断されてしまう恐れがあり，鋼材腐食に大きく影響する水の作用がうまく反映されないことが課題となった．そこで，中性化の進行と水の影響の双方を踏まえた判断ができるようにするために，中性化と水の浸透の影響を包含した予測式を例示することとした．なお，今回例示した鋼材腐食の進行予測式は，今後の維持管理技術の発展に大きな役割を果たすことが期待されるが，今回初めて示したものであることから，今後活用を進める中で得られた課題を整理し，必要により改訂を考えていくことが望ましい．なお，その際には予測精度の向上と実務における簡便性の両面から検討することが望まれる．

4.5 塩　害

4.5.1 主な改訂内容

(1) 総則

・塩害の定義の見直し

2018 年版では，塩害の定義について，「構造物に生じる塩害とは，コンクリート中における塩化物イオンの存在により，コンクリート中の鋼材の腐食が進行し，腐食生成物の体積膨張によりコンクリートのひび割れや剥離・剥落，あるいは鋼材の断面減少が生じ，ひいては構造物の性能低下につながる現象」としていた．しかし，「塩害とは，コンクリート中における塩化物イオンの存在により，鋼材の腐食が促進される劣化現象」までで十分であり，それ以降の記述部分は必要条件ではないと考え，解説を修正した．

・［標準附属書］1 編 10 章との関係

今回の改訂において，［標準附属書］1 編 10 章「複合劣化」が新設され，中性化，凍害，ASR と塩害の複合劣化に対する記述が充実した．これを受け，2018 年版で中性化との複合劣化のみを「塩害」の章の対象に含めるとしていた箇所を，中性化のみならず他の劣化機構との複合劣化についても 10 章を参照しながら維持管理を行うように，解説を見直した．

（2）点検

・定量的な指標を用いる場合の標準調査の項目の例示

　2018 年版には**表 4.5.1** が示されていたが，この表では，劣化予測や性能評価の方法に連動した情報を得るための調査項目をどのように選定すべきかが曖昧であった．このため，**表 4.5.1** に替わる**表 4.5.2** を示すことで，対策の計画方針と連動した調査項目を具体的に選定できるように例示した．

表 4.5.1　各劣化過程と調査項目の対応の例（2018 年版 ［標準附属書］1 編　解説　表 3.3.1）

劣化過程	外観の変状	塩化物イオン濃度	鋼材の腐食	鋼材の位置	環境条件	コンクリート強度
潜伏期	○	○	△		○	△*
進展期	○	○	○	△	△	△*
加速期	○	△	○	△*	△*	△
劣化期	○	△	○	△*	△*	○

○ : 優先的に実施する項目，△ : 実施が望ましい項目，△* : 必要に応じて実施する項目

表 4.5.2　定量的な指標を用いる場合の標準調査の項目の例（［標準附属書］1 編　解説　表 4.3.2）

対策の計画方針（例）	調査項目の例
潜伏期に対策を実施する場合	コンクリート中の塩化物イオン濃度，鋼材の位置
進展期に対策を実施する場合	鋼材の腐食の発生の有無（鋼材の電位や腐食速度等）
加速期前期に対策を実施する場合	鋼材の腐食（鋼材の腐食速度等），浮き・剥離・剥落の範囲
加速期後期，劣化期に対策を実施する場合	浮き・剥離・剥落の範囲，コンクリートの強度，部材の剛性・耐荷力

（3）予測

・既往の研究実績に基づく方法における塩化物イオンの見掛けの拡散係数

　2022 年版 ［設計編：標準］では，塩化物イオンの見掛けの拡散係数（以下，D_{ap}）の特性値について，見掛けの拡散係数が時間の経過とともに減少することを考慮した式に改訂された．この改訂を受け，［維持管理編］において，この内容を反映すべきかについて審議した．

　審議の結果を以下の箇条書きで示すが，今回の改訂では，2018 年版までの記載方針の変更はせずに，定期点検等で採取したコアを用いたデータに基づいて，塩化物イオンの拡散予測を行うための D_{ap} やコンクリート表面の塩化物イオン濃度（以下，C_0）を設定する方針とした．また，［維持管理編］では，測定材齢に対する留意点のみでなく，構造物の立地環境等の条件に対する考慮が重要であると考えられたことから，環境条件に関する留意点を新たに追記した．なお，示方書の改訂ごとに式の修正を行う作業も大変であり，誤記等があると実務に混乱を招く危険性もあることから，［設計編：標準］に示される式を［維持管理編］でそのまま掲載することは取りやめることとした．

・［設計編：標準］の式を参考にして維持管理を行う場面は，セメント種類や *W/C* 等の情報が明らかな新設の構造物で，かつ実測値がない初期点検等に限られると考えられること

・D_{ap} の変化は比較的若材齢のときに生じる報告が多く[例えば 15,16]，材齢が数年〜数十年が経過した段階で行われる定期点検等の結果には，ほとんど影響しないと考えられること

・D_{ap} の材齢変化を考慮したパラメータ設定を行うために，若材齢の構造物からコア等を採取する点検計画は，実際の構造物の維持管理では考えにくいこと

・D_{ap} や C_0 等が測定材齢により異なることの留意点は 2018 年版 ［維持管理編］から記載されており，材齢

変化に関する解説をこれ以上追加することは不要と考えられたこと

・実構造物調査によって得られる D_{ap} や C_0 の値は，構造物の環境条件に強く影響されることを指摘する報告が多く，構造物の置かれる環境条件を考慮せずに，JSCE-G573「浸せきによるコンクリート中の塩化物イオンの見掛けの拡散係数試験方法（案）」による試験結果に基づき構築された［設計編：標準］の式（例えば，設計耐用年数感度パラメータ k_D で補正した見掛けの拡散係数）を使用して将来予測を行うことは，維持管理段階における実務で混乱を招くおそれが考えられたこと

以下に，同一の材料・配合で作製したコンクリート供試体を異なる環境に暴露して得られた D_{ap} と C_0 について，調査された事例を紹介する．今後，このような調査・研究成果が蓄積されれば，合理的な耐久設計手法の構築に向けたフィードバック用のデータとしての活用も期待できる．

同一の材料・配合で作製したコンクリート供試体を用いて，JSCE-G572「浸せきによるコンクリート中の塩化物イオンの見掛けの拡散係数試験方法（案）」（以下，浸せき法）で得られた D_{ap} と C_0（W/B=40%は 10% NaCl 水溶液に約 20 か月間，W/B=36%は 3%NaCl 水溶液に約 1 年間浸せき）と，新潟県および沖縄県の海岸から 0.1km および汀線に位置する大気中に約 1 年 8 か月暴露（以下，大気中暴露）したときの D_{ap} と C_0 を比較した結果を，図 4.5.1 に示す[17]．浸せき法によるものは，大気中暴露のものより，相当に大きな値を示している．なお，文献 17)では，大気中暴露の環境は，雨掛かりはあるものの，海水等が直接作用せず，乾燥によりコンクリート内部の含水状態が低下する環境であったと報告されている．

桟橋上部工の下部空間（海水面上）を利用して，干満帯（潮の干満により 1 日に 2 回，直接海水に触れる環境），飛沫帯（異常波浪時等に時折波しぶきを直接受ける環境），海上大気中（波しぶきをほとんど受けない環境）に暴露したときの D_{ap} と C_0 を比較した結果を，図 4.5.2 に示す[18]．文献 18)では，同一の材料・配合のコンクリートで海水面上であっても，海水面との相対的な高さの違いにより D_{ap} と C_0 の値は異なり，材齢に伴う D_{ap} と C_0 の変化の傾向も異なることを指摘している．

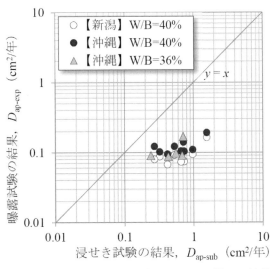
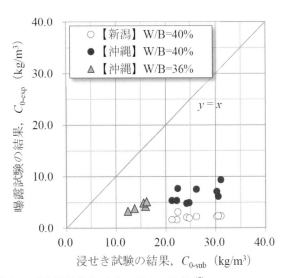

図 4.5.1　塩化物イオンの見掛けの拡散係数および表面塩化物イオン濃度の比較[17]

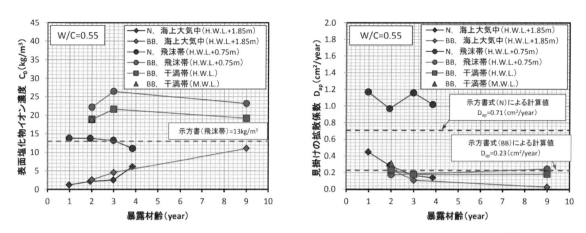

図 4.5.2　塩化物イオンの見掛けの拡散係数および表面塩化物イオン濃度の比較 [18)]

4.5.2　改訂に際して議論となった事項，今後の課題

（1）塩害の影響を受ける構造物における水の作用の影響について

　塩害に限らず，乾湿繰返しを受ける水掛かりのある箇所では，鋼材の腐食速度が大きくなることが知られている [19)]．その一方で，雨掛かり等，水の作用を受ける箇所では，飛来した塩分の洗い流し作用により，コンクリート中への塩化物イオンの浸透量を低減させる検討もある [20)]．このことから，水の作用に関する影響について，点検や対策における解説を記載することについて審議した．

　水掛かりは，特に塩害と中性化の複合劣化を受ける場合に大きな影響を及ぼすことが考えられた．コンクリートが乾燥している期間は中性化が進行しやすいが塩化物イオンは拡散しにくくなるのに対し，雨期になると雨掛かりがある箇所では乾燥した状態からコンクリートの含水状態が高くなるため，水の移流によって塩化物イオンが内部まで浸透しやすくなる．また，道路橋の場合，冬期の路面管理のため凍結防止剤を散布することから，水掛かり箇所は塩害に加えて，凍害，ASR，さらには RC 床版の場合には疲労による劣化が，水の作用によって加速することが知られており，複合劣化が生じやすい環境にある．これを塩害の章に記載することを審議したが，新設した［標準附属書］1 編 10 章「複合劣化」やその他の劣化機構の章との記述の重複を避けるため，今回の改訂では記載を見送った．

　また，水の作用は，鋼材位置における塩化物イオン濃度の経時変化とともに，腐食速度にも影響する．例えば，常に高含水状態にある箇所では，未水和のセメントの反応の進行により組織を緻密化させる可能性もあるが，溶脱によって組織を粗大化させる可能性もある．加えて，コンクリートが常に高含水状態にある箇所では塩化物イオンの移動として移流の影響はなく濃度拡散が支配的となるが，乾湿繰返しを受ける場合には移流と拡散が複雑に絡み合う．一方，常に高含水状態にある箇所では，コンクリート中の酸素濃度が低下するため鋼材腐食の進行が遅くなるが，乾湿繰返しを受ける箇所では腐食に必要な酸素が適度に供給されるため鋼材の腐食速度は大きくなる．このように，水の作用は塩害の影響を受ける構造物の性能低下において重要な要因となることに間違いはないが，これらの留意点は新設された［標準附属書］2 編 2.2「性能評価における作用の考慮」に解説されている．このことから，解説の重複を避けるため，今回改訂では記載を見送ることとした．

　水の対策としては，塩害では一般に表面処理を行うことで塩化物イオンや水の供給を制限する方法を既に記載している．また，対策として，積極的にコンクリート表面に付着した塩分を散水により除去する方法の紹介について審議したが，現状は定量的に除塩効果を示せないことから，今回改訂では見送ることとした．

(2) 類似の環境および構造物の調査データ，供試体を用いた自然暴露試験結果から，潜伏期および進展期の維持管理限界を検討した事例の紹介

　［標準附属書］1編 3.2「維持管理計画」の解説では，「一般には，維持管理限界として，鋼材位置におけるコンクリート中の塩化物イオン濃度，鋼材の電位から推定される鋼材の発錆の有無や，分極抵抗による腐食速度等を設定する」ことを記載している．また，同 3.3.3.3「鋼材腐食の進行予測」の解説にて，「塩害の影響を受ける構造物における鋼材腐食発生限界濃度は，対象構造物と類似の環境および構造物の点検結果がある場合，もしくは対象構造物と類似の材料・配合を用いた供試体による類似環境での自然暴露試験結果がある場合には，それらから得られた，鋼材位置における塩化物イオン濃度と鋼材の腐食状態との関係から設定してもよい」ことも記載している．これらの具体的な内容について改訂資料にまとめるのがよいとの意見が挙がり，ここに紹介することとした．

　図 4.5.3 は，供用中の桟橋上部工の梁と床版において測定された自然電位と，自然電位の測定位置にて鉄筋を露出させて，表 4.5.3 を参考に鉄筋腐食度を評価した結果の関係を整理した事例である[21),22)]．これによれば，両者はばらつきが大きいものの，概ねよい相関関係にあることが伺える．また，自然電位の値で-200 mV vs. CSE より電位が貴であった箇所では鉄筋腐食の進行は軽微である可能性を，また，それよりも卑であると鉄筋腐食の進行が進んでいる可能性が考えられる結果となっている．このように，対象構造物と類似の環境および構造物における既往の調査データが蓄積されていれば，自然電位を指標とした維持管理限界を設定することもできる．なお，この自然電位-200 mV vs. CSE は ASTM C 876（Standard Test Method for Half-Cell Potentials of Reinforcing Steel in Concrete）による腐食判定基準の数値と一致しているが，この-200 mV vs. CSE が重要なのではない．本事例に限られる偶然に一致した数値と解釈すべきものである点に注意されたい．

表 4.5.3　目視による鉄筋腐食度の区分[21)]

段階の表示	腐食の目視による観察状況
0	施工時の状況を保ち，以降の腐食が認められない
I	部分的に腐食が認められる．軽微な腐食
II	表面の大部分が腐食している 部分的に断面が欠損している
III	鉄筋の全周にわたり断面の欠損がある
IV	鉄筋の断面が 20% 以上欠損している

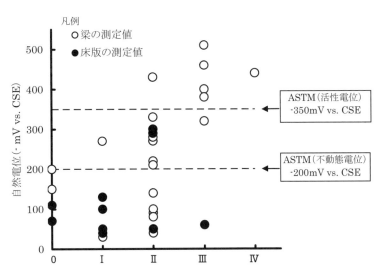

図 4.5.3　スラブの鉄筋の自然電位測定値と目視腐食度区分の関係[22)]

　　図4.5.4は，凍結防止剤による塩害が懸念される道路橋の橋脚および橋台（一部，高欄も含む）において，鉄筋の腐食グレードおよび鉄筋位置におけるコンクリート中の塩化物イオン濃度を測定し，両者の関係を示した事例である[23]．両者の関係はばらつきが大きいものの，鉄筋位置における塩化物イオン濃度が 2.4kg/m³ を上回ると，鉄筋腐食グレードⅢ以上のものが増加する様子が伺える．このことから，文献22)では，鉄筋位置における塩化物イオン濃度 2.4kg/m³ を目安として対策工法の検討を行うことで，経済的かつ合理的な対策工法の選定できる可能性を述べている．

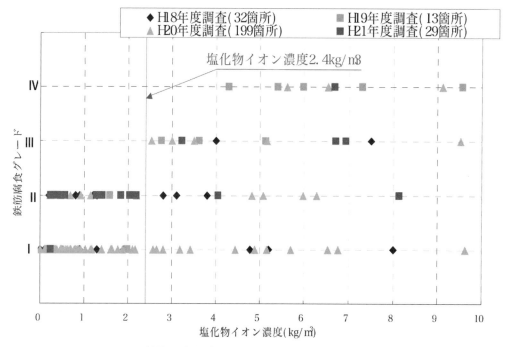

図4.5.4　鉄筋の腐食グレードと塩化物イオン濃度の分布図[23]

　　図4.5.5は，海洋環境下に位置する港湾 RC 構造物に対象を限定し，港湾空港技術研究所内の海水循環水槽の干満帯および海中部に 15 年間暴露した鉄筋コンクリート供試体（φ150×300mm）を用いて，鉄筋位置における塩化物イオン濃度と鉄筋の腐食面積率の関係から，鋼材腐食発生限界濃度（以下，C_{lim}）を検討した結果である[24]．なお本検討で用いられた供試体は，かぶり 20，40 および 70mm となるようφ9mm 丸鋼が埋設されている．また，普通ポルトランドセメント，高炉セメント A 種，B 種，C 種，フライアッシュセメント B 種の計 5 種のセメントを使用し，W/C=0.45，0.55 の配合にて検討を行っている．この結果によれば，干満帯においては C_{lim} の下限値は 2.0kg/m³ 程度であり，海中部では鉄筋位置における塩化物イオン濃度が高くなってもほとんど腐食していなかったことを報告している．また，この 2.0kg/m³ にはコンクリートの飽水率が大きいことにより鉄筋腐食の開始が見掛け遅くなった影響も含まれていることを考察した上で，比較的湿潤した環境に位置する港湾コンクリート構造物の C_{lim} の値としては，干満帯における結果を参考にできることを提案している．なお，「港湾の施設の技術上の基準・同解説　平成 30 年」には，この試験結果に基づき，C_{lim}＝2.0kg/m³ を用いて塩害に対する耐久性に関する照査を行う方法が示されている．

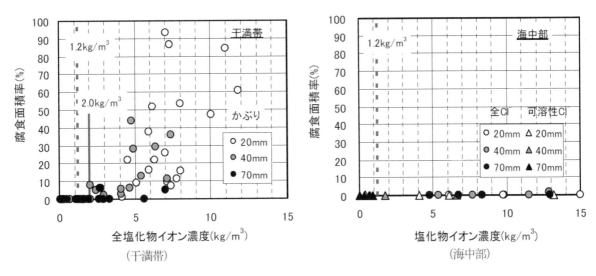

図 4.5.5　鉄筋位置の塩化物イオン濃度と腐食面積率の関係 [24)]

　図 4.5.6 には，東京湾に立地し，建設後 26～36 年経過した 7 つのドルフィンの底面に対する調査結果に基づき，二重対極センサを用いた交流インピーダンス法により測定した分極抵抗から求めた腐食速度と，鉄筋位置における塩化物イオン濃度の関係を整理した結果を示した [25)]．なお，対象ドルフィンには普通ポルトランドセメント，W/C=0.5 のコンクリートが使用されている．また，ドルフィンの底面は干満帯および飛沫帯に位置し，鉄筋位置におけるコンクリートの飽水率は 75～90％の高含水状態であったことが報告されている．加えて，設計かぶり 100mm に対して，はつりによる実測のかぶりは 50～190mm の範囲に幅広く分布していたことも報告されている．**図 4.5.6** によれば，鉄筋の腐食速度と鉄筋位置における塩化物イオン濃度の関係はばらつきが大きいものの，塩化物イオン濃度が 2.0 kg/m³ より大きいと鉄筋の腐食速度も大きくなることから，港湾 RC 構造物の C_{lim} は 2.0 kg/m³ 以上に存在する可能性があることを示唆している．なお，この C_{lim} は供試体暴露に基づく文献 24）の結果ともほぼ一致している．

　以上，鋼材位置における塩化物イオン濃度，鋼材の自然電位，分極抵抗による腐食速度から，維持管理限界（紹介事例は C_{lim}）を設定した事例を紹介した．なお，これらの事例による結果は，対象構造物と類似した環境条件および構造物に対して参考にできるものであり，調査によってデータの質や量が十分に取得できたときに設定できるものである．維持管理の重要性が認知されている今後は，個々の構造物に対する点検データ数は増加していくものと思われる．既存の構造物に対する診断や補修設計，さらには今後新設される構造物の耐久設計等に活用していくためのアプローチとして，紹介した事例が参考となることを期待する．

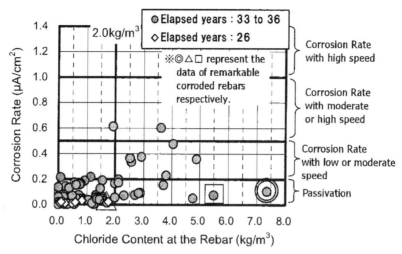

図 4.5.6　分極抵抗から推定した腐食速度と鉄筋位置の塩化物イオン濃度の関係 [25]

4.6　凍　　害

4.6.1　主な改訂の内容

　［本編］と［標準］の改訂，および［標準附属書］1 編「劣化機構」の構成全体の見直しを受け，この凍害の章でも条文並びに構成の見直しを行った．構成の見直しに伴い，2018 年版では凍害の章の「評価および判定」の節に配置されていた「外観上のグレードと標準的な性能低下」に関する解説表は 5.2「維持管理計画」に移設された．また，2018 年版の解説表「各劣化過程と調査項目の対応の例」は，［標準附属書］1 編 **解説表** 5.3.2「定量的な指標を用いる場合の標準調査の項目の例」として，内容の充実を図った．さらに，2018 年版の解説表「詳細調査の項目の例」は，［標準附属書］1 編 **解説 表** 5.3.3「調査項目の例」として，5.3.2「点検」の 5.3.2.1「一般」に移設した．

（1）総則

　凍害による劣化の進行は水の供給の程度に大きく影響を受ける．また，凍害によるひび割れは，**図 4.6.1** に示すように，コンクリート表面に対して水平方向に生じることが多い．現場によっては，数 mm 間隔で層状に発生していることもある．これは，コンクリート中の水分の体積が凍結して膨張し，その膨張圧によって，膨張拘束されていない外側へコンクリートが押し出されることによる．そして押し出されたコンクリートが剥がれることで，スケーリングが進行する．このように水分の供給とひび割れの進行に関する知見を踏まえて，解説の記述を見直しと充実を図った．

図 4.6.1 凍害によるひび割れ

（2） 維持管理計画

凍害特有の留意事項として，水や塩化物の供給程度，日射の影響，外気温（最低温度），凍結融解回数等の環境条件や構造物の使用条件を列挙し，これらを想定して維持管理限界を設定することを解説に示した．また，時間的な余裕を見込んだ適切な維持管理限界を設定するのがよい理由を解説に示した．

（3） 診断

凍害においては，日常点検に基づく評価は外観上の変化をグレーディング等による方法で行うことを示した．また，定期点検では，外観上の変状に加えて，必要に応じてスケーリング深さや内部の損傷の深さ等，定量的な指標も併用して評価することがあることを示した．これらに加えて，凍害においては，水や塩化物の供給程度，日射の影響，外気温（最低温度），凍結融解回数などの環境条件が劣化の要因となるので，劣化の進行や対策を検討する際にはこれらの環境条件や作用を把握する調査が重要であることを示した．

（4） 予測

今回の改訂では，［標準附属書］1 編 **解説 図 5.3.1** に示す凍害による劣化の概念図およびスケーリングの予測について，内容を充実させた．2018 年版の図を尊重しつつ，深さ方向に伸びる微細ひび割れの長さが，鋼材の太さやスケーリング深さに対して長いことから，サイズの見直しを行った．具体的には鋼材の削除や，深さ方向の微細ひび割れの長さを短くするなどの修正を行い，現実的な形に近づけた．

一方，スケーリングの予測については，2018 年版［維持管理編］改訂資料に掲載された式（4.6.1）に示すスケーリング進行予測式の実用化について，議論を行った．

$$D_m = ae^{b\log\frac{t}{A}} \tag{4.6.1}$$

ここに，D_m：スケーリングの程度を定量的に表す指標（例えば，スケーリング量，深さ），t：凍結融解履歴で，一般に供用年数（年），A：t を無次元化させる係数で，一般に調査時の供用年数の 1/2，a, b：データから定まる係数．

A は t の無次元化を目的とした任意の値である．これは，式の左辺に時間の単位がないために設定されたものである．しかし，調査時の供用年数の 1/2 とすると，A は調査時期に依存するため常に一様とはならず，経

年調査のたびに式の係数が変化し，また，各現場の a, b を横並びで評価することが難しくなるなど課題がある．そこで，任意の値である A は 1 に固定する．すると，式は次のように整理できる．

$$D_m = ae^{b\log\frac{t}{1}} = ae^{b\log t} = at^{b\log e} = at^{0.43b} \tag{4.6.2}$$

ここで，$0.43b$ を一括りに k で表すと，式（4.6.3）のように t の累乗根の関数の形で表現できる．

$$D_m = at^k \tag{4.6.3}$$

式（4.6.1）と式（4.6.3）は，見た目は異なるが，内容的には同じである．

実環境において，大きな環境変化がなく，コンクリート表面が毎年，同程度の水分や塩分および凍結融解の作用を周期的に受ける場合，スケーリング深さの経年変化を式 (4.6.3) で表せることが報告されている [26]．このこともふまえ，今回の改訂では，式（4.6.3）は改訂資料への掲載にとどめたが，式（4.6.3）のエッセンスについては標準附属書に示すこととし，スケーリングの進行は t^n 則等の経過時間 t の関数によって便宜的に予測できる旨を新たに記載した．

（5）対策

対策の方向性が「点検強化」，「補修・補強，供用制限」，「解体・撤去」に分類され，「補修・補強，供用制限」については，さらに「劣化に関わる作用の制限」等 4 項目に分類された．その結果を受けて，外観上のグレード，劣化過程と対策との関係の例を示す［標準附属書］1 編 **解説 表**5.4.1 が改訂された．凍害に関しては，水や塩化物の供給を抑制して作用を制限することや，表面処理等により劣化に対する抵抗性を改善することが実効的であるため，そのことを踏まえてこの表の改訂を行った．また，補修に期待する効果と工法の例を示す［標準附属書］1 編 **解説 表**5.4.3 も同様の観点から改訂した．

4.6.2　改訂に際して議論となった事項，今後の課題

今回の凍害に関する改訂では，2018 年版の内容を踏襲するものの，［本編］や［標準］の改訂に対応し，かつ，コンクリート委員会 359 小委員会（コンクリート構造物の耐凍害性確保に関する調査研究小委員会）での議論の結果も踏まえた．今回の改訂では作用の重要性に配慮したものの，作用を定量的かつ合理的に評価する方法は十分に確立されているとは言い難い．作用を適切に評価できるようになれば，それを考慮することでより確からしい対策の方針を決定することができるようになる．また，作用の応答として現れる表面損傷や内部損傷を評価する技術開発が継続的になされているものの，構造物の性能を評価するという観点からすれば，効率性および経済性の観点からはまだ実務に耐えられるレベルになっているとは言い難い．広範囲の作用ならびに損傷を定量的かつ経済的に把握できる点検技術が求められるとともに，その結果を構造物の性能に落とし込むモデルの開発が求められる．加えて，近年では補修箇所の再劣化も課題として認識されている．補修効果の適切な評価方法やその結果を維持管理計画にフィードバックする方法について議論を進める必要がある．

4.7　化学的侵食

4.7.1　主な改訂内容

化学的侵食に関しては基本的に 2018 年版を踏襲しているが，［維持管理編］全体の改訂方針等も踏まえて内容を精査し，一部見直しを行った．主な改訂内容を以下に示す．

（1）総則

化学的侵食を引き起こす物質と，それによる侵食メカニズムの繋がりをより明確にするために，解説を「水和物の溶解による侵食」と「膨張性物質の生成に伴う侵食」の2つのメカニズムに分けた記述とした．

（2）維持管理計画

維持管理限界の設定例（［標準附属書］1編 **解説 表** 6.2.2）に加え，維持管理計画を立案する際の有益な情報として，化学的侵食による劣化過程と性能低下の一般的な関係（［標準附属書］1編 **解説 表** 6.2.1）を示した．なお，維持管理計画に関する解説をより具体的な内容としたことから，総則における維持管理区分に関する記述は削除した．

（3）診断

診断の仕組みをより明確にするために，6.3.1「一般」の解説に，診断および点検の種類とそれを踏まえた評価方法についての記述および表（［標準附属書］1編 **解説 表** 6.3.1）を追加した．なお6.3.2「点検」に関しては，他章と同様，一般，初期点検，日常点検，定期点検を基本として主な調査項目（［標準附属書］1編 **解説 表** 6.3.2）を示すとともに，これまで「詳細調査」として扱っていた内容は，維持管理計画の想定と異なる変状が確認された場合に実施する「臨時点検」に含まれるものとして再整理した．予測および評価判定では，用語の見直しへの対応や，解説において説明が不足している部分の追記等を行っている．

（4）対策

他章と同様に，対策の種類を，点検強化，作用の制限，劣化への抵抗性の改善および力学的な抵抗性の改善，解体・撤去に分類し，外観上のグレードおよび劣化過程との対応を**表** 4.7.1（［標準附属書］1編 **解説 表** 6.4.1）として示した．また，2018年版において「補修工法・材料の選定」「補修後の維持管理」となっていた2つの条文を，「補修」として一つにまとめ，それぞれ補修を構成する「補修の設計と施工」と「補修後の維持管理」という形式に整理した．さらに，2018年版における「補修に期待する効果と工法」に関する解説および解説表を，より具体的な内容となるよう見直すとともに，関連指針等についても新しい情報を加えた（**表** 4.7.2（［標準附属書］1編 **解説 表** 6.4.2））．

表 4.7.1 外観上のグレード，劣化過程と対策の例（［標準附属書］1編 解説 表 6.4.1）

| 外観上の グレード | 劣化過程 | 点検強化 | 補修・補強，供用制限 | | | | 解体・撤去 |
			劣化に関わる 作用の制限	力学的な 作用の制限	劣化への抵抗性 の改善	力学的な抵抗性 の改善	
グレードI	潜伏期		○**		○**		
グレードII	進展期	◎	◎	○**	○	○**	
グレードIII	加速期	◎	◎	○	◎	○	
グレードIV	劣化期	○	○	◎	○	◎	◎

◎：標準的な対策

○：場合によっては考えられる対策，○**：予防的に実施される対策

表 4.7.2　補修に期待する効果と工法の例（[標準附属書] 1 編 解説 表 6.4.2)

期待する効果		工法例	関連指針
劣化に関わる作用の制限	劣化因子の供給を抑制	表面処理, 換気・洗浄	CL119
力学的な作用の制限		供用制限等	
劣化への抵抗性の改善	物質移動抵抗性の改善	表面処理, 断面修復	CL119, CL137
	断面の回復	断面修復, 埋設型枠	CL119, CL123
力学的な抵抗性の改善	力学的な性能の回復	FRP 接着, 断面修復, 増厚, 巻立て	CL119, CL123, CL95, CL101

CL：土木学会コンクリートライブラリー

4.7.2　改訂に際して議論となった事項，今後の課題

　一般的に化学的侵食として扱われる劣化現象の範囲が広く，その定義と整理が不明確な部分があることが指摘された．具体的には，

・化学的侵食のメカニズムによる区別の明確化

・化学反応を伴わない硫酸塩の析出圧による劣化現象の取扱い

・ソーマサイトや DEF の取扱い

　1 番目の項目については，主として硫酸劣化と硫酸塩劣化に区別する従来の方針を踏襲しつつも，そのメカニズムの違いをより明確にするために，総則の解説において「水和物の溶解による侵食」と「膨張性物質の生成に伴う侵食」という 2 種類に分類する記述とすることで対応した．併せて，2 番目の項目のような，セメント水和物との化学反応を伴わない劣化が化学的侵食の対象となるのか，という議論もなされた．現状では他に該当する劣化機構がなく，間接的には化学的作用による劣化現象とも考えられることから，2018 年版同様，解説に加えておくこととした．

　一方，3 番目のソーマサイトや DEF の取扱いについては，種々の論文報告や他の学協会での委員会活動が開始されるなど我が国全体として研究の進展はあるものの，現時点で未だ十分な知見がまとまっているとは言えない状況と判断し，示方書として取り扱うことは見送ることとした．当該分野における今後の研究の動向に加え，これらの劣化現象を化学的侵食の対象とすることの是非も含め，引き続き今後の検討課題として申し送ることとなった．

4.8　アルカリシリカ反応

4.8.1　主な改訂内容

　[標準附属書] 1 編 7 章は 2018 年版の内容を踏襲し大きな内容変更は行っていないが，示方書での用語の取り扱いの変更に伴い一部構成を変更するとともに，内容を精査して見直しを行った．主な改訂内容を以下に示す．

（1）維持管理計画

　アルカリシリカ反応については，1986 年に旧建設省技術調査室よりアルカリ骨材反応暫定対策が通達され，その後 JIS でアルカリシリカ骨材反応抑制対策が規定された．アルカリシリカ反応に関する調査・研究が進みその知見が蓄積されるとともに，アルカリシリカ反応に対する抑制対策は少しずつ改訂されてきた．アルカリシリカ反応に対する抑制対策が規定された後に建設された構造物については，アルカリシリカ反応による劣化が生じる事例は極めて少なくなった．このように，構造物の建設年代によりアルカリシリカ反応によ

る劣化が発生するリスクは大きく異なる．そこで，維持管理計画を策定する際の参考となるようアルカリシリカ反応抑制対策の変遷を**表 4.8.1**（［標準附属書］1 編 **解説 表** 7.2.1）に示し，説明を加えた．

表 4.8.1　アルカリシリカ反応抑制対策の変遷（［標準附属書］1 編 解説 表 7.2.1）

1986 年	旧建設省技術調査室よりアルカリ骨材反応暫定対策が通達された． JIS A 5308「レディーミクストコンクリート」にアルカリ骨材反応抑制対策が規定された． JIS R 5210「ポルトランドセメント」に低アルカリ形が規定された．
1987 年	JIS A 6204「コンクリート用化学混和剤」に全アルカリ量が規定された．
1989 年	旧建設省技術調査室より「アルカリ骨材反応抑制対策について」が通達され，「アルカリ骨材反応暫定対策について」のうち抑制効果のある混合セメントなどの使用に関する記述と，化学法およびモルタルバー法の試験方法が小改訂された． JIS A 5308「レディーミクストコンクリート」の化学法およびモルタルバー法の試験方法とアルカリ骨材反応抑制対策の方法について旧建設省技術調査室の通達と整合するように改訂された．
1990 年	旧建設省技術調査室より「コンクリート構造物に使用する普通ポルトランドセメントについて」が通達され，全アルカリ量の上限が 0.75% と規定された．
1992 年	JIS A 1804「コンクリートの生産工程管理用試験方法－骨材のアルカリ反応性試験方法（迅速法）」が制定された．
2002 年	国土交通省技術調査室などから「アルカリ骨材反応抑制対策」が通達され，抑制対策の見直しと優先順位が示された（アルカリ総量を規制する抑制対策，抑制効果のある混合セメントなどを使用する抑制対策，安全と認められる骨材を使用する抑制対策の順）．
2003 年	JIS A 5308「レディーミクストコンクリート」のアルカリシリカ反応抑制対策の記述の順番が修正された（アルカリ総量を規制する抑制対策，抑制効果のある混合セメントなどを使用する抑制対策，安全と認められる骨材を使用する抑制対策の順）．

※通達名については，当時の「アルカリ骨材反応」という名称をそのまま記載している

（2）点検

・調査項目の例

調査の際の参考となるように，2018 年版［標準附属書］1 編でも示されていた調査項目の例に関連基準を追記した（［標準附属書］1 編 **解説 表** 7.3.3）．

・アルカリシリカ反応を生じているか否かを確認のための調査

構造物の劣化がアルカリシリカ反応によるものか否かを確認するために，化学法やモルタルバー法を用いてコンクリートに使用された骨材のアルカリシリカ反応性を調査している場合がある．この時，実構造物から取り出した骨材を使用してアルカリシリカ反応性試験を実施した場合，コンクリートから骨材を取り出す際に使用される薬剤（酸）の影響やすでに骨材が反応していることにより，骨材のアルカリシリカ反応性を正しく判定することができない．したがって，構造物にアルカリシリカ反応が生じている可能性を調べるために骨材のアルカリシリカ反応性試験を実施する際には，実構造物から取り出した骨材を使用するのではなく，実構造物に使用されたものと同じ未使用の骨材を使用しなければならない．［標準附属書］1 編 **解説 表** 7.3.3 では ASR が生じていることの確認のための調査方法の例として骨材の反応性を直接確認する方法を示しているため，前述した誤解が生じないように解説に以下の説明を加えた．

「なお，ここではコンクリートに使用された骨材と同等の骨材に対する反応性の有無を確認する調査項目を示している．構造物から採取したコンクリートから薬剤（酸）によって処理をして取り出した骨材を試験した場合には，既に骨材が反応していることや，コンクリートから取り出す際の薬剤（酸）の影響などにより反応性の有無が正しく判定できないので，採取したコンクリートから取り出した骨材の調査方法には化学法やモルタルバー法は適用できないことに留意する必要がある．」

（3）鋼材腐食の進行予測

　2018 年版［標準附属書］1 編 6.3.3.3 では鋼材腐食の進行予測に関する条文と解説を記載していた．そこにはアルカリシリカ反応によって生成されるアルカリシリカゲルの影響によりアルカリシリカ反応により生じたひび割れが鋼材腐食に与える影響は小さい場合があることが示されている一方で，塩害の影響のある地域ではコンクリート内部に侵入した塩化物イオンの影響により鋼材が著しく腐食している事例もあることが示されている．現状では，アルカリシリカ反応の影響を考慮した鋼材腐食の進行予測は困難であることから，鋼材腐食の進行予測に関する条文と解説を削除した．

（4）対策

・外観上のグレードと対策

　対策における用語の見直しにより，2018 年版に**表 4.8.2** として掲載していた外観上のグレードと対策の対応を示した表を**表 4.8.3**（［標準附属書］1 編 **解説 表 7.4.1**）のように変更した．抵抗性の改善については，劣化への抵抗性の改善，力学的な抵抗性の改善，劣化・力学的な抵抗性の改善の適／不適について，外観上のグレードとの関係を示した．また，作用の制限については，劣化に関わる作用の制限，力学的な作用の制限の適／不適について，外観上のグレードとの関係を示した．

表 4.8.2　外観上のグレードと対策（2018 年版［標準附属書］1 編 解説 表 6.4.1）

外観上のグレード	点検強化	補修	供用制限	解体・撤去
グレード I	○	○**		
グレード II	○	◎		
グレード III	◎	◎	○	
グレード IV	◎	◎*	◎	◎

◎：標準的な対策（◎*：力学的性能の回復を含む），○：場合によっては考えられる対策，
○**：予防的に実施される対策，

表 4.8.3　外観上のグレードと対策（［標準附属書］1 編 解説 表 7.4.1）

外観上のグレード	点検強化	抵抗性の改善			作用の制限		解体・撤去
		劣化への抵抗性の改善	力学的な抵抗性の改善	劣化・力学的な抵抗性の改善	劣化に関わる作用の制限	力学的な作用の制限	
グレード I	○	○*			○*		
グレード II	○	◎			◎		
グレード III	◎	◎	○	○	◎		
グレード IV	◎	◎	◎	◎	◎	○	◎

◎：標準的な対策，○：場合によっては考えられる対策（○*：予防的に実施される対策）

・補修に期待する効果と工法の例

　2018 年版にも掲載していた，補修に期待する効果と工法の対応例の表は，**表 4.8.4**（［標準附属書］1 編 **解説 表 7.4.3**）に示すように，期待する効果の欄に劣化に関わる作用の制限や抵抗性の改善（劣化，力学的）との関係がわかるように加筆した．また，補修工法を検討する際の参考となるように工法に関する関連指針を表に記載した．

表4.8.4 補修に期待する効果と工法の例（[標準附属書] 1編 解説 表7.4.2）

期待する効果		工法例	関連指針
ASRの進行を抑制	劣化に関わる作用の制限	水処理（止水，排水処理）	
	劣化への抵抗性の改善	ひび割れ注入 表面処理（被覆，含浸） 亜硝酸リチウム内部圧入工法	CL119
ASRの膨張を拘束	力学的な抵抗性の改善	プレストレスの導入，巻立て（鋼板・PC・連続繊維）	CL95，CL101
劣化部を取り除く	劣化への抵抗性の改善	断面修復	CL119
鋼材の腐食抑制	劣化への抵抗性の改善	ひび割れ注入，ひび割れ充填 表面処理（被覆，含浸）	CL119
第三者影響度の除去	力学的な抵抗性の改善	剥落防止	
耐力の回復	力学的な抵抗性の改善	接着（鋼板・連続繊維），プレストレスの導入，巻立て（鋼板・PC・連続繊維），外ケーブル，鋼材の損傷箇所の補修	CL95，CL101

・主としてはっ水性に期待するシラン系の表面含浸材

　表面含浸材については多様な種類のものが開発されており，それが使用される環境条件とその効果との関係が明確でないものもあるため，表面含浸材を選定する際の留意事項として以下の説明を加えた．

　「また，表面含浸材は多様な種類が提案されており，環境条件等によっては必ずしも効果が明確でないものもあることから，実環境での調査結果や適用実績も参考に選定することが望ましい.」

・鋼材損傷に対する補修

　アルカリシリカ反応を生じた構造物では鋼材の破断などの損傷が確認される場合もあることから，以下のように鋼材損傷に対する補修の考え方を示した．

　「ASRによる膨張によって鋼材が破断するなどの損傷が生じた場合には，損傷が生じた引張主鉄筋，せん断補強筋等の鋼材に期待されていた役割を考慮した上で，補修を検討する必要がある．また，ASRによる膨張によってひび割れ等が生じた箇所では，鋼材との付着力が低下または喪失しているおそれがある．このため，損傷した鋼材の代替とする補強材を検討する際には，コンクリートとの付着あるいは定着を適切に確保できるかを十分に考慮する必要がある．プレストレスを導入する場合には，劣化した箇所のコンクリートの弾性係数を正確に評価することは困難であるため，補修箇所の鉄筋やコンクリートのひずみを測定するなどして，適切なプレストレスを導入できているかを確認する必要がある.」

4.8.2 改訂に際して議論となった事項，今後の課題

　アルカリシリカ反応の影響を受けた構造物の維持管理において，今後の膨張の進行を予測することが重要である．現状ではアルカリシリカ反応による膨張を精度よく予測する方法は確立されていない．コンクリートの促進養生試験により比較的短期間で生じた膨張から将来の膨張の可能性を評価する方法が試みられているものの，促進養生条件と実環境の条件とが大きく異なるため，促進養生試験による膨張性と実環境における膨張性は必ずしも一致しないことに留意する必要がある．今のところ，実構造物の膨張を2〜3年以上にわたって継続的に収集し，アルカリシリカ反応による膨張の進行を予測するのが実用的であると考えられる．ただし，このモニタリングには長い期間を要することから，アルカリシリカ反応による膨張の進行をできるだけ短期間で精度よく予測できる手法の確立が望まれる．これに加えて，アルカリシリカ反応の影響を受けた構造物や部材の現状の性能や将来の性能を精度よく評価する手法の確立も望まれる．

4.9　疲　　労

（1）一般

　2018 年版では「疲労」の章から「道路橋床版」を独立させ別の章とする大改訂が行われた．大改訂後の今回は，あらためて内容を精査するとともに，［標準］の変更に伴う構成の変更と，冗長となっていた解説文の修正に留めた．

（2）　維持管理計画

　従来記載されていた，維持管理区分 A と維持管理区分 B の記述は，［標準］の変更に伴い削除した．

（3）　対策

　「対策の選定」で記載していたはりの疲労に対する劣化および力学的な抵抗性の改善のための工法・材料に関する表を「補修および補強」の節に移し，2018 年制定版で示されていた各種工法が「力学的な抵抗性の改善」の例であることを明示した（**表 4.9.1**（［標準附属書］1 編 **解説 表 8.4.1**））

表 4.9.1　はりの疲労における補修および補強に期待する効果と工法の例（[標準附属書] 1 編 解説 表 8.4.1）

期待する効果	工法例	関連指針
耐力の回復と向上（力学的な抵抗性の改善）	鋼板・FRP 接着，外ケーブル	CL95，CL101
剛性の回復と向上（力学的な抵抗性の改善）	鋼板接着	CL95

4.10　すりへり

4.10.1　主な改訂内容

　今回の改訂では，用語の定義を見直すとともに，現実的な維持管理が行えるよう，すりへり速度や評価手法に関して記述を追加した．主な改訂点を以下にまとめる．

（1）用語の定義

　2018 年版では「エロージョン」をすりへりのメカニズムの一つとしていたが，ACI Committee 210[27]では「エロージョン（Erosion）」をキャビテーションや摩耗，化学的作用による浸食等の総称と定義しているため，今回の改訂では 2018 年版の「エロージョン」を「摩耗」と表現することとした．

（2）すりへり速度

　表 4.10.1 に，農業用水路の底版を対象としたすりへり深さの調査結果の例 [28),29),30)]を示す．表中のすりへり速度は，農業用水路であることを考慮して通水期間をかんがい期の半年間（180 日間）として算定し，1 年間通水した場合のすりへり速度はその 2 倍として算定した．これより，No.1～5 のすりへり速度は 0.6～1.3mm/年，No.6～10 のすりへり速度は 0.1～0.3mm/年となっており，水路によってばらつきが大きいことがわかる．すりへり速度は，コンクリート強度や流速，土砂等の混入状況によって大きく影響を受けるため，定量的な評価は困難であるが，今回の改訂では維持管理時の参考となるようにこれらの数値を示すこととした．

表 4.10.1　水路調査結果によるすりへり速度の例

No.	供用年数 (年)	すりへり深さ (mm)	すりへり速度(mm/年)		すりへり試験による すりへり速度 (mm/h)
			通水期間 半年	通水期間 1年	
1[28]	40	12.3	0.308	0.615	－
2[28]	51	32.4	0.635	1.271	－
3[28]	35	17.2	0.491	0.983	－
4[28]	38	14.2	0.374	0.747	－
5[28]	38	12.8	0.337	0.674	－
6[29]	52.5	3.65	0.070	0.139	0.122
7[29]	52	7.33	0.141	0.282	0.175
8[29]	35.5	3.0	0.085	0.169	0.133
9[29]	32	4.4	0.138	0.275	0.200
10[30]	35	5.0	0.143	0.286	－

（3）試験による評価手法

　表 4.10.1 に示した結果のうち，No.6〜9 については水路のコンクリートに対してすりへり試験（水砂噴流試験）を実施しているため，試験結果から算定したすりへり速度を表 4.10.1 に併記し，調査結果から算定したすりへり速度との比較を図 4.10.1 に示す．図より，両者の間に相関が認められることがわかる．すなわち，すりへり試験によって得られるすりへり速度は，構造物におけるすりへり速度と相関が高く，すりへり試験の結果から算定されるすりへり速度は，構造物におけるすりへり速度を相対的に評価していると考えてよいこととした．例えば，すりへりが生じる構造物を補修する場合，調査によって構造物のすりへり速度を算定するとともに，構造物から採取したコンクリート，もしくは同じ品質のコンクリートと補修に使用する材料とのすりへり速度をすりへり試験によって算定すれば，その比から補修後の構造物のすりへり速度を評価することができる．ただし，すりへり試験には多くの試験方法があるため，調査対象の構造物が受ける作用を適切に考慮して試験方法を選定し，評価する際には同一試験方法による結果を用いなければならない．

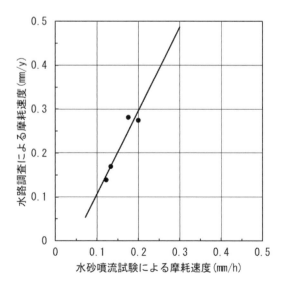

図 4.10.1　調査結果と試験結果との比較

4.10.2　今後の課題

すりへりの章が新設された 2007 年版以来の課題として，すりへりの作用および抵抗性の定量的な評価手法の確立が挙げられる．すなわち，作用については，流速や混合物，衝撃，継続時間等の条件が一定でないことから定量的な評価は困難であり，抵抗性についても，コンクリート強度等から定量的に評価することは現状では困難である．今回の改訂では，構造物に対するすりへりの調査結果やすりへり試験の結果から，すりへり速度を定量的に評価するための方法論について示した．今後，すりへりに関する維持管理の情報や事例，試験結果等が広く公表され，定量的な評価手法が確立されることが望まれる．

4.11　複合劣化

4.11.1　作成の経緯と概要

従来から［維持管理編］の基本的な考え方として，劣化機構を特定した上で，各劣化機構に応じた適切な維持管理を実施することを原則としてきた．このための劣化機構推定の方法は［標準］4 章「劣化機構の推定」に記述され，各劣化機構を考慮した維持管理方法は［標準附属書］1 編に示されてきた．一方で，実環境におけるコンクリート構造物の劣化形態は複雑であり，必ずしも単独の劣化機構で説明できない場合も多い．2 つ以上の劣化機構が生じた場合を複合劣化構造物ととらえ，これまでの示方書では，特に留意すべき点については，各劣化機構の章の中で，散発的に記述されてきた．ただし，複合劣化の定義や，複合劣化構造物の維持管理の考え方は不明確であり，その統一的な扱いが課題となってきた．

そこで，今回の改訂にあたって，［本編］においても複合劣化について言及した上で，［標準附属書］1 編 10 章「複合劣化」を新設することとした．なお複合劣化とは「複数の劣化機構が生じることで経時的に進行する変状」である．また，［標準］4.2「劣化機構の推定方法」の解説において，劣化機構の推定が困難な場合の中に複合劣化構造物を記述し，複合劣化構造物の維持管理の留意点については，新設の［標準附属書］1 編 10 章「複合劣化」を参照することとした．

本章を新たに作成するにあたって議論となった点を 4.11.2 にまとめて示す．

4.11.2　作成に際して議論となった事項

［標準附属書］1 編 10 章「複合劣化」を新設するにあたり，維持管理編改訂部会複合劣化 WG 内において，様々な議論を行ったが，その主要な内容について以下に示す．

（1）対象とする複合劣化機構

コンクリート構造物の劣化機構は，［標準附属書］1 編に取り上げられているものだけでも 7 つあり，それらの組み合わせを考えると，複合劣化機構としては無数のパターンが考えられる．複合劣化の章において，これらを網羅的に取り上げることは不可能であることから，本章新設にあたって最初の作業として，どのような複合劣化機構を取り上げるべきかという点を議論した．この結果，以下のような条件に合致する複合劣化機構を代表例として取り上げることとした．

① 複合劣化構造物の事例が多く報告されており，劣化機構に関する研究も比較的進んでいる．

② 劣化機構が複合することで，単独劣化の場合より劣化程度や速度が促進される危険性が高い．

以上の観点から，塩害と中性化，塩害と凍害，塩害とアルカリシリカ反応，凍害とアルカリシリカ反応を選定した．また，本章で詳細は示さないが，塩害，凍害と疲労の複合劣化については，［標準附属書］2 編 2 章 2.3「凍結防止剤の散布を受ける鉄筋コンクリート床版」を参照すべきと説明している．

（2）本章の構成・記述内容

　本章は，［標準附属書］1 編の最終章に位置づけられており，他の劣化機構の章とのバランスを考慮して，その構成や記述内容を検討する必要がある．ただし，「複合劣化」という他の劣化機構とは異なる性格の事象を対象とすることから，以下の基本方針に基づいて内容の検討を進めた．

①他の劣化機構の章はその章の中で一通りの維持管理サイクルが完結する形となっているのに対して，本章は 4 種類の複合劣化機構を扱っていることから，［標準］に記載されているような一般的な内容や，［標準附属書］1 編の他章を参照すべき事項については，それらを参照し，本章内では複合劣化特有の留意事項を抽出して，まとめて示すこととする．

②複合劣化構造物の適切な維持管理のために，劣化機構が複合することでコンクリート構造物において何が起こるのかを分かりやすく説明するため，時系列の劣化進行過程の代表例をフローチャートで示し，これを用いて複合劣化過程の定義も行う．さらに各劣化過程に対する標準的な対策工法を表形式で示す．

（3）10.1「総則」における記述内容

　10.1「総則」（1）では，なぜ複合劣化を考慮した維持管理が必要かという点について**図 4.11.1**（［標準附属書］1 編 **解説 図** 10.1.1）を用いて，鉄筋コンクリート構造物で想定される複合劣化状態を模式的に示しながら説明している．この図では，かぶりコンクリート部分とコンクリート中の鋼材部分を明示し，様々な劣化因子の組み合わせがかぶりコンクリートの劣化を複合的に促し，それがコンクリート中の鋼材腐食を促進する状況を示している．さらに，**表 4.11.1**（［標準附属書］1 編 **解説 表** 10.1.1）に前述の代表的複合劣化機構を挙げて，それぞれの複合劣化機構の発生しやすい環境・部材および劣化の特徴を説明した．なお，塩害と中性化の複合劣化については，内在塩による場合と外来塩による場合が起こりやすい状況をそれぞれ示した．

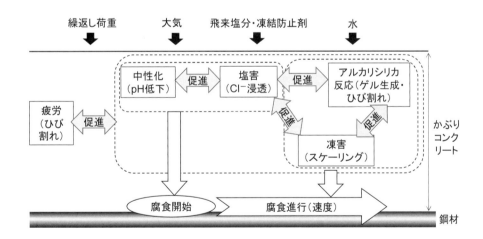

図 4.11.1　複合劣化による鉄筋コンクリートの劣化促進の概念図（［標準附属書］1 編 解説 図 10.1.1）

表 4.11.1　複合劣化における代表的劣化機構の組合せと発生しやすい環境・部材および劣化の特徴（［標準附属書］1 編　解説 表 10.1.1)

劣化機構の組合せ	発生しやすい環境・部材	劣化の特徴
塩害と中性化	除塩不足の海砂を使用した構造物（内在塩）／飛来塩分が供給される海岸地域，凍結防止剤散布環境，（海底）トンネルなど（外来塩）	コンクリート中に存在する塩化物イオンが，濃度拡散と中性化の進行により内部に移動し，鋼材位置の塩化物イオン濃度が高くなる．また，中性化の進行により鋼材位置のコンクリートの pH 低下が生じると鋼材腐食発生限界塩化物イオン濃度が低下する．これらの影響で，塩害単独の場合よりも早期に鋼材腐食が発生する．
塩害と凍害	凍結防止剤散布環境，寒冷地の海岸地域	塩化物イオンの影響で凍結融解によるコンクリートのスケーリング等が促進される．さらにスケーリング等がコンクリート表面からの塩水浸透を促進するので，早期に鋼材腐食が発生する．
塩害とASR	凍結防止剤散布環境，海岸地域	コンクリート表面から供給される NaCl 溶液や海水によって ASR が進行し，ひび割れが発生すると，ひび割れから塩化物イオンが浸透し，早期に鋼材腐食が発生する．ただし，アルカリシリカゲルによる緩衝作用でひび割れ発生前の劣化段階では鋼材腐食速度が抑制されることもある．
凍害とASR	凍結防止剤散布環境，寒冷地の海岸地域	凍結防止剤（NaCl）や海水から供給される塩化物イオンとナトリウムイオンにより，冬期はスケーリング等が進行し，夏期は ASR が進行する．両者に起因するひび割れの影響で早期に鋼材腐食が発生する．
塩害，凍害と疲労（2編2章2.3参照）	凍結防止剤の散布を受ける鉄筋コンクリート床版	塩害と凍害の複合に加えて疲労荷重が作用することで，鉄筋コンクリート床版の上側鉄筋近傍で水平ひび割れや砂利化が進行する．反応性骨材を含有する場合には ASR が複合することもある．

　10.1「総則」（2）では，各複合劣化機構に基づく劣化進行過程を考慮した維持管理が重要であるとして，表 4.11.2（［標準附属書］1 編 解説 表 10.1.2)に示したような劣化過程の定義を示した．このような劣化過程の定義の表は，他の単独劣化機構の場合と似た形となっており，一見すると劣化機構が複合することで何が変わったのか分かりにくくなっているが，図 4.11.2 に劣化機構が複合することで劣化の進行や部材の性能低下が加速する様子を概念的に示した．この図は，塩害と中性化の複合劣化の場合についてのみ示したが，他の場合も含めて複合劣化のリスクを分かりやすく示す一方，各曲線は定量的な検討に基づくものではないことに注意が必要である．複合劣化の場合，このような劣化過程や性能低下が，構造物内のどのような物質移動や化学反応などに基づいて進行するのかを確実に理解しておくことが，間違いのない維持管理を実施する上で重要であることから，各複合劣化機構に対して，図 4.11.3（［標準附属書］1 編 解説 図 10.1.3)に示すような劣化進行過程の概念図をフローチャートの形で示した．図中において，二つの劣化機構がコンクリート中においてどのように相互に影響を与え合い，それが劣化を加速させ，鋼材腐食や性能低下に至るのかを，出来るだけ分かりやすく，かつ誤解が生じないように表現することを心掛けたが，複雑な劣化機構を簡明に表現することは容易ではなく，この部分の作業には多くの議論と時間を費やした．

表4.11.2 塩害と中性化の複合劣化に関する劣化過程の定義と期間を決定する要因（［標準附属書］1編 解説 表10.1.2)

外観上のグレード	劣化過程	定義	期間を決定する主な要因
グレードI	潜伏期	鋼材の腐食が開始するまでの期間	塩化物イオンの拡散，初期含有塩化物イオン濃度，中性化速度，水（雨）掛かりの有無，かぶり
グレードII	進展期	鋼材の腐食開始から腐食ひび割れ発生までの期間	鋼材の腐食速度
グレードIII-1	加速期前期	腐食ひび割れ発生により腐食速度が増大する期間	ひび割れを有する場合の鋼材の腐食速度
グレードIII-2	加速期後期		
グレードIV	劣化期	腐食量の増加により耐力の低下が顕著な期間	

注1) 除塩不足の海砂使用の場合，初期塩化物イオン濃度は1〜2 kg/m³程度と想定される．内在塩分の場合には，潜伏期は考慮しないのが望ましい．

注2) 外観上のグレードは，［標準附属書］1編 解説 表4.3.1参照のこと．

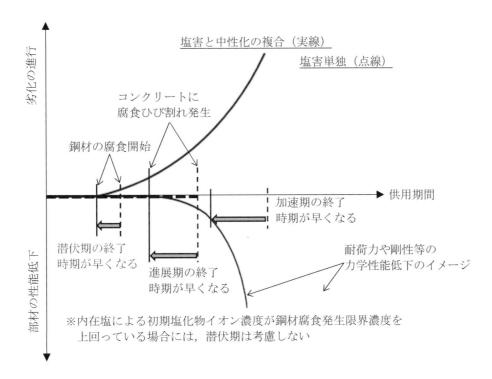

図4.11.2 塩害と中性化の複合劣化を受ける構造物の劣化の進行と性能低下の概念図（［標準附属書］1編 解説 図10.1.2)

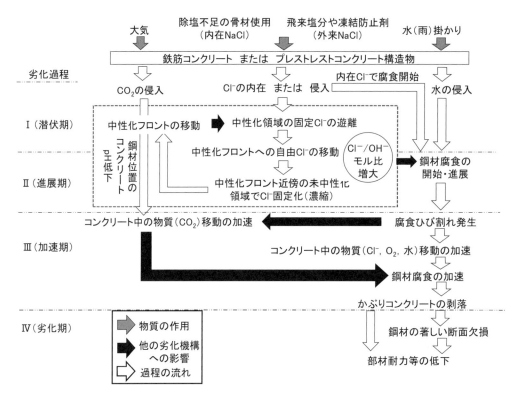

図 4.11.3　塩害と中性化の複合劣化の進行過程の概念図（[標準附属書] 1 編　解説 図 10.1.3)

(4) 10.2「維持管理計画」，10.3「診断」における記述内容

　10.2「維持管理計画」および 10.3「診断」については，各複合劣化機構に対する記述は少なく，基本的な考え方は［標準］や，［標準附属書] 1 編の他の章を参照することとなっている．ただし，10.2「維持管理計画」においては，まず構造物の複合劣化機構を特定することが重要で，そのための調査項目の例を表 4.11.3（[標準附属書] 1 編 解説 表 10.2.1）として示した．［標準附属書] 1 編の他の章では，劣化機構が特定されていることが前提の維持管理の方法が書かれているため，この部分の前提条件が他の章と異なる点に注意が必要である．

表 4.11.3　各複合劣化機構を特定するための調査項目の例（[標準附属書] 1 編　解説 表 10.2.1)

複合劣化機構	調査項目の例
塩害と中性化	塩化物イオン供給量，コンクリート中塩化物イオン濃度，乾湿条件，中性化深さ
塩害と凍害	塩化物イオン供給量，コンクリート中塩化物イオン濃度，水分供給量，凍結融解回数，スケーリングの有無・深さ
塩害と ASR	塩化物イオン供給量，アルカリ供給量，水分供給量，ASR ゲルの滲出，反応リム
凍害と ASR	アルカリ供給量，水分供給量，凍結融解回数，スケーリングの有無・深さ，ASR ゲルの滲出，反応リム

　10.3「診断」については，一般的な点検や劣化予測の考え方を示している．複合劣化機構については，単独劣化機構と比較して，劣化機構に基づく定量的な劣化進行予測手法が確立されている状況ではないため，［標準］5.3 に示したような，外観上のグレードを用いた統計的手法の活用が現実的と考えられる．ただし，各複合劣化機構に対して，特有の診断における留意点がいくつか挙げられるため，それについては表 4.11.4（[標準附属書] 1 編 解説 表 10.3.1) として示した．これらに留意することで，診断の精度向上が期待でき

ると考えられる.

表4.11.4　各複合劣化機構に対する診断の留意点（[標準附属書] 1編　解説 表10.3.1)

複合劣化機構	診断の留意点
塩害と中性化	中性化部分は塩化物イオンが固定化されず，コンクリート内部への浸透が加速する.
塩害と凍害	スケーリングによるかぶりの経時的減少を考慮した塩化物イオンの拡散予測が必要である.
塩害とASR	ASR ゲルによる緩衝作用が卓越すると，コンクリート中鋼材の腐食速度は小さいが，ひび割れの拡大に伴って，腐食速度は大きく加速する.
凍害とASR	凍害と ASR のひび割れが内部で複雑に連結し，ASR ゲルと石灰分の析出が混在することも多い.

(5) 10.4「対策」における記述内容

10.4「対策」については，各複合劣化機構に対して**表4.11.5**（[標準附属書] 1編 **解説 表10.4.1**)に示したような表で，外観上のグレードに対応した標準的な工法の例を示した．この表は単独劣化機構の対策工法の表を参考にして作成しているが，複合している劣化機構の双方に対して有効な工法を示せるように検討を行った．また，電気化学的防食工法はアルカリシリカ反応を促進する可能性がある点など，工法選定にあたって特に注意すべき点を解説に記載している.

表4.11.5　塩害と中性化の複合劣化による外観上のグレードと標準的な工法の例（[標準附属書] 1編　解説 表10.4.1)

外観上のグレード	劣化過程	対策工法
グレードI	潜伏期	表面処理*（剥落防止*を含む），脱塩（再アルカリ化）*
グレードII	進展期	表面被覆（剥落防止*を含む），脱塩（再アルカリ化），【電気防食】
グレードIII−1	加速期前期	【断面修復】，電気防食，脱塩（再アルカリ化），表面被覆（主に，剥落防止）
グレードIII−2	加速期後期	断面修復（力学的な性能の改善を含む），表面被覆（主に，剥落防止）
グレードIV	劣化期	断面修復（力学的な性能の改善を含む），表面被覆（主に，剥落防止）

全ての劣化過程において，水処理を併用することは鋼材腐食の進行を抑制するために有効
*：予防的に実施される工法
【 】：鋼材腐食速度が大きい場合，腐食量が大きい場合に選定する

4.11.3　今後の課題

今回新設された複合劣化の章は，他の劣化機構の章とは違った新しい構成となった．実務に役立つ内容の記載に努めたつもりであるが，今後より使いやすく役立つ内容に改訂していく必要があろう.

複合劣化機構は十分に解明されていない部分もあり，調査や研究のデータの蓄積程度にも複合劣化の組み合わせによってばらつきがある．現状で最も解明が進んでいる塩害と中性化の複合劣化の記述量が最も多くなり，ややバランスを欠いた部分もあるが，他の複合劣化機構についても，さらにデータが蓄積されることで，より充実した記述が可能になると考えられる．特に劣化機構に基づく劣化進行予測と，性能低下の評価は現状で困難であることから，今後の研究の進展が期待される．また，各種対策工法の効果についても，十分に確認されていない場合が多く，今回示した標準工法についても長期的な効果の検証が必要である.

4章の参考文献

1)　V. K. Gouda: Corrosion and corrosion inhibition of reinforcing steel: I. Immersed in alkaline solutions, British Corrosion Journal. Vol. 5, No. 5, pp.198–203, 1970

2)　Y. T. Tan, S. L. Wijesinghe, D. J. Blackwood: The inhibitive effect of bicarbonate and carbonate ions on carbon steel in simulated concrete pore solution, Corrosion Science, No.88, pp.152–160, 2014

3)　G.W. Whitman, R.P. Russell and J. Altieri: Effect of hydrogen-Ion concentration on the submerged corrosion of steel, Industrial Engineering Chemistry, Vol.16, No.7, pp.665-670, 1924

4)　岸谷孝一，樫野紀元：コンクリート中の鉄筋の腐食に関する研究：その１コンクリートの中性化深さが鉄筋腐食に及ぼす影響について，建築学会論文報告集，No.283，pp. 11-16，1979

5)　鈴木浩明，飯島亨，上田洋：水分浸透とコンクリート中の鋼材腐食速度との関係，第 44 回土木学会関東支部技術研究発表会，V-15，2017

6)　鉄道総合技術研究所：鉄道構造物等維持管理標準・同解説（構造物編）コンクリート構造物，2007

7)　Chang, C.F and Chen, J.W: The Experimental Investigation of Concrete Carbonation Depth, Cement and Concrete Research, Vol.36(9), pp.1760-1767, 2006

8)　松元淳一，武若耕司，山口明伸，梅木真理：高炉スラグ微粉末を用いたコンクリート構造物の塩害と炭酸化の複合劣化機構に関する研究，土木学会論文集 E，Vol.65，No.3，pp.378-391，2009

9)　C.-f. Lu, W. Wang, Q.-t. Li, M. Hao, and Y. Xu: Effects of micro-environmental climate on the carbonation depth and the pH value in fly ash concrete, Journal of Cleaner Production, Vol.181, pp. 309–317, 2018

10)　X. Liu, D. Niu, X. Li, and Y. Lv :Effects of Ca(OH)$_2$ - CaCO$_3$ concentration distribution on the pH and pore structure in natural carbonated cover concrete : A case study, Construction and Building Materials, Vol.186, pp.1276–1285, 2018

11)　L. Eddy, K. Matsumoto, K. Nagai, P. Haemchuen, M. Henry, and K. Horiuchi: Investigation on quality of thin concrete cover using mercury intrusion porosimetry and non-destructive tests, Journal of Asian Concrete Federation, Vol.4, No.1, pp. 4766, 2018

12)　柳濟峻，大野義照：中性化したコンクリート中の鉄筋腐食に及ぼすひび割れと水セメント比の影響，日本建築学会構造系論文集，No.559，pp15-21，2002

13)　D. Snoeck, S. Steuperaert, K. Van Tittelboom, P. Dubruel, N. De Belie: Visualization of water penetration in cementitious materials with superabsorbent polymers by means of neutron radiography, Cement and Concrete Research, Vol.42, pp.1113-1121, 2012

14)　工藤めい，下村匠：コンクリート部材への水の浸透・乾燥に及ぼすひび割れの影響に関する実験と数値解析，土木学会論文集 E2，Vol.75，No.3，pp.196-207，2019

15)　竹田宣典，十河茂幸，迫田恵三，出光隆：種々の海洋環境条件におけるコンクリートの塩分浸透と鉄筋腐食に関する実験的研究，土木学会論文集，No.599/V-40，pp.91-104，1998

16)　丸屋剛，Tangtermsirikul Somnuk，松岡康訓：コンクリート表層部における塩化物イオンの移動に関するモデル化，土木学会論文集，No.585/V-38，pp.79-95，1998

17)　皆川浩，中村英佑・藤井隆史・綾野克紀：大気中環境下における塩化物イオンの見掛けの拡散係数の設定に関する一考察，コンクリート工学年次論文集，Vol.41，No.1，2019

18)　網野貴彦，岩波光保，忽那惇，大塚邦朗：海洋コンクリートの塩化物イオン拡散予測パラメータに関する考察，日本コンクリート工学会，コンクリート工学年次論文集，Vol.39，No.1，pp.685-690，2017

19)　轟俊太朗，石田哲也，田所敏弥，上田洋：コンクリート中の鉄筋腐食に与える水とコンクリートの中性化の影響，土木学会論文集 E2（コンクリート構造），Vol.75，No.4，pp.226-238，2019

20)　青木慶彦，上浦健司，下村匠：高圧水洗浄によるコンクリート中への塩分侵入抑制効果に関する実験的検討，土木学会第 64 回年次学術講演会講演概要集，pp. 325-326，2009

21)　日本コンクリート工学会：コンクリートのひび割れ調査，補修・補強指針 2022，p.36，2022

22) 日本コンクリート工学会：コンクリートのひび割れ調査，補修・補強指針 2022，p.36，2022

23) 東田典雅，細矢淳，川口皓太朗：塩害による鉄筋の腐食グレードと塩化物イオン濃度の関係について，第 65 回土木学会年次学術講演会講演概要集，IV-64，pp.127-128，2010

24) 山路徹，横田弘，中野松二，濱田秀則：実構造物調査および長期暴露試験結果に基づいた港湾 RC 構造物における鉄筋腐食照査手法に関する検討，土木学会論文集 E，Vol.64，No.2，pp.335-347，2008

25) 網野貴彦，大即信明，斎藤豪，羽渕貴士：材齢 30 年の 7 つのドルフィンの鉄筋コンクリート調査に基づく腐食発生限界塩化物イオン濃度に関する考察，材料学会，材料，Vol.59，No.4，pp.303-308，2010

26) 遠藤裕丈，島多昭典，高木典彦：地域特性を考慮したスケーリング抑制のための適切な水セメント比の設定方法の提案，コンクリート工学年次論文集，Vol.43，No.1，pp.586-591，2021.7

27) ACI Committee 210: Erosion of Concrete in Hydraulic Structures, 1998

28) 渡嘉敷勝：農業用コンクリート水路における摩耗機構および促進摩耗試験に関する研究，農工研報 52，pp.1-57，2013

29) 上野和広，長束勇，石井将幸：開発した水砂噴流摩耗試験機の促進倍率，農業農村工学会論文集 No.266，pp.41-47，2010

30) 上條達幸：水路補修工法の性能設計，H23 農業農村工学会大会講演要旨集，pp.24-25，2011

5．［標準附属書］2 編 既設構造物の性能確保 の概要

5.1　作成の経緯

　コンクリート構造物の維持管理においては，実環境における作用を把握し，劣化機構を推定して，将来にわたる構造物の状態を予測し，性能評価を実施することが重要である．これまで［維持管理編］では，劣化機構が推定された後の劣化予測や，性能評価の方法などの各論の記述は充実していたが，それぞれのつながりや位置付けについては記述が少なく，全体的な整合性が取れているのかどうかがわかりにくかった．また，維持管理では実際の状況で点検や調査を実施する中で，材料の劣化を助長する環境作用を発見し，その作用を能動的に抑制する行為が構造物の長寿命化に資する場合が多いのに対して，これまで［維持管理編］では，作用は基本的に与条件として扱われてきたため，作用の把握と制限についての記述が不足していた．そこで，この［標準附属書］2 編ではこれらの課題を鑑みて，［標準］で記載しきれていない事項を示すことにした．そのため，この［標準附属書］2 編の記載事項は，本来は［標準］に取り込まれるべき内容が多くを占めるが，記載内容の成熟度や完成度が十分ではないので，今回の改訂では［標準附属書］内に編を設けて記載することとした．

　この編のもうひとつの大きな役割は，［設計編］と［維持管理編］との連続性を確保することにある．［設計編］で成熟された性能照査の体系と維持管理の現場で行われている点検・診断の仕組みには方法にもデータにも隔たりがある．そこでこの編では，維持管理において使用される性能評価の方法の相互の位置付けと整合性を整理するとともに，設計時からの性能評価の連続性を確保するための枠組みを示すことにした．

5.2　設計耐用期間にわたる性能の確保

5.2.1　維持管理時の構造物の設計耐用期間

　構造物の設計供用期間や設計耐用期間は，維持管理を行う際の前提条件である．設計耐用期間が不明確なまま対策の選定が行われると，結果として維持管理上の手間が増えたり不経済となったりする可能性があるので，性能評価を行う際にあらかじめ定めておくように明示した．

　本来，構造物全体として所要の性能が確保されていればよいのであるが，設計上では部材単位で性能が照査される場合が大半である．一方で既設構造物は材料の劣化が進行して力学性能が低下したり，あるいは基準類が改訂されて設計外力が大きくなったりする結果，部材単位での性能の照査を行うと不適格となる場合がある．このような場合には，原点に立ち返って，構造物全体としての性能評価を実施し，合理的な対策を講じることができないかを考えることが重要である．その例として［標準附属書］2 編 2.1 の解説では，道路橋における車両総重量の制限緩和に対する鋼非合成桁での対応事例を挙げている．

5.2.2　作用の設定

　これまで，コンクリート標準示方書では，作用の設定については積極的に扱ってこなかった．コンクリート標準示方書が対象としているのはコンクリート構造物一般であるのに対し，作用の種類や大きさは構造物の種類や用途によって大きく異なり，一般化した記述が難しいことがその理由のひとつである．また，作用の想定は構造物の管理者の責任において決定されるべきものであり，設計者にとっては与条件として与えられるものであるという考え方にもよる．一方，2.2「作用の設定」において，既設の構造物の維持管理における作用の設定について，これまでよりも踏み込んだ記述を行った．維持管理の際には実際の状況をふまえて対応を判断する必要があるのに対し，設計時において想定する作用と供用開始後の実際の作用とでは，種類や大きさが異なる場合が多いためである．性能評価では，作用と応答，限界値を比較するので，作用が適切

に設定されなければ適切な評価ができない．そのため，維持管理の際には，構造物や部材への作用を実際の状況を踏まえて設定することとした．作用には力学的な作用と環境作用があるが，特に環境作用は設計者や維持管理者が設定や制限に関わる余地が大きい作用である．当初の設計で想定した環境作用と実際の状況が整合しているかを確認し，環境作用を効果的に制限する方法を検討することによって，構造物の耐久性を合理的に確保できる場合がある．維持管理における力学的な作用の把握や再設定の方法は，2.2 の解説に記述にしたとおりである．

5.2.3 性能評価と判定

性能評価の方法には主として，1. グレード等による方法，2. 設計に用いる評価式による方法，3. 非線形有限要素法による方法，がある．それらのいずれを選択すればよいのかについては，［標準］6 章において記述した通りである．すなわち，性能評価の目的に応じて，評価の方法を選択すればよいのであるが，それぞれの評価方法の関係性や整合性については［標準］6 章で記載しきれなかったため，［標準附属書］2 編 2.3「性能評価と判定」において整理を試みた．同時に，この部分は［設計編］の性能照査の枠組みと，［維持管理編］の性能評価の枠組みをつなぐパートとなっている．

［設計編］では，応答値が限界値を超えないことを確認することにより性能を照査する．［維持管理編］においても，この枠組みを踏襲し，応答値が限界値を超えないように構造物を維持管理することが原則である．構造物が具備すべき性能のうち，もっとも重要であるのが安全性である．安全性を確保するために，設計耐用期間にわたって曲げ耐力等の限界値が曲げモーメント等の応答値を上回ることを評価する必要がある．**図 5.2.1**（［標準附属書］2 編 **解説 図** 2.3.1）に示すように，限界値は材料の劣化によって時間とともに低下する．限界値が応答値と交わる時間 T_{lim} はこの構造物の余寿命を表す．T_{lim} が設計耐用期間よりも大きいことを確認することによって，耐久性が確保される．

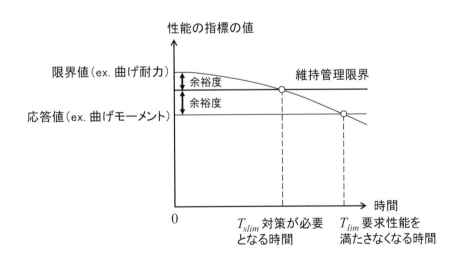

図 5.2.1 性能評価と判定における応答値，限界値，維持管理限界の関係（安全性を定量的に評価する場合の例）（［標準附属書］2 編 解説 図 2.3.1）

維持管理における性能評価において，設計と大きく異なる点のひとつは，限界値や応答値に加えて維持管理限界を用いることである．**図 5.2.1** に示したように，維持管理限界は限界値と応答値の間に設けられるものであって，維持管理の際には，安全性に関して，限界値と維持管理限界を比較し，限界値が維持管理限界

を上回っていることを確認する必要がある．また，維持管理限界が応答値を上回っていることを確認する必要がある．限界値と応答値を直接比較するのではなく，間接的な比較を行う理由は主にふたつある．一つ目は，維持管理限界が目視や計測等によって把握可能なものであることである．安全性に関する限界値は目に見えず，計測できないものであり，諸元等から推定されるものである．維持管理限界に相当する劣化の状態と曲げ耐力等の限界値の推定量をあらかじめ対応づけておくことによって，目視・計測結果から構造物の限界値が維持管理限界に達しているか否かを判定することが可能となる．実務上，性能評価を簡便に行えることの意義は大きい．維持管理限界を用いる二つ目の理由は，対策が実行されるまでの猶予を確保し，安全性が損なわれる状態となるのを防ぐためである．図 5.2.1 に T_{slim} として示したように，限界値が維持管理限界に達したら，対策が必要であると判定される．そこから要求性能を満たさなくなるまでの間に，対策の方法を検討し，対策を実行することとなる．この猶予が短いと，安全性が損なわれる状態となる恐れがあり，供用停止による社会的な影響が生じることにもなりかねない．そのため，応答値と維持管理限界には適切な余裕度を設けておく必要がある．

図 5.2.1 の図は，極力，単純化して描いたものである．維持管理における限界値および応答値は，図 5.2.2 に示すように，設計時における設計限界値および設計応答値に相当する．当初，［設計編］と［維持管理編］とで用語を統一するために，設計応答値，設計限界値という用語を用いて検討を進めていたが，点検・診断時の構造物の応答値や限界値は実際の値を指すのに対して，設計応答値，設計限界値と呼称すると，想定値であるかのような印象を与えるため，別の呼称とすることにした．

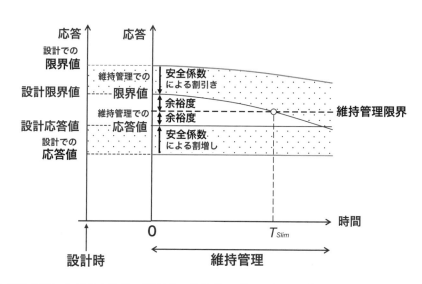

図 5.2.2   設計時と維持管理における応答値，限界値，維持管理限界の関係（安全性を定量的に評価する場合の例）

図 5.2.1，図 5.2.2 では，図を単純化するために設計時と維持管理の限界値を同一としている．実際には，施工記録や初期点検によって実際の状況を取得することができるため，設計時よりも確定的な評価をすることが可能である．図 5.2.3 に示すように限界値の平均値は施工の良しあしによって設計時よりも大きくなったり小さくなったりするが，考慮すべき不確実性やばらつきは設計時よりも小さくなる．初期点検にもとづく維持管理計画の重要性は，［標準］2 章に記載のとおりである．

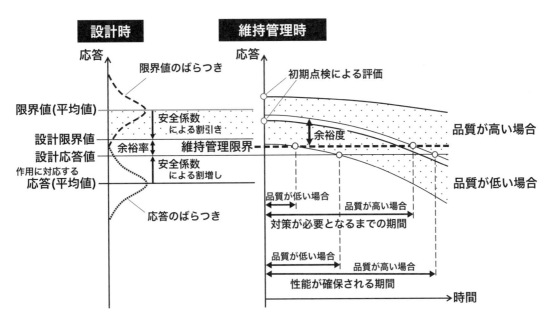

図 5.2.3　限界値の評価における設計時と維持管理時との違い

6.　[標準附属書] 3 編 調査 の概要

6.1　作成の経緯

　2018 年版 [維持管理編] では，[標準] 3 章「点検」において各種の点検（初期点検，日常点検，定期点検，臨時点検，緊急点検）の内容がそれぞれ節を設けて詳述されていたが，[標準附属書] 1 編「劣化機構」の各章においても劣化機構に応じた各点検の基本や方法について詳しく記されており，重複している内容も多かった．さらに，点検を構成する様々な調査の方法について紹介されていた．これらのうちから点検の目的に応じて適切な調査の方法を選択することになるが，日常点検や定期点検で採用されることが稀なものも網羅されており，[標準] に記載するのは読者の誤解を招きかねないという意見もあり，2022 年版 [維持管理編] の [標準] 3.2「点検の種類」においては基本的な事項や概念だけを示すように改め，調査方法等についての詳しい記述（2018 年版 [標準] 3.7「点検における調査」）は，内容を現況に合うように修正した上で，新設した [標準附属書] 3 編「調査」に記載することとした．

　2018 年版では，初期点検，日常点検，定期点検，臨時点検のそれぞれにおいて，まず維持管理計画に定められた標準調査を実施し，より詳細な情報が必要と判断された場合は詳細調査を実施すると規定されていた．今回の改訂ではこれを次のように改めた．まず，初期点検，日常点検，定期点検において実施される調査は，あらかじめ維持管理計画で定められている標準調査のみとし，そこで十分な情報が得られない場合には臨時点検を実施することとした（図 6.1.1 および図 6.1.2 参照）．

　このような場合に実施される臨時点検，さらには想定外の事象，天災，事故などを受けた構造物に対して実施する臨時点検，および，その場合に同種の構造物を対象に水平展開で実施される緊急点検を構成する調査の項目は，そのときの目的や構造物の状況に応じて選定されるものであって，あらかじめ定められるものではない．また，対象構造物やその使用条件，環境条件などによっては，定期点検でも各種の測定機材を使用した調査や試験・分析などによって詳細情報を収集することを維持管理計画で規定しているケースがあり，一方，臨時点検や緊急点検でも目視観察や打音検査などの簡易な調査方法を選定されることもあり，点検の種類によって調査項目を分類するのは適切ではないと考え，調査の種類は，調査方法によって分類することとした．

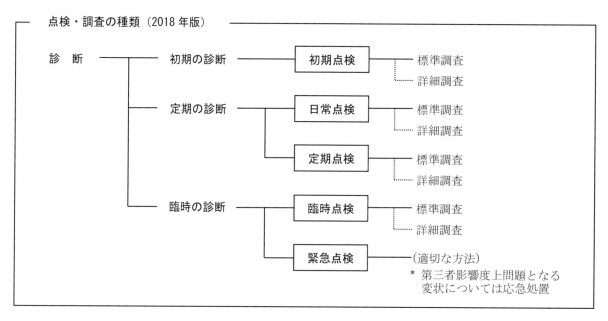

図 6.1.1　2018 年版の各点検と調査の種類の概念

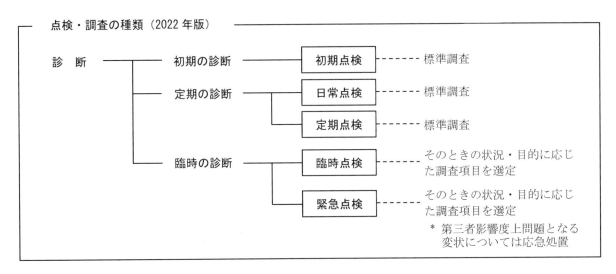

図 6.1.2　2022 年版の各点検と調査の種類の概念

6.2　調査の位置付けと方法

(1)　1 章「維持管理における調査」

　前述のように，2022 年版で新設した［標準附属書］3 編「調査」は，2018 年版［標準］3.7「点検における調査」の内容をベースに構成されている．［標準附属書］3 編 1 章「維持管理における調査」の 1.1「総則」および 1.2「調査の基本」は，維持管理における調査についての総則と基本を示しており，2018 年版［標準］3.7.1「一般」の（1）および（2）に該当する内容となっている．なお，2018 年版の解説にあった標準調査と詳細調査についての記述については，前述のように詳細調査の概念が撤廃されたことから削除されている．

　調査項目と得られる情報や主な調査方法，関連基準などを示した一覧表であった a) 2018 年版［標準］**解説 表** 3.7.1（調査項目と得られる情報および調査方法の例），b) 同**解説 表** 3.7.2（調査方法と得られる情報の例），および c) 同**解説 表** 3.7.3（調査に関連する基準等）は，ドローンの利用など内容の一部を現況に合うように微修正した上で引き続き掲載しているが，各表の内容から，a) は 2022 年版［標準附属書］3 編に**解説 表** 1.2.1 として，b) は同**解説 表** 2.1.1 として，c) は同**解説 表** 2.1.2 として転載した．

　調査の基本を示した 1.2 の解説には，調査の目的とそれぞれで実施する調査の方法や考え方を新たに示した．主な調査の目的とそれらについての解説を以下に示す．

　(i)　劣化状況の把握

　(ii)　劣化機構の推定

　(iii)　作用と環境の把握

　(iv)　機能や性能の評価

　(v)　劣化予測

　「劣化状況の把握」を目的とした調査は，構造物の劣化状況が維持管理計画の想定どおりであるかどうかの検証や，対策の要否や方法，適用範囲などの検討に資する情報を収集するために実施する．劣化の進行状況の把握には，代表的な箇所を詳細に調査して全体の状況を推測する方法もあるが，対策の要否や適用範囲を検討する場合などは構造物や部材の全体を調査対象とする場合もある．調査の対象範囲が広範囲となる場合は，まず，簡易な方法で全体を調査して劣化が顕著な箇所をスクリーニングし，そこを代表的な箇所としてより詳細な調査を実施する方法も効率的である．

　「劣化機構の推定」を目的とした調査は，構造物に維持管理計画で想定していないような変状が見られた

場合などに実施する．このような調査は，劣化が顕在化した範囲において代表的な箇所を選定し，そこを対象に詳細に実施するのが効率的であるが，劣化部と健全部の比較のために健全部の情報も収集した方がよい場合もある．なお，劣化機構の推定のためには，構造物の使用状況や周辺環境，劣化因子となる物質などの情報が必要な場合も多く，作用や環境についての調査を併せて実施する場合もある．

　「作用と環境の把握」を目的とした調査は，構造物の劣化進行や性能低下に影響する外的な作用や環境などを把握するために実施する．交通量や車両の通過位置，風雨や波浪，飛来塩分，凍結防止剤などの作用を直接的に調査する場合もあるが，構造物や部材のたわみや振動などの挙動，劣化部の中性化深さや塩化物などの劣化因子の浸透量などを調べて，間接的に作用や環境の影響の程度を評価する場合もある．中性化と水の浸透に伴う鋼材腐食や ASR，外来塩分による塩害などは水の有無が劣化の進行に大きな影響を及ぼすので，外観目視などで漏水箇所やその影響範囲を特定することも有効な調査となる．

　「機能や性能の評価」を目的とした調査は，載荷試験や振動試験など，構造物の現況の機能や性能を直接的に評価するために実施する．一方，大型の構造物や地中，海中にある構造物，または使用状況や周辺環境からそのような試験が実施できない条件の構造物もある．その場合は，劣化状況の調査，作用や環境の調査を行って劣化状況を評価し，その結果から間接的に機能や性能を評価する方法がある．

　「劣化予測」を目的とした調査についても特定の調査項目や方法はなく，現在は，他の目的で実施された各種の調査で得られた情報を集約して複合的に検討し，劣化進行を予測するのが一般的である．なお，劣化の進行予測には，時系列的な変化についての情報が重要となる．建設時を劣化のない初期値と考えて経時変化を検討することもできるが，初期欠陥が生じていた可能性もあり，よりよい精度で予測するためには供用開始後の二つ以上の時点での調査結果がある方がよい．

　調査の内容は点検の目的によって異なる．調査項目や調査方法，調査の対象範囲や数量などは，点検の目的に沿って選定する必要がある．例えば，定期点検や対策工の施工範囲を検討するための調査などでは，構造物全体の劣化状況を把握する必要があり，それに適した調査方法を選択する必要がある．一方，劣化機構を推定するための情報を入手するためには，劣化が顕在化している箇所を選定して，詳細な調査を実施するのが合理的である．なお，調査で必要とする情報が同じであっても，対象構造物の構造や立地条件，使用状況や周辺環境によって実施が制限される調査項目もあり，調査の項目や方法の選択や，調査箇所や範囲，数量などの設定は，これらも加味して検討する必要がある．

（2）2 章「調査の方法」
　［標準附属書］3 編 2 章「調査の方法」は点検を構成する各種の調査方法について示しており，その内容は 2018 年版［標］3.7.1〜3.7.10 を基本としているが，一部の調査方法については内容を改変または補足している．以下に，各節の変更部分について示す．
　［標準附属書］3 編 2.1「一般」は，2018 年版［標］3.7.1「一般」（3）項に該当する部分で，調査方法を選定する際の基本を示している．解説には，一般的な調査方法として，i) 書類等による方法（書類調査），ii) 目視による方法，iii) たたきによる方法，iv) 非破壊試験機器を用いる方法，v) 局部的な破壊を伴う方法，vi) 採取した試料による方法，vii) 実構造物の載荷試験および振動試験による方法，viii) 作用を把握するための方法，ix) センサを用いたモニタリング，x) 補修・補強の効果確認をする方法の 10 種を挙げているが，これらの種類分けや定義については変更ない．なお，前述のように，2018 年版［標］ **解説 表 3.7.2** と **解説 表 3.7.3** の一覧表については，内容の一部を現況に合うように微修正して本節に転載している，
　［標準附属書］3 編 2.2「書類調査」は，2018 年版［標］3.7.2「書類調査」を移設したものであるが，

2018年版［標準］3.2「初期点検」の解説に示されていた設計図書や施工中および施工後の検査記録等から得られる情報についての詳述も加えている.

　［標準附属書］3編2.3「目視およびたたきによる調査」は，2018年版［標準］3.7.3を移設したものであるが，2018年版［標準］3.4「定期点検」の解説に示されていた「ひび割れが生じた構造物の点検」についての確認事項や「構造物に鋼材腐食が確認された場合」の確認事項も加え，目視およびたたきによる調査で得られる情報をここに集約して示すことにより，実務者がこれらによる点検を実施する際に参照しやすくなるように心がけた.

　［標準附属書］3編2.4「非破壊試験機器による調査」は，2018年版［標準］3.7.4とほぼ同じ内容となっているが，弾性波を利用する方法と併せて示されていた打音法については，音を利用する方法として分別し，解説でその概要を示した. また，弾性波を利用する方法や電気抵抗を利用する方法等の結果を評価する際の注意事項なども示した.

　［標準附属書］3編2.5「局部的な破壊を伴う調査」は，2018年版［標準］3.7.5を基本としているが，はつりによる方法やコア採取だけでなく，調査箇所にセンサを取り付けた上で切り込みを入れて周辺に生じる変位やひずみなどを計測する方法も盛り込んだ. また，ドリル削孔やコアボーリングなどで採取した試料を利用する調査については，新たに設けた2.6に示すこととした.

　［標準附属書］3編2.6「採取試料による調査」は新たに設けた節で，はつりやドリル削孔，コアボーリングなどで採取した試料を利用する調査についての概要を示している. 2018年版でも［標準］3.7.5の一部として記述されていたが，持ち帰った試料の試験・分析の結果が成果である前者と，現地で確認した状況が成果である後者は性質が異なると考え，両者を分けることとした.

　［標準附属書］3編2.7「実構造物の載荷試験および振動試験による調査」は，2018年版［標準］3.7.6と同じ内容である.

　［標準附属書］3編2.8「作用を把握するための調査」は，構造物の置かれている環境条件や荷重条件についての情報を得るための調査について述べており，その内容は2018年版［標準］3.7.7「荷重および環境作用を評価するための調査」とほぼ同じであるが，表題および条文の表現を改めている.

　［標準附属書］3編2.9「センサを用いたモニタリングによる調査」は，文末などを一部に改めた箇所があるが，内容は2018年版［標準］3.7.8と同じである.

　［標準附属書］3編2.10「対策の効果確認のための調査」は，2018年版［標準］3.8「補修・補強の効果確認のための調査」とおおむね同じ内容であるが，劣化した構造物についての対策は，補修・補強だけでなく交通規制や経過観察などもあるため，それらにも適合するように表題や解説の一部を改めた.

7. [標準附属書]4 編　構造物・部材　の改訂の概要

7.1　プレストレストコンクリート

7.1.1　改訂の経緯と背景

　[維持管理編]に初めてプレストレストコンクリートの維持管理に関する章が設けられたのは 2013 年版である．2013 年版では，プレストレストコンクリート特有の留意点について，(i) PC 鋼材，定着部，偏向部に関する劣化，(ii) ポストテンション方式の PC グラウト充填不足等に伴う PC 鋼材の腐食，破断，(iii) 施工目地部を起点とした劣化，に着目してとりまとめが行われた．2013 年版の改訂以降，プレストレストコンクリートの調査・点検事例の蓄積が進められ，PC グラウトの充填不足が生じた箇所の周辺において，外観変状が認められない状態で PC 鋼材の腐食が進行している事例もみられた．これを踏まえて，2018 年版では，PC グラウトが充填されていることを外観変状による調査・診断の前提条件と位置付けることとし，維持管理計画立案における，グラウト充填状況および PC 鋼材の腐食状況の調査の重要性が示された．

　2018 年版の改訂以降もグラウト充填不足に関する調査結果の蓄積が進み，グラウト充填不足が発生する可能性が高い年代に設計された構造物では，一定の割合でグラウト充填不足が確認された．また，グラウト充填不足箇所を対象としたグラウト再注入工法の開発が進み，グラウト再注入に関する基準類が整備されるとともに，グラウト再注入工事の実績も増加した．これを踏まえて，今回の改訂では，[標準附属書] 4 編 1.2「維持管理計画」において，PC グラウトの充填状況の調査の結果，充填不足箇所が確認された場合は，PC グラウトの再注入を計画することを定めた．

　維持管理が必要な PC 構造物は膨大な数が存在するため，維持管理計画の立案にあたっては，限られた予算と人員の範囲内で取り組むことが求められる．このため，工学的な整理に基づく適切な優先順位の設定が重要となる．PC グラウトの充填不足に起因して PC 鋼材の腐食が進行する危険性は，シース内の腐食環境等に依存する．また，PC グラウトの充填不足が発生する可能性や劣化因子供給の可能性は，構造物の設計時に適用された基準類により異なる．これを踏まえて 2018 年版では，適用基準類の変遷に基づく鋼材変状の発生の危険性について，表 7.1.1（[標準附属書] 4 編 **解説 表 1.2.1**）に示すように整理している．今回の改訂でもこの表を活用し，PC グラウトの再注入実施の優先順位を設定するとよいとしている．

7.1.2　PC グラウトに関する技術の変遷

　2018 年版の改訂資料では，**表 7.1.1** の根拠となる各項目についての解説が示されている．この内容は，維持管理計画立案にあたって重要な情報である．このため，今回も PC グラウトに関する技術の変遷を改訂資料に示すこととした．

表 7.1.1 適用基準類の変遷に基づく鋼材変状の発生の危険性（［標準附属書］4編 解説 表1.2.1）

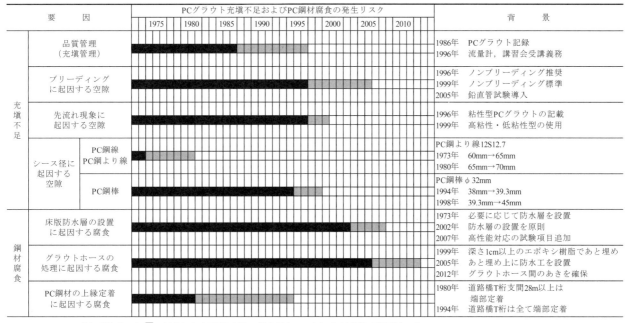

注）発生リスク ■：対象とする要因に対して規定がない，もしくは対策に不備があった．
　　　　　　　 ▨：要因対策が実施されているが，途中経過的な対策であった．
　　　　　　　 □：要因対策が完了しており，PCグラウト充填不足やPC鋼材腐食が発生する可能性が低い．

（1）PC グラウトに関する基準類の変遷

　表 7.1.2，表 7.1.3 に，PC グラウトに関する基準類と品質・管理に関する規定の変遷を示す．PC グラウトの管理方法は，PC グラウトの充填状況に影響を及ぼす要因の一つである．1986 年の「昭和61年制定 コンクリート標準示方書［施工編］」にて，PC グラウトの管理について記録を作成することが示された．その後，1996 年にプレストレスト・コンクリート建設業協会から発行された「PC グラウト／施工マニュアル」により，流量計の使用による注入量の確認および記録が示され，注入忘れや注入不足といったヒューマンエラーの解消が図られた．また，PC グラウト研修会受講修了者が作業に立ち会うことも示された．これらのことから，PC グラウトの管理方法に関する観点からは，1996 年以前に建設された PC 構造物では，PC グラウトの充填不足が発生する可能性があるといえる．

　PC グラウトの施工に使用する材料の品質および性能も，PC グラウトの充填状況に影響を及ぼす要因となる．1996 年の「平成8年制定 コンクリート標準示方書［施工編］」では，ブリーディングの発生が抑制されたノンブリーディングタイプの使用が推奨されるようになった．それまでは，PC グラウトの材料は，標準的にブリーディングの発生が許容されていた．その後，「2002 年版コンクリート標準示方書［施工編］」では，ノンブリーディングタイプの使用が必須となった．さらに，2005 年にプレストレストコンクリート技術協会から発行された「PC グラウトの設計施工指針」において，鉛直管を用いたブリーディング率に関する品質検査が導入され，確実に品質管理が行われるようになった．ブリーディング水は，完全にはダクトから排出されない可能性があり，これに起因する空隙形成の観点からは，2005 年以前に建設された構造物では，PC グラウトの充填不足が発生する可能性があるといえる．

　1996 年発行のプレストレスト・コンクリート建設業協会「PC グラウト／施工マニュアル」において，PC グラウトの粘性が高いものを使用すれば，下り勾配の充填においても先流れが抑制され，残留空気が発生しにくいことが示された．その 3 年後の 1999 年にプレストレスト・コンクリート建設業協会から「PC グラウ

表 7.1.2　PC グラウトに関する基準類と品質・管理に関する規定の変遷（その 1：1955-1999 年）

年	基準類	PC グラウトの品質	PC グラウトの管理
1955	プレストレストコンクリート設計施工指針：土木学会	・フライアッシュ，セメント分散材，アルミニウムの粉末，等を混ぜた PC グラウトが有効である	－
1961	プレストレストコンクリート設計施工指針：土木学会	・膨張率 0〜5%を標準 ・24 時間たったときのブリーディング率は 0 であることが特に望まれる（解説文に記載）	・流出口から一様なコンシステンシーの PC グラウトが十分流出するまで中断しない
1966	ディビダーク工法設計施工指針（案）：土木学会	・ブリーディング率 3%以下 ・膨張率 10%以下	・排出口での PC グラウト濃度を目視で確認し充填を判断 ・緊張管理表に注入の有無をチェック
1977	コンクリート標準示方書［施工編］：土木学会	－	－
1978	プレストレストコンクリート標準示方書：土木学会	・ブリーディング率規定なし（膨張によって放出するが小さいものを選ぶ） ・膨張率 10%以下	・流出口から一様なコンシステンシーの PC グラウトが十分流出するまで中断しない ・PC グラウトの管理に関して記録する
1980	コンクリート標準示方書［施工編］：土木学会	－	－
1986	PC グラウト施工マニュアル：プレストレスト・コンクリート建設業協会	・混和剤の例にノンブリーディングタイプを掲載 ・ブリーディング率 3%以下 ・膨張率 10%以下	・排出口の PC グラウトが所定の濃度になったのを確認して閉じる ・PC グラウト管理表，PC グラウト工記録表（例）を掲載 ※1 本ごとの注入管理記載なし
1986	コンクリート標準示方書［施工編］：土木学会	・ブリーディング率 3%以下 ・膨張率 10%以下（ブリーディング率を常に上回らなければならない．ブリーディング率が 0%であれば膨張率 0%でもよい）	・流出口から一様なコンシステンシーの PC グラウトが十分流出するまで中断しない ・PC グラウトの管理に関して記録する
1991	コンクリート標準示方書［施工編］：土木学会	・ブリーディング率 3%以下 ・膨張率 10%以下（ブリーディング率を常に上回らなければならない．ブリーディング率が 0%であれば膨張率 0%でもよい）	・流出口から一様なコンシステンシーの PC グラウトが十分流出するまで中断しない ・PC グラウトの管理に関して記録する
1993	PC グラウト施工マニュアル：プレストレスト・コンクリート建設業協会	・混和剤の例にノンブリーディングタイプを掲載 ・ブリーディング率 3%以下（0%であることが望ましい） ・膨張率 10%以下	・排出口の PC グラウトが所定の濃度になったのを確認して閉じる ・PC グラウト工事記録表（日管理）を掲載 ・ケーブルごとの PC グラウト作業記録 ・PC グラウトの注入作業チェック表の作成
1996	コンクリート標準示方書［施工編］：土木学会	・ブリーディング率 3%以下（少ないものが望ましく，ノンブリーディングタイプの PC グラウトを用いるのが望ましい） ・膨張率 10%以下	・流出口から一様なコンシステンシーの PC グラウトが十分流出するまで中断しない ・PC グラウトの管理に関して記録する
	PC グラウト＆施工マニュアル：プレストレスト・コンクリート建設業協会	・ブリーディング率 3%以下（ノンブリーディングタイプを使用することが望ましい） ・従来タイプの施工も併記 ・ノンブリーディング・粘性型を記載 ・膨張率 10%以下	・流量計を使用する ・グラウトホース識別用テープを取付 ・PC グラウト研修会受講修了者が作業に立ち会う ・ケーブルごとの PC グラウト作業記録
1999	PC グラウト＆プレグラウト PC 鋼材施工マニュアル（改定版）：プレストレスト・コンクリート建設業協会	・従来タイプを抹消しノンブリーディングタイプのみ記載 ・ノンブリーディングタイプを低粘性型と高粘性型に分類 ・ブリーディング率 0% ・膨張率：非膨張型-0.5%〜0.5% 　　　　　膨張型 5%以下	・PC グラウト管理体制の強化 ・PC グラウト作業管理者（PC グラウト研修受講修了者）を選任 ・流量計を使用して注入量を測定

表7.1.3　PCグラウトに関する基準類と品質・管理に関する規定の変遷（その2：2002-2013年）

年	基準類	PCグラウトの品質	PCグラウトの管理
2002	コンクリート標準示方書［施工編］：土木学会	・ブリーディング率は0%を標準（ノンブリーディングタイプを使用することを標準とする） ・ノンブリーディングタイプの低粘性型と高粘性型の分類と下り勾配での先流れ現象に言及 ・膨張率：非膨張性タイプ-0.5%～0.5%を標準 　　　　　膨張性タイプ0%～10%を標準	・排出口から一様な品質のPCグラウトが流出するまで中断してはならない ・流量計により注入量を管理する ・流動性試験器具の変更（JPロート）
	PCグラウト&プレグラウトPC鋼材施工マニュアル（改定版）：プレストレスト・コンクリート建設業協会	・ノンブリーディングタイプを使用する ・膨張率：非膨張性タイプ（試験省略） 　　　　　膨張性タイプ0%～10%	・PCグラウト作業管理者（PCグラウト研修受講修了者）を選任 ・流量計を使用して注入量を測定 ・流動性試験はすべてJPロートに変更
2005	PCグラウトの設計施工指針：プレストレストコンクリート技術協会	・PCグラウトの種類を流動性によって高粘性，低粘性，超低粘性に分類 ・ブリーディング率0.3%以下（24時間後0%） ・体積変化率-0.5%～0.5%（鉛直管試験）	・ブリーディング率試験に鉛直管試験を導入 ・注入作業は計画で定めた注入量および圧力を確認しながら行う ・注入されたPCグラウトの品質を排出口で確認 ・PCグラウト作業管理者はPC技士またはPCグラウト研修修了者であること
2006	PCグラウト&プレグラウトPC鋼材施工マニュアル（改定版）：プレストレスト・コンクリート建設業協会	・PCグラウトの種類を流動性によって高粘性，低粘性，超低粘性に分類 ・ブリーディング率0.3%以下（24時間後0%） ・体積変化率-0.5%～0.5%（鉛直管法）	・排出口のPCグラウト濃度が注入口のものと同一であることを確認 ・流量計を使用して注入量を測定 ・PCグラウト作業管理者はPC技士またはPCグラウト研修修了者であること
2007	コンクリート標準示方書［施工編］：土木学会	・ノンブリーディングタイプを標準とする ・PCグラウトの種類を流動性によって高粘性，低粘性，超低粘性に分類 ・ブリーディング率0.3%以下（24時間後0%） ・体積変化率-0.5%～0.5%（鉛直管法）	・排出口から一様な品質のPCグラウトが流出するまで中断してはならない ・流量計により注入量を管理する ・PCグラウトに関する十分な知識を有する専門技術者が施工管理する
	PCグラウトの設計施工指針－改定版－：プレストレストコンクリート工学会	・PCグラウトの種類を流動性によって高粘性，低粘性，超低粘性に分類 ・ノンブリーディングタイプのプレミックス材を追加 ・ブリーディング率0.3%以下（計測終了時0%） ・体積変化率-0.5%～0.5%（鉛直管法）	・注入作業は計画で定めた注入量および圧力を確認しながら行う ・排気口，排出口から排出されるPCグラウトは一様であることを確認 ・PCグラウト作業管理者はPC技士またはコンクリート構造診断士，かつPCグラウト研修修了者であること
2012	コンクリート標準示方書［施工編］：土木学会	・ノンブリーディングタイプを標準とする ・PCグラウトの種類を流動性によって高粘性，低粘性，超低粘性に分類 ・ブリーディング率0.3%以下 ・体積変化率-0.5%～0.5%（鉛直管法）	・排出口から一様な品質のPCグラウトが流出するまで中断してはならない ・流量計により注入量を管理する ・PCグラウトに関する十分な知識を有する技術者の指導のもと行う
2013	PCグラウト&プレグラウトPC鋼材施工マニュアル2013改定版：プレストレスト・コンクリート建設業協会	・ノンブリーディングタイプのプレミックス材を追加 ・ブリーディング率0.3%以下（計測終了時0%） ・体積変化率-0.5%～0.5%（鉛直管法）	・排出口のPCグラウト濃度が注入口のものと同一であることを確認 ・流量計を使用して注入量を測定 ・PCグラウト作業管理者はPC技士またはコンクリート構造診断士，かつPCグラウト研修修了者であること

　トが，低粘性型と高粘性型の2種類に分類され，これらをPC鋼材の配置形状やダクトの空隙率等によって使い分けることが示された．PCグラウトの粘性は，残留空気の発生の要因となる先流れ現象に影響するため，この観点からは，1999年以前に建設された構造物では，充填不足が発生する可能性があるといえる．

　有害となる残留空気を実物大試験により照査することについては，2005年発行のプレストレストコンクリート技術協会（現PC工学会）「PCグラウトの設計施工指針」において規定された．2012年発行のPC工学会「PCグラウトの設計施工指針－改定版—」では，実物大試験と実施工の関連性を明確にし，どのような試

験を実施するかについて示されている.

(2) シース径の変遷

　表 7.1.4 に PC 鋼線および PC 鋼より線に使用される鋼製シースの内径の変遷を，表 7.1.5 に PC 鋼棒に使用される鋼製シースの内径の変遷をそれぞれ示す．なお，表ではプレストレストコンクリート構造物の建設で汎用的に用いられる PC 鋼材に関して示している.

　PC グラウトの粘性や注入する距離にもよるが，PC 鋼材径に対してシースの内径が十分大きくないと，PC グラウトの充填時に注入圧が上昇して注入が困難になったり，閉塞を起こしたりする危険性が生じる．このため，PC 鋼材径とシース径の関係も，PC グラウトの充填状況に影響を及ぼす要因の一つとなる．1973 年に発行された「フレシネー工法設計施工指針」では，PC 鋼より線の 12S12.4 および 12S12.7 用のシースの内径が，それぞれ，60mm から 62mm および 60mm から 65mm に変更された．さらに，1980 年には，FKK 極東鋼弦コンクリート振興の「FKK フレシネー工法施工規準」が発行され，12S12.4，12S12.7 および 12S15.2 用のシースの内径が，それぞれ，62mm から 70mm，65mm から 70mm および 72mm から 80mm に変更された．1994 年に 12S15.2 用のシースの内径が微修正されたが，1980 年以降は，ほぼ現状のシース径が標準となった．PC 鋼より線のシース径に起因する PC グラウトの充填のしやすさの観点からは，建設年が 1980 年以前で古い構造物ほど，確実な充填が困難になる可能性が高いといえる．PC 鋼棒に関しては，ディビダーク協会から「片持架設工法積算資料（ディビダーク工法）」が 1994 年に発行され，PC 鋼棒の φ26mm および φ32mm 用のシースの内径が，それぞれ，32mm から 35mm および 38mm から 39.3mm に変更された．さらに，4 年後の 1998 年には，「DW 鋼棒システムの変更内容について」という文書がディビダーク協会から関係機関に配布され，φ26mm および φ32mm 用のシースの内径が，それぞれ，35mm から 38mm および 39.3mm から 45mm に変更された．PC 鋼棒のシース径の観点からは，1998 年以前に建設された構造物で古いものほど，確実な充填が困難になる可能性が高いといえる.

表 7.1.4　鋼製シースの内径の変遷（PC 鋼線，PC 鋼より線）　　（mm）

年	基準類・文献	ケーブル種類					
		12φ5	12φ7	12φ8	12S12.4	12S12.7	12S15.2
1955	FKK フレシネー工法施工基準初版：FKK極東鋼弦コンクリート振興	35	45	46	61	61	-
1968	FKK フレシネー工法施工基準：FKK極東鋼弦コンクリート振興	35	45	45	60	60	-
1972	FKK フレシネー工法施工基準：FKK極東鋼弦コンクリート振興	35	45	45	60	60	72
1973	フレシネー工法設計施工指針：土木学会	35	45	50	62	65	72
1980	FKK フレシネー工法施工基準：FKK極東鋼弦コンクリート振興	35	45	50	70	70	80
1994	FKK フレシネー工法施工基準：FKK極東鋼弦コンクリート振興	35	45	50	70	70	82
2004	FKK フレシネー工法施工基準：FKK極東鋼弦コンクリート振興	廃止	45	50	70	70	82
2009	FKK フレシネー工法施工基準：FKK極東鋼弦コンクリート振興	-	廃止	廃止	70	70	82

表 7.1.5　鋼製シースの内径の変遷（PC 鋼棒）　（mm）

年代	基準類・文献	鋼棒種類	
		φ26	φ32
1966	ディビダーク工法設計施工指針（案）： 土木学会	32	39
1977	ディビダーク工法： プレストレストコンクリート技術協会	32	39
1990	プレストレストコンクリート工法設計施工指針： 土木学会	32	38
1994	片持架設工法積算資料（ディビダーク工法）： ディビダーク協会	35	39.3
1997	ディビダーク工法： プレストレストコンクリート技術協会	35	39.3
1998	DW鋼棒システムの変更内容について： ディビダーク協会	38	45
2006	ディビダーク工法設計・施工マニュアル： ディビダーク協会	38	45
2014	ディビダーク工法設計・施工マニュアル： ディビダーク協会	38	45

(3)　道路橋床版防水に関する基準類の変遷

　プレストレストコンクリート構造物のうち，道路橋に限定される事項であるが，床版防水に関する基準類の変遷を**表** 7.1.6 に示す．床版防水は，場合によっては塩分を含む橋面からの雨水の床版および主桁への浸入を防ぐため，PC 鋼材の腐食発生の危険性に影響する．1973 年に日本道路協会から「道路橋示方書・同解説，I 共通編」が発行され，アスファルトコンクリート舗装には必要に応じて防水層を設けることが規定され，2002 年に発行された日本道路協会「道路橋示方書・同解説，I 共通編」では，防水層を設けることが原則とされた．さらに，日本道路協会から「道路橋床版防水便覧」が 2007 年に発行され，耐久性や施工性に関してより高い性能を要求することが必要と認められる場合には，6 種類の追加照査試験項目による適用の目安が規定された．これらの変遷から，2007 年以降に設計，建設された道路橋では，床版防水に起因する PC 鋼材の腐食発生の可能性は低いといえる．

表7.1.6　道路橋の床版防水に関する基準類の変遷

年	基準類・文献	防水層
1973	道路橋示方書・同解説，Ⅰ共通編：日本道路協会	・アスファルトコンクリート舗装には必要に応じて防水層を設けるものとする ・鋼床版や寒冷地域の橋のように床版や橋体に雨水などが浸透することが橋にとって害となる場合，都市内高架道路橋などで雨水などが浸透することが望ましくないような場合，連続げたなどの中間支点付近で負の曲げモーメントを受ける場合などにおいては雨水などの床版への浸透を遮断することは床版の耐久性を保持するうえで重要なことがらであるので，アスファルトコンクリート舗装の場合には必要に応じて防水層を設けることとした
1987	道路橋鉄筋コンクリート床版，防水層設計・施工資料：日本道路協会	・道路橋示方書等に防水層に関する規定が盛り込まれ，防水層の設置数も増加してきている状況の中，床版防水層に関する設計・施工等の参考に資することを目的に作成 ・対象とする防水層は，シート系防水層，塗膜系防水層，舗装系防水層の3種類 ・防水層の品質基準の目安を規定：5種類の試験項目による規格値を設定
2002	道路橋示方書・同解説，Ⅰ共通編：日本道路協会	・アスファルト舗装とする場合は，橋面より浸入した雨水等が床版内部に浸透しないように防水層等を設けるものとする ・鉄筋コンクリート床版に雨水等が浸透すると，床版内部の鉄筋や鋼材を腐食させるばかりでなく，コンクリートの劣化，とくに繰り返し荷重作用下の床版コンクリートの劣化を促進し床版の耐荷力や耐久性に著しく悪影響を及ぼす したがって，防水層を設ける等により床版上面に達した雨水等が床版に浸透しないよう必要な措置を講じるものとした
2007	道路橋床版防水便覧：日本道路協会	・道路橋示方書が性能規定化したことに加え，床版防水層の設置が原則とされた状況の中，床版防水に関する様々な技術や工法が開発されてきたことを背景に，床版防水に関する設計・施工・維持管理などの参考に資するため，最新の知見をもとに作成 ・床版防水に対する12種類の要求性能と設計における照査方法を規定 ・床版防水に対する6種類の基本照査試験項目による合否判定の目安を規定 ・床版防水に対して，耐久性や施工性に関してより高い性能を要求することが必要と認められる場合には，6種類の追加照査試験項目による適用の目安を規定 ・防水層をシート系床版防水層と塗膜系床版防水層の2つに大別 ・シート系床版防水層は，流し貼り型，加熱溶着型，常温粘着型の3種類に分類 ・塗膜系床版防水層は，アスファルト材料を加熱溶融させるもの，合成ゴムなどを有機溶剤に溶解したもの，熱硬化性樹脂などの反応樹脂を用いるものの3種類に分類 ・複数の防水材料を組み合わせて用いる複合防水工法などの新しい防水層をその他の床版防水層として分類

(4)　グラウトホースの処理に関する規定の変遷

　表7.1.7にグラウトホースの処理に関する規定の変遷を示す．PCグラウトの注入，排出および排気口に用いるグラウトホースは，コンクリート表面部における端部処理等を適切に行わないと，コンクリートとの界面等が水みちとなり，水分が浸入してPC鋼材の腐食の原因になる可能性がある．1999年にプレストレスト・コンクリート建設業協会から「PCグラウト&プレグラウトPC鋼材施工マニュアル（改定版）」が発行され，グラウトホース端部を深さ1cm以上のエポキシ樹脂であと埋めすることが規定された．2005年には，プレストレストコンクリート技術協会から「PCグラウトの設計施工指針」が発行され，グラウトホースのあと処理は，深さ3cm程度の密実な材料によるあと埋めに加えて，防水工を施すことが標準とされた．さらに，2012年にプレストレストコンクリート工学会から「PCグラウトの設計施工指針－改定版－」が発行され，多数のグラウトホースを設置しなければならない箇所においては，グラウトホースを束ねて配置することは避けて，ホース間のあきを確保する規定が追加された．これらの変遷から，2012年以降に設計，建設された構造物では，グラウトホースの処理に起因するPC鋼材の腐食発生の可能性は低いといえる．

表 7.1.7　グラウトホースの処理に関する基準類の変遷

年	基準類・文献	グラウトホースの配置・あと処理等
1993	PCグラウト施工マニュアル：プレストレスト・コンクリート建設業協会	・コンクリートとの界面が水みちとなる可能性に言及 ・グラウトホース近傍のコンクリートを表面より3cm程度凹ませておき，グラウトホース切断後無収縮モルタルや樹脂モルタルを用いて切断面を覆う ・グラウトホースをコンクリート表面で切断した後，防水工を施す
1999	PCグラウト&プレグラウトPC鋼材施工マニュアル（改定版）：プレストレスト・コンクリート建設業協会	・グラウトホースを橋面に取り出す場合には，地覆，歩道等の後施工するコンクリートに埋まる位置まで横引きし，出来るだけ一ヵ所に集中させないよう取り出す方法がある ・グラウトホースを地覆，歩道等の後施工するコンクリートに埋まる位置まで横引きしない場合は，出来るだけ一ヵ所に集中させないようして橋面車道部分で取り出し，グラウトホースを表面から1cm以上の深さで切断した後，エポキシ樹脂を充填する
2005	PCグラウトの設計施工指針：プレストレストコンクリート技術協会	・グラウトホースのあと埋め材料を規定（本体コンクリートと一体化して水密性が確保でき，床版防水の性能を阻害しないもの：エポキシ樹脂やポリマーセメントモルタル等） ・グラウトホースは，排気口の確認検査後に速やかに切断し，あと処理を施す ・グラウトホースのあと処理は，密実なあと埋めに加え，防水工を施すことを標準とする ・コンクリート打設時に表面から3cm程度の深さで箱抜きする（あと処理用） ・あと埋め部の施工は，打継面を粗面にし，清掃後あと埋めする
2006	PCグラウト&プレグラウトPC鋼材施工マニュアル（改定版）：プレストレスト・コンクリート建設業協会	・グラウトホースは，確認検査が終了後，速やかに切断し，あと処理を施す ・コンクリート表面に出ているグラウトホース切断部のあと処理は，密実なあと埋めに加え，防水工を施すことを標準とする ・グラウトホースを橋面に取り出す場合は，出来るだけ一ヵ所に集中させない ・コンクリート打設時に表面から3cm程度の深さで箱抜きする（あと処理用） ・あと埋め部の施工は，打継面を粗面にし，清掃後あと埋めする
2012	PCグラウトの設計施工指針（改定版）：プレストレストコンクリート工学会	・グラウトホースのあと埋め材料は，断面修復用のモルタルを使用し，床版防水層が施工される箇所については，床版防水層の性能を阻害しないものを選定する ・あと埋め部分の防水材料は，床版防水層が施工されるまでの間において劣化因子の侵入を防止する性能を有するとともに，床版防水層の性能を阻害しないものを使用する ・多数のグラウトホースを設置しなければならない箇所においては，グラウトホースを束ねて配置することは避けて，ホース間のあきを「粗骨材最大寸法の4/3以上」を確保してコンクリートの充填が満足するように計画する（束ねて配置するとグラウトホースに沿って水が侵入する導水路を形成する） ・グラウトホースは，排気口の確認検査後に速やかに切断し，あと処理を施す ・グラウトホースのあと処理は，あと埋めに加えて，防水工を施すことを標準とする ・コンクリート打設時に表面から3cm程度の深さで箱抜きする（あと処理用） ・あと埋め部の施工は，打継面を粗面にし，清掃後あと埋めする
2013	PCグラウト&プレグラウトPC鋼材施工マニュアル　2013改定版：プレストレスト・コンクリート建設業協会	・多数のグラウトホースが設置される箇所においては，グラウトホース間のあきを「粗骨材最大寸法の4/3以上」を確保する（グラウトホースに沿って水が侵入し，導水路を形成して定着具やシースを腐食させることを防止するため） ・グラウトホースは，確認検査が終了後，速やかに切断し，あと処理を施す ・コンクリート表面に出ているグラウトホース切断部のあと処理は，密実なあと埋めに加え，防水工を施すことを標準とする ・グラウトホースを橋面に取り出す場合には，粗骨材の最大寸法の4/3以上のあきを設けるものとする ・コンクリート打設時に表面から3cm程度の深さで箱抜きする（あと処理用） ・あと埋め部の施工は，打継面処理を行った後に，エポキシ樹脂またはポリマーセメントモルタル等を充填し防水工を施すことを標準とする

（5）道路橋におけるPC鋼材の定着位置に関する基準類の変遷

　PC鋼材の腐食に影響する要因として，PC鋼材の定着位置が挙げられる．プレストレストコンクリート構造物のうち，道路橋に限定される事項であるが，ポストテンション方式PC単純T桁の規定に関する変遷を以下に例示する．1969年に建設省標準設計「ポストテンション方式PC単純T桁橋」が制定されて以来1980年の改定まで，全ての支間長の桁で，配置するPC鋼材の約半数を上縁定着としていた．また，それ以降1994年の改定まで，支間長27m以下の桁について，配置するPC鋼材の約半数を上縁定着としていた．上縁定着部には床版に切欠きがあり，橋面からの雨水（場合によっては塩分を含んでいる）等が定着部から浸入しやすいこと，およびPCグラウトのブリーディング等による空隙が発生しやすいことから，PC鋼材の腐食が発生しやすい状況にあるといえる．したがって，ポストテンション方式PC単純T桁橋については，適用支間長と建設された年代で注意が必要である．

7.2　道路橋床版

7.2.1　主な改訂内容

（1）床版の疲労

1）　一般

　2018 年制定版では「疲労」に関する章が大幅改訂され，「道路橋床版」として新たな章が独立して設置された．今回の改訂にあたっては，［標準附属書］4 編 2.2「床版の疲労」は内容の大幅な改訂は実施せず，その内容を精査し，［標準］の変更に伴う構成の変更と，冗長となっていた解説文の修正に留めた．

2）　維持管理計画

　従来記載されていた，維持管理区分 A と維持管理区分 B に関する記述は，［標準］でこれらに言及しなくなったことに伴い，削除した．

3）　対策

　床版の対策には，2018 年制定版で定義されていた，点検強化，補修，補強，供用制限，更新のいずれも実施されており，［標準］での変更に伴い，対策の再分類が必要となった．そのため［標準］で定義された作用の制限と性能の改善のいずれに該当するか，**表 7.2.1** と**表 7.2.2** に示すように，具体例を再分類して示した．特に「補強」については，床版の疲労に対して特有の内容であり，「補修」との定義の違いを解説の中で示した．また床版取替えは［標準附属書］4 編 2.2 に特有の項目でなく，別立てするべきとの議論も行ったが，最終的には 2018 年制定版を踏襲して，ここで取り扱うこととした．

表 7.2.1　床版の外観上のグレードと対策（［標準附属書］4 編　解説 表 2.2.7）

外観上の グレード	劣化過程	点検強化	補修・補強・供用制限				（部分）打換え ・取替え
			劣化に関わる 作用の制限	力学的な 作用の制限	劣化への 抵抗性の改善	力学的な 抵抗性の改善	
I	潜伏期	○	（○）			※	
II	進展期	◎	◎		○	※	
III	加速期	◎	◎*			※	
IV	劣化期	○	◎*	○		※	○

◎：標準的な対策 ［◎*：力学的な抵抗性の改善を含む］，
○：場合によっては考えられる対策 ［（○）：予防的に実施される対策］，
※：外観上のグレード以外の基準により実施が判断される対策

表 7.2.2　床版の疲労に関する補修，補強に期待する効果と工法の例（［標準附属書］4 編　解説 表 2.2.8）

	期待する効果	工法例	関連指針
劣化に関わる作用 の制限	水の作用を除くことによる耐疲労性の向上	表面防水層の設置	CL95, SS35
力学的な抵抗性の 改善	ひび割れ開口の抑制による耐疲労性の向上	FRP 接着，プレストレスの導入	CL95, CL101, SS35
	引張縁への部材設置による断面剛性の回復	床版下面への鋼板等の接着，RC 断面の増厚，桁の増設	CL95, CL150, SS35
	圧縮側断面のせん断剛性の向上による耐疲労性の向上	床版上面増厚，（部分）打換え	CL95, CL150, SS35
力学的な作用の制限	移動荷重の大きさの制限	荷重制限等による供用制限	
劣化への抵抗性の改善	断面剛性の回復	ひび割れ注入	CL119

CL：土木学会コンクリートライブラリー
SS：土木学会鋼構造シリーズ

（2）凍結防止剤散布下における床版の劣化

（1）と同様，［標準附属書］4編2.3「凍結防止剤散布下における床版の劣化」も大幅な改訂は実施せず，［標準］の変更に伴う節構成の変更と，冗長となっていた解説文の修正に留めた．

7.2.2 道路橋示方書および他の基準類の動向

2018年版の制定以降に，道路橋示方書をはじめとする基準類の改定は行われていない．**表7.2.3**に道路橋示方書の変遷を示す．

表 7.2.3　道路橋鉄筋コンクリート床版の設計基準（道路橋示方書）の変遷

制定年月	基準名称	設計活荷重	最小床版厚	床版支間長	配力鉄筋量	鉄筋の許容応力度
昭和 14 年 2 月	鋼道路橋設計示方書(案)（内務省土木局）	1 等橋　T-13　P=5.2tf 2 等橋　T-9　P=3.6tf	規定なし	規定なし	規定なし	1,200 kgf/cm²
昭和 31 年 5 月	鋼道路橋設計示方書（日本道路協会）		14 cm（最小有効厚さ 11 cm）	4m 以下	主筋断面の 25%以上	1,400 kgf/cm²
昭和 39 年 6 月	鋼道路橋設計示方書（日本道路協会）					1,800 kgf/cm²
昭和 42 年 9 月	鋼道路橋の一方向鉄筋コンクリート橋床版の配力，鉄筋量設計要領	1 等橋　T-20　P=8.0tf 2 等橋　T-14　P=5.6tf			主筋断面の 70%以上	
昭和 43 年 5 月	鋼道路橋の床版設計に関する暫定基準(案)					
昭和 46 年 3 月	鋼道路橋の鉄筋コンクリート床版の設計について		$t_0=3L+11 \geqq 16$ cm			1,400 kgf/cm²
昭和 47 年 3 月	道路橋示方書（日本道路協会）			3.6m 以下を原則とする		
昭和 48 年 4 月	特定路線にかかる橋高架の道路等の技術基準（建設省通達）	1 等橋: T-20　P=8.0tf （総荷重 20tf）				
昭和 53 年 4 月	道路橋鉄筋コンクリート床版の設計,施行について（建設省通達）	（大型車が 1 方向 1000 台/日以上の場合 9.6tf）ただし，特定路線，湾岸道路，高速自動車道他にあっては，上記以外に以下の荷重を考慮し設計する. TT-43　P=6.5tf （総荷重 43tf） 2 等橋: T-14　P=5.6tf		3m 以下が望ましい	配力筋曲げモーメント式により算出	
昭和 55 年 2 月	道路橋示方書（日本道路協会）		$t_0=3L+11$(cm) $t=k1 \cdot k2 \cdot to$ k1:大型車交通量の係数 k2:付加曲げモーメントの係数			
平成 2 年 2 月	道路橋示方書（日本道路協会）			3m 程度より小さい範囲が望ましい		1,400 kgf/cm² で 200kgf/cm² 程度余裕を持たせる
平成 5 年 11 月	橋，高架の道路等の技術基準における活荷重の取扱いについて（建設省通達）	T 荷重　P=10.0tf				
平成 6 年 2 月	道路橋示方書（日本道路協会）	B 活荷重　P=10.0tf A 活荷重　P=10.0tf				
平成 8 年 12 月	道路橋示方書（日本道路協会）					
平成 14 年 3 月	道路橋示方書（日本道路協会）	B 活荷重　P=100kN A 活荷重　P=100kN	連続版 $d_0=30L+110$(mm) $d=k_1 \cdot k_2 \cdot d_0$ k_1, k_2：同上	4m まで，範囲外は別途検討		140N/mm² で 20N/mm² 程度余裕を持たせる
平成 24 年 3 月	道路橋示方書（日本道路協会）					
平成 29 年 11 月	道路橋示方書（日本道路協会）	B 活荷重　P=100kN A 活荷重　P=100kN	連続版 $d_0=30L+110$(mm) $d=k_1 \cdot k_2 \cdot d_0$ k_1, k_2：同上	RC 床版：4m まで，範囲外は別途検討	配力筋曲げモーメント式により算出	120N/mm²（鉄筋の引張応力度の制限値）

８．［付属資料］１編 外観上のグレードに基づく性能評価（試案）の改訂の概要

　この編は，2018 年版において［付属資料］１編として新設された．2018 年版では編のタイトルは「性能評価（試案）」で，１章が「総則」，２章が「外観上のグレード等に基づく評価」，３章が「設計での評価式による評価」，４章が「非線形有限要素解析による評価」という構成となっていた．この編の制定の背景やバックデータについては参考文献 1）を参照されたい.

　今回の［維持管理編］の改訂にあたっては，［標準］６章の記述が充実化され，また［標準附属資料］２編も新設された．さらには既設構造物への対策を実施する際の設計は［設計編：標準］12 編によることになった．これらの内容は，2018 年版の上記の３章と４章と重複するものが多いため，したがって今回の改訂では，１章と２章のみを引き続き存続させることとし，編のタイトルも「外観上のグレードに基づく性能評価（試案）」と改めることとした．１章については，外観上のグレードに基づく性能評価に関する部分だけを残し，設計での評価式による評価と非線形有限要素解析による評価に関する部分は削除した．編タイトルの変更に伴い，２章はタイトルを「評価の手法」と改めたが，その内容にはほとんど修正を加えていない.

8 章の参考文献

1）土木学会：2018 年制定コンクリート標準示方書改訂資料 維持管理編・規準編，コンクリートライブラリー153，pp. 79-104，2018.10

9．［付属資料］2編　維持管理事例　の改訂の概要

9.1　疲労による変状が生じた道路橋鉄筋コンクリート床版の維持管理事例

　［付属資料］2編1章では，鉄筋コンクリート床版の維持管理事例として，疲労による変状が生じた道路橋鉄筋コンクリート床版の維持管理事例を紹介している．対象とする構造物は供用開始時点から維持管理を実施していたが，疲労による変状が著しくなったため，維持管理計画を見直すとともに，過去の点検結果に基づき劣化予測，評価および判定，ならびに対策の検討を行っている．

　この事例では，維持管理限界を加速期中期と設定し，加速期中期に相当するひび割れ密度は $6\sim8\,\mathrm{m/m^2}$，累積疲労損傷度は 0.5 としている．また，交通量や大型車混入率などの交通荷重に関するデータを用いて S-N 関係を用いたマイナーの線形累積被害則を適用し，累積疲労損傷度を用いて劣化の進行の程度を定量的に評価および判定を実施している．このような定量的な評価および判定は，最近本格的に実施されるようになったプレキャスト PC 床版を用いた床版の更新を行う場合においても，対策の優先順位設定の参考になると考えられる．

9.2　中性化と水の浸透を受ける鉄道コンクリート高架橋の維持管理事例

　［付属資料］2編2章は，2018年版に記載されている内容を踏襲することを基本とし，今回の改訂で変更された事柄に対応できるように一部を修正することとした．

　主な改訂内容は，タイトルを「中性化を受ける鉄道コンクリート高架橋における維持管理事例」から，水の浸透を追記した「中性化と水の浸透を受ける鉄道コンクリート高架橋の維持管理事例」に変更したことである．

　また，［標準］の改訂に合わせて「維持管理区分 A」，「維持管理区分 B」の表記を取りやめたが，その思想は2018年版と変わっていない．

9.3　塩害環境下におけるコンクリート構造物の維持管理事例

　［付属資料］2編3章では，港湾構造物の維持管理事例として，塩害環境下にある桟橋の維持管理事例を紹介している．港湾の施設の技術上の規準・同解説（1999年）ならびに2002年版コンクリート標準示方書に基づいて設計された RC 上部工を対象としている．なお，2018年版の掲載内容からの大きな変更はないが，今回の改訂を受けて，主に章構成等を中心に見直した．具体的には，2018年版にあった「維持管理区分の設定」と「対策選定の方針」を統合して［付属資料］2編 3.2.3.1，3.3.3.1「対策の計画」を新設し，対策の計画を受けて，維持管理限界，点検計画，予測の方法，評価および判定の方法の順に，維持管理計画を策定する流れに改訂した．

10. [付属資料] 3編 プレストレストコンクリートの維持管理事例 の改訂の概要

10.1 プレストレストコンクリートに特徴的なひび割れに着目した点検の例

[付属資料] 3編1章では，プレストレストコンクリートに特徴的なひび割れに着目して点検する例を示している．この内容は2013年版の［標準］に示されていた内容であるが，2018年版では［付属資料］として再編集し，取りまとめたものである．プレストレストコンクリートでは，シースやグラウトホースの配置等のプレストレストコンクリート特有の施工手順のために必要な断面の構成に起因するひび割れ，施工目地部周辺等の架設方法に起因するひび割れ，定着部や偏向部周辺等のプレストレス導入に伴う局部応力に起因するひび割れ等があり，これらのひび割れが略図で示されている．

10.2 PCグラウト充填不足への対応事例

[付属資料] 3編2章では，PCグラウト充填不足への対応事例が示されている．グラウト再注入の事例は2018年版の［付属資料］で最初に示された．2018年版の制定以降，プレストレストコンクリート工学会「既設 PC ポストテンション橋保全技術指針」をはじめとする基準類が制定されている．これを踏まえて今回の改訂ではこれらの基準類を適切に参照することとしている．また，2018年版の制定以降，非破壊試験によるグラウト充填状況の調査結果の蓄積が図られ，グラウト再注入箇所選定の事前調査として非破壊試験が活用されている．これを踏まえて，この事例では，削孔調査実施判断のための事前の調査として，橋梁全体の5%を対象として広帯域超音波法によるサンプリング調査を実施することとしている．

2018年版の制定以降はグラウト再注入工事の実績も増加している．今回の改訂では，グラウト充填不足への対応における削孔調査，シース内の空隙量調査，グラウト再注入の各プロセスにおいて，現在適用されている工法の例を追記している．また今回の改訂では，X線透過法によるグラウト再注入の確実性の確認例を示すこととした．例えば，グラウト充填不足箇所の空隙量の推定結果と再注入量との比較結果に大幅な差が認められる場合等においては，この事例で示したようなX線透過法や削孔調査により，グラウト再注入の確実性を確認する必要が生じると考えられるので，参考にするとよい．またその結果，仮に有害なグラウト充填不足箇所の残存が確認された場合は，改めてグラウト再注入を実施することとなる．

11. ［付属資料］4 編 鋼材埋込み定着部の維持管理事例 の改訂の概要

11.1 風力発電施設基部など鋼材埋込み定着部の疲労に対する維持管理事例

（1）一般

　2018 年制定版で新たにこの編が設置された.今回の改訂にあたっては,内容の大幅な改訂は極力実施せず,その内容を精査し,［標準］の変更に伴う構成の変更に留めた.

（2）維持管理計画

　従来記載されていた,維持管理区分 A と維持管理区分 B の記述は,［標準］の変更に伴い削除した.

（3）対策

　2018 年制定版で「補修,補強の工法」としてまとめて示されていた工法について,期待する効果として「力学的な抵抗性の改善」「劣化に関わる作用の制限」「劣化への抵抗性の改善」のいずれに該当するのかを,新たに記した.

表 11.1.1　鋼材埋込み定着部の疲労における補修,補強に期待する効果と工法の例
（［付属資料］4 編　解説 表 1.4.1）

期待する効果	工法例
力学的な抵抗性の改善	定着部増厚（拡大）工法
劣化に関わる作用の制限	排水機能の付加,防水工
劣化への抵抗性の改善	ひび割れ注入工法

コンクリート標準示方書一覧および今後の改訂予定（2023年3月時点）

書名	判型	ページ数	定価	現在の最新版	次回改訂予定
2022年制定　コンクリート標準示方書 ［基本原則編］	A4判	56	本体3,200円＋税	2022年制定	2032年度
2013年制定　コンクリート標準示方書 ［ダムコンクリート編］	A4判	86	本体3,800円＋税	2013年制定	2023年度
2022年制定　コンクリート標準示方書 ［設計編］	A4判	814	本体8,400円＋税	2022年制定	2027年度
2017年制定　コンクリート標準示方書 ［施工編］	A4判	384	本体5,500円＋税	2017年制定	2023年度
2022年制定　コンクリート標準示方書 ［維持管理編］	A4判	454	本体6,400円＋税	2022年制定	2027年度
2018年制定　コンクリート標準示方書 ［規準編］ （2冊セット） ・土木学会規準および関連規準 ・JIS規格集	A4判	701＋ 1005	本体13,000円＋税	2018年制定	2023年度

※次回改訂版は、現在版とは編成が変わる可能性があります。

●コンクリートライブラリー一覧●

●コンクリートライブラリー一覧●

●コンクリートライブラリー一覧●

※は土木学会にて販売中です．価格には別途消費税が加算されます．

定価 3,300 円（本体 3,000 円＋税）

コンクリートライブラリー162
2022 年制定　コンクリート標準示方書改訂資料
－基本原則編・設計編・維持管理編－

令和 5 年 3 月 16 日　第 1 版・第 1 刷発行

編集者……公益社団法人　土木学会　コンクリート委員会
　　　　　コンクリート標準示方書改訂小委員会
　　　　　委員長　二羽　淳一郎
発行者……公益社団法人　土木学会　専務理事　塚田　幸広

発行所……公益社団法人　土木学会
　　　　　〒160-0004　東京都新宿区四谷 1 丁目（外濠公園内）
　　　　　TEL　03-3355-3444　FAX　03-5379-2769
　　　　　http://www.jsce.or.jp/
発売所……丸善出版株式会社
　　　　　〒101-0051　東京都千代田区神田神保町 2-17　神田神保町ビル
　　　　　TEL　03-3512-3256　FAX　03-3512-3270

©JSCE2023／Concrete Committee
ISBN978-4-8106-1058-1
印刷・製本：昭和情報プロセス（株）　用紙：京橋紙業（株）
ブックデザイン：昭和情報プロセス（株）